再生水利用篇

北京市百项节水标准规范提升工程
系列丛书

北京市再生水利用

政策、标准与实践

胡洪营 陈卓 巫寅虎 刘佳琳 ● 著

中国水利水电出版社
www.waterpub.com.cn
·北京·

内 容 提 要

本书系统介绍了北京市再生水利用的发展历程与现状，包括再生水利用，再生水处理，再生水输配，再生水利用设施、政策、标准、典型案例，再生水利用规划与宣传教育等。在再生水利用方面，重点聚焦北京市颁布的再生水工业利用、空调冷却利用、市政杂用、景观环境利用、绿地灌溉、农业利用等相关指南的内容及其解读。同时，介绍了典型的再生水利用案例和最佳实践，突出了再生水利用的效益和经验。

本书内容丰富、系统性强、信息量大，可供水资源、节水、水利、给水排水和水环境领域的管理部门、专家、学者和企业参考。

图书在版编目（C I P）数据

北京市再生水利用 ：政策、标准与实践 / 胡洪营等
著. -- 北京 ：中国水利水电出版社，2024.12
（北京市百项节水标准规范提升工程系列丛书. 再生水
利用篇）
ISBN 978-7-5226-2288-0

Ⅰ．①北… Ⅱ．①胡… Ⅲ．①再生水－水资源利用－
研究－北京 Ⅳ．①TV213.9

中国国家版本馆CIP数据核字(2024)第028292号

书　　名	北京市百项节水标准规范提升工程系列丛书·再生水利用篇 **北京市再生水利用：政策、标准与实践** BEIJING SHI ZAISHENGSHUI LIYONG: ZHENGCE BIAOZHUN YU SHIJIAN
作　　者	胡洪营　陈卓　巫寅虎　刘佳琳　著
出版发行	中国水利水电出版社 （北京市海淀区玉渊潭南路 1 号 D 座　100038） 网址：www.waterpub.com.cn E-mail：sales@mwr.gov.cn 电话：（010）68545888（营销中心）
经　　售	北京科水图书销售有限公司 电话：（010）68545874、63202643 全国各地新华书店和相关出版物销售网点
排　　版	北京厚诚则铭文化传媒有限公司
印　　刷	天津嘉恒印务有限公司
规　　格	170mm×240mm　16 开本　17 印张　295 千字
版　　次	2024 年 12 月第 1 版　2024 年 12 月第 1 次印刷
印　　数	0001—1000 册
定　　价	79.00 元

《北京市再生水利用：政策、标准与实践》
编 写 人 员

胡洪营	清华大学环境学院
陈 卓	清华大学环境学院
巫寅虎	清华大学环境学院
刘佳琳	中国标准化研究院
黄 南	北京工业大学
徐 傲	清华苏州环境创新研究院
王胜楠	清华大学环境学院
武云鹏	清华大学深圳国际研究生院
郝姝然	清华大学环境学院
王艳春	北京市园林绿化科学研究院
杨胜利	北京市水科学技术研究院
张荣兵	北京城市排水集团
白 宇	北京城市排水集团
赵春红	水利部节约用水促进中心
田 宇	北京市园林绿化科学研究院
褚 旭	清华大学环境学院
许 骐	北京城市排水集团
李魁晓	北京城市排水集团
王 刚	北京城市排水集团
王 慰	北京城市排水集团
李 旭	北京亦庄环境科技集团有限公司
赵 媛	北京市通州区水务局
王砚波	大运河（北京）水务建设投资管理有限公司
侯 锋	信开环境投资有限公司
李 朋	信开环境投资有限公司
庞洪涛	信开环境投资有限公司

丛书序

北京市是严重缺水的特大城市，节约用水是其高质量发展的内在要求和必然选择。标准化在提升政府治理体系和治理能力过程中发挥着重要作用，可以为节水工作提供重要的技术和管理依据。2020 年，北京市重视节水标准化工作，市水务局与市市场监督管理局联合印发《北京市百项节水标准规范提升工程实施方案（2020—2023 年）》（京节水办〔2020〕8 号），提出到 2023 年底完成"北京市百项节水标准规范提升工程"，形成覆盖全市生活服务业、工业、建筑业、农业等各领域和各用水环节的节水标准体系，并制定近百项节水地方标准。

目前，计划研制的近百项节水地方标准制修订工作已完成，百项节水标准规范提升工程即将收官。值此项目收官之际，市水务局组织编写了《北京市百项节水标准规范提升工程系列丛书》，从节水标准基础理论方法、用水定额标准、节水评价标准、再生水利用标准、节水技术标准等方面，汇总相关研究成果，对相应标准进行解读，以期凝聚三年以来市属行政机关、协会团体、企事业单位、专家学者的工作成果和经验，分享北京市节水标准化做法，同时作为北京市节水地方标准的补充材料，帮助广大读者更好地理解标准内容指标，指导相关用水管理、节水评价等工作，促进北京市节水精细化管理，推动北京市水资源管理高质量发展。

北京市水务局

2024 年 3 月

前　言

北京市水资源严重匮乏，属于极度缺水地区。水资源短缺已经成为北京市经济发展和生态文明建设的重要制约因素。再生水利用对优化供水结构、增加水资源供给、缓解供需矛盾和减少水污染、保障水生态安全具有重要意义，是支撑城市可持续发展和生态文明建设的重要途径和必然选择。北京市十分重视污水再生利用。目前，再生水已成为国际公认的城市"第二水源"，替代常规水资源用于工业生产、市政杂用、居民生活、生态补水、农业灌溉等途径。

2020 年，北京市实施百项节水标准规范提升工程，制修订了一系列节水标准，包括 5 项再生水利用标准。基于再生水利用标准制定工作，北京市水务局和中国标准化研究院决定组织编写本书，得到相关专家的积极肯定和响应。

《北京市再生水利用：政策、标准与实践》由清华大学胡洪营教授牵头撰写，负责大纲制定和统稿、定稿，陈卓、徐傲等通读了全文，并提出了宝贵的修改意见。各章的主要内容和其他主要执笔人员如下：

第 1 章　绪论：概述了北京市供水、用水情况，再生水利用发展历程与现状，再生水利用模式和利用效益并提出了再生水利用未来发展建议（陈卓、徐傲、赵春红、刘佳琳等）。

第 2 章　再生水利用政策与标准：介绍了北京市再生水利用政策法规、管理办法、再生水利用规划、利用标准及水价和再生水价格发展等（陈卓、郝姝然、徐傲等）。

第 3 章　污水再生利用设施建设与运行状况：介绍了北京市污水处理厂和再生水厂建设发展历程，污水处理技术及其特点，再生水泵站、管网和水车等再生水输配与利用设施发展和现状等（张荣兵、白宇、许骐、李魁晓、王刚、王慰、陈卓、徐傲等）。

第 4 章　再生水工业利用：对北京市地方标准《再生水利用指南 第 1 部分：工业》（DB11/T 1767—2020）的主要内容进行解读，并介绍了北京市再生水工业利用的典型案例（黄南、陈卓、徐傲等）。

第 5 章　再生水空调冷却利用：对北京市地方标准《再生水利用指南 第 2 部分：空调冷却》（DB11/T 1767.2—2022）的主要内容进行解读，并介绍了再生水空调冷却利用的典型案例（巫寅虎、陈卓、徐傲等）。

第 6 章　再生水市政杂用：对北京市地方标准《再生水利用指南 第 3 部分：市政杂用》（DB11/T 1767.3—2022）的主要内容进行解读，并介绍了北京市再生水市政杂用的典型案例（巫寅虎、陈卓、武云鹏、徐傲等）。

第 7 章　再生水景观环境利用：对北京市地方标准《再生水利用指南 第 4 部分：景观环境》（DB11/T 1767.4—2021）的主要内容进行解读，并介绍了北京市再生水景观环境利用的典型案例（陈卓、王胜楠、徐傲、武云鹏、巫寅虎等）。

第 8 章　再生水绿地灌溉：对北京市地方标准《城市绿地再生水灌溉技术规范》（DB11/T 672—2023）的主要内容进行解读，并介绍了北京市再生水绿地灌溉的典型案例（王艳春、田宇、陈卓、褚旭等）。

第 9 章　再生水农业利用：对北京市地方标准《再生水农业灌溉技术导则》（DB11/T 740—2010）的主要内容进行解读（杨胜利、陈卓、褚旭等）。

第 10 章　再生水利用实践与案例：介绍了冬奥会延庆赛区、奥林匹克森林公园、北京经济技术开发区和北京城市副中心等典型再生水综合利用案例，包括利用概况、再生水处理系统、管理措施等（陈卓、武云鹏、徐傲、李旭、赵媛、王砚波、侯锋、李朋、庞洪涛、许骐、王刚等）。

本书中引用的论文、报告和有关网站内容等其他资料，在书后的参考资料中统一列出，在文中没有一一注明。

本书在编写过程中得到北京市水务局和中国标准化研究院的大力支持，在此表示感谢！

在再生水利用标准编写和编制说明撰写过程中得到标准审议专家的精心指导，在此表示感谢！

由于时间仓促和编写人员能力所限，本书中难免存在不足之处，请各位专家、同仁批评指教！

编　者

2024 年 3 月

目 录

第 1 章 绪 论

水是生命之源、生产之要、生态之基，水资源越来越成为城市发展的重要支撑和制约因素。北京市是典型的缺水城市，近几年人均水资源量已降至 100m³ 左右，远低于联合国制定的极度缺水地区标准（人均水资源量小于 500m³）。随着城市规模的扩大，人口的增加，北京市的水资源供需矛盾日益尖锐。污水再生利用是解决城市水资源短缺的有效途径，再生水利用"技术可行、效益显著"。在国际上，再生水已成为公认的"城市第二水源"。

本章系统介绍北京市供水、用水情况，再生水利用发展历程与现状，再生水利用模式和利用效益，以期全面展示北京市污水处理与再生利用的发展历程和现状，明晰污水再生利用相关情况和利用效益。

1.1 再生水利用发展历程与现状

1.1.1 社会经济发展与水资源

北京市地处华北平原，总面积 16410km²，下辖 16 个区。根据 2022 年《北京统计年鉴》，截至 2021 年年末，北京市常住人口 2188.6 万人，其中城镇人口 1916.1 万人。2021 年 GDP 为 4.03 万亿元，按常住人口计算，全市人均 GDP 为 18.4 万元。

水资源短缺是北京市长期面临的问题，已成为生态文明建设和经济社会可持续发展的重大瓶颈。根据 2022 年《北京统计年鉴》，2021 年北京市全年水资源总量 61.8 亿 m³，按常住人口计算，人均水资源量仅为 282.3m³，远低于联合国制定的极度缺水地区标准（人均水资源量小于 500 m³）。

1.1.2 用水情况

北京市供水总量总体呈逐年上升趋势（图 1.1 和表 1.1），从 2011 年的 36.0 亿 m³，逐渐增加至 2019 年的 41.7 亿 m³，2020—2022 年供水总量略有下降。2022 年北京市供水总量为 40.1 亿 m³，其中地表水供水量为 5.9 亿 m³，占总供水量的 14.7 %；

地下水供水量为 12.2 亿 m³，占总供水量的 30.4%；再生水供水量为 12.1 亿 m³，占总供水量的 30.1%；南水北调水供水量为 9.9 亿 m³，占总供水量的 24.7%。

北京市用水总量呈逐年上升趋势，从 2011 年的 36.0 亿 m³，逐渐增加至 2019 年的 41.7 亿 m³（图 1.2 和表 1.1），2020—2022 年用水总量略有下降。2022 年用水

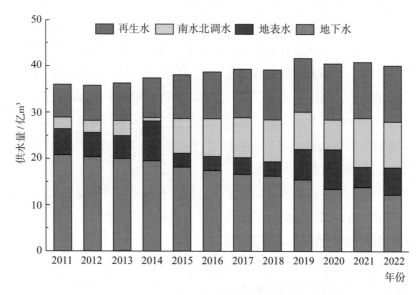

图 1.1 北京市供水情况（数据来源：《北京统计年鉴》《北京市水资源公报》）

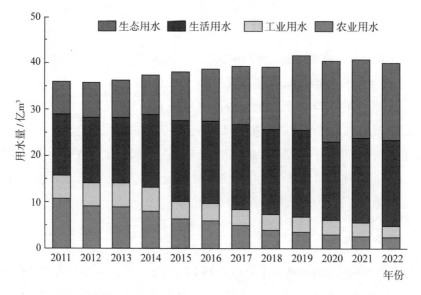

图 1.2 北京市用水情况（数据来源：《北京统计年鉴》《北京市水资源公报》）

表 1.1 北京市供水用水情况   单位：亿 m³

年份	供水情况				用水情况			
	地表水	地下水	再生水	南水北调	农业	工业	生活	生态
2001	11.7	27.2	—	—	17.4	9.2	12.0	0.3
2002	10.4	24.2	—	—	15.5	7.6	10.8	0.8
2003	8.3	25.4	2.1	—	13.8	8.4	13.0	0.6
2004	5.7	26.8	2.0	—	13.5	7.7	12.8	0.6
2005	7.0	24.9	2.6	—	13.2	6.8	13.4	1.1
2006	6.4	24.3	3.6	—	12.8	6.2	13.7	1.6
2007	5.7	24.2	5.0	—	12.4	5.8	13.9	2.7
2008	5.5	22.9	6.0	0.7	12.0	5.2	14.7	3.2
2009	4.6	21.8	6.5	2.6	12.0	5.2	14.7	3.6
2010	4.6	21.2	6.8	2.6	11.4	5.1	14.7	4.0
2011	5.5	20.9	7.0	2.6	10.9	5.0	15.6	4.5
2012	5.2	20.4	7.5	2.8	9.3	4.9	16.0	5.7
2013	4.8	20.1	8.0	3.5	9.1	5.1	16.3	5.9
2014	8.5	19.6	8.6	0.8	8.2	5.1	17.0	7.2
2015	2.9	18.2	9.5	7.6	6.5	3.8	17.5	10.4
2016	2.9	17.5	10.0	8.4	6.1	3.8	17.8	11.1
2017	3.6	16.6	10.5	8.8	5.1	3.5	18.3	12.6
2018	3.0	16.3	10.8	9.3	4.2	3.3	18.4	13.4
2019	6.6	15.5	11.5	8.1	3.7	3.3	18.7	16.0
2020	8.5	13.5	12.0	6.6	3.2	3.0	17.0	17.4
2021	4.4	13.9	12.0	10.5	2.8	2.9	18.4	16.9
2022	5.9	12.2	12.1	9.9	2.6	2.4	18.6	16.4

数据来源：《北京统计年鉴》《北京市水资源公报》。

总量为 40.0 亿 m³，其中生活用水量最大，为 18.6 亿 m³，占用水总量的 46.5%；生态用水量为 16.4 亿 m³，占用水总量的 40.9%；工业用水量为 2.4 亿 m³，占用水总量的 6.1%；农业用水量为 2.6 亿 m³，占用水总量的 6.5%。

1.1.3 再生水利用量和利用途径

北京市再生水利用量（包括河湖补水）和再生水利用率如表 1.2 所示。2011

年以来，北京市的再生水用量逐年增加，再生水利用量由 2011 年的 7.0 亿 m³ 增加至 2022 年的 12.1 亿 m³。2011—2022 年北京市再生水利用率保持稳定，约为 60%。

表 1.2 北京市再生水利用情况

年份	再生水利用量/亿 m³	再生水利用率/%
2011	7.0	58.9
2012	7.5	59.3
2013	8.0	60.9
2014	8.6	61.8
2015	9.5	65.7
2016	10.0	65.4
2017	10.5	60.7
2018	10.8	56.7
2019	11.5	57.6
2020	12.0	61.8
2021	12.0	55.6
2022	12.1	54.3

数据来源：《北京统计年鉴》《北京市水资源公报》。

北京市再生水不同利用途径及利用量如表 1.3 所示，景观环境用水（包括河湖补水）是北京市再生水利用主要途径，2021 年利用量为 11.0 亿 m³，占再生水利用总量的 91%。再生水景观环境利用有效改善了城市河湖景观和生态环境，改变了以往河湖"水脏、水差、水臭"的形象。同时，再生水景观环境利用节约了优质水源，一定程度上缓解了北京市水资源紧缺的压力。截至 2023 年底，清河、温榆河、萧太后河等河流，奥林匹克森林公园、南海子、圆明园等湖泊湿地已经实现再生水补水。

再生水工业利用量约占北京市再生水利用总量的 5.6%，年利用量达 6754 万 m³。截至 2023 年底，全市八大热电中心和热电厂均使用再生水，年用水量达 3300 万 m³。亦庄经济技术开发区全面使用再生水，2021 年再生水利用量达 1342 万 m³。京东方、中芯国际等高精尖企业已经使用再生水作为高标准工业纯水制备的重要水源。

北京市再生水用于市政杂用的比例很低，主要用途包括城市绿化、道路清扫、车辆冲洗、建筑施工、消防等。2021 年北京市再生水市政杂用利用量为 4020 万 m³，占北京市再生水利用总量的 3.4%。其中环卫绿化利用量为 1963 万 m³，居民冲厕利用量 1517 万 m³，服务业利用量 496 万 m³，建筑业利用量 44 万 m³。

表 1.3　北京市再生水不同利用途径及利用量　　　　　单位：万 m³

指标名称		2018 年	2019 年	2020 年	2021 年
再生水利用量		107633	115152	120133	120315①
其中	河湖补水	97478	104782	110650	109541
	工业	6410	6111	5804	6754
	建筑业	23	26	45	44
	服务业	32	30	274	496
	居民冲厕	2074	2154	1465	1517
	环卫绿化	1616	2049	1895	1963

①包括河湖补水。

数据来源：北京市水务局。

1.1.4　再生水输配管道建设

北京市持续加快再生水管线建设，再生水管网长度由 2011 年的 980km 增加至 2022 年的 2234km。

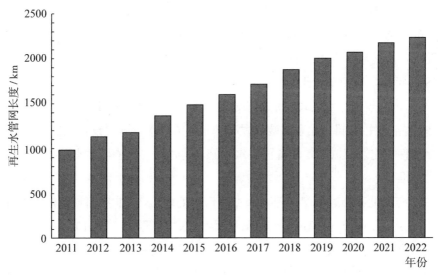

图 1.3　北京市再生水管网建设情况（数据来源：《中国城市建设统计年鉴》）

表 1.4　北京市再生水管网建设情况

年份	再生水管网长度/km
2011	980
2012	1136
2013	1180
2014	1361
2015	1484
2016	1598
2017	1719
2018	1877
2019	2006
2020	2074
2021	2165
2022	2234

数据来源：城市建设统计年鉴。

1.1.5　再生水发展重点事件

北京市再生水发展过程中的重点事件如表 1.5 所示。

北京市最早的污水处理厂可以追溯到 20 世纪 50 年代。1956 年，酒仙桥污水处理厂建成投产，处理能力为 0.9 万 m^3/d，处理级别为一级（柯建明等，2000）。

1960 年，高碑店一级污水处理厂建成，处理能力为 20 万 m^3/d，处理工艺为简易沉淀池，沉淀后污水用于灌溉。

1973 年起，北京市政府组建了城市污水处理技术科研基地（北京污水场站管理所），为后来大规模污水处理厂的建设和运行奠定了坚实的基础。

1987 年 5 月 10 日，北京市政府发布《北京市中水设施建设管理试行办法》，要求符合条件的建筑应按规定配备再生水设施，同时也规定了再生水主要用途及相应的水质标准。

1990 年，北京市建成第一座二级城市污水处理厂——北小河城市污水处理厂，处理能力为 4 万 m^3/d，处理工艺为活性污泥法（杭世珺等，2001）。

1993 年 12 月 24 日，高碑店污水处理厂一期工程建成，并于翌年 4 月试运行成功。高碑店污水处理厂是我国第一座特大型的污水处理厂，处理工艺采用活性污泥法，处理能力达 50 万 m^3/d。

表 1.5 北京市污水再生利用大事件

年份	事 件
1956	酒仙桥污水处理厂建成投产
1960	高碑店一级污水处理厂建成
1973	北京市政府开始组建城市污水处理技术科研基地
1987	北京市政府发布《北京市中水设施建设管理试行办法》
1990	北京市第一座二级城市污水处理厂——北小河城市污水处理厂建成
1993	高碑店污水处理厂一期工程建成
1997	北京市物价局发布《关于调整我市水价和污水处理费的通知》（京地税企〔1997〕580 号），居民用水征收污水处理费
1999	高碑店污水处理厂二期工程建成投产，处理能力扩展至 100 万 m³/d
2001	北京市申办奥运会承诺 2008 年城区的污水处理率将达到 90%，并修建吴家村、卢沟桥、清河、小红门等污水处理厂
2008	北京市城区污水处理率达 93.2%；再生水首次超过地表水供水量，成为北京市的第二水源
2011	北京市再生水管网总长度超过 1000km
2014	北京市发展和改革委员会发布《关于调整北京市再生水价格的通知》（京发改〔2014〕885 号）
2016	高碑店污水处理厂升级改造完成，成为国内最大的再生水厂
2016	北京市污水处理率达到 90%，再生水利用量达 10 亿 m³
2020	北京市水务局和北京市市场监督管理局联合印发《北京市百项节水标准规范提升工程实施方案（2020—2023 年）》（京节水办〔2020〕8 号）
2022	北京市政府发布《北京市节水条例》

1997 年 12 月，北京市物价局发布《关于调整我市水价和污水处理费的通知》（京地税企〔1997〕580 号），规定居民用水加收污水处理费每吨 0.1 元；其他用水的排水设施有偿使用费与污水处理费合并，由现行每吨 0.24 元调为 0.30 元。污水处理费统一按实际用水量征收。

1999 年，高碑店污水处理厂二期工程建成投产，处理能力扩展至 100 万 m³/d，最大处理能力可达 120 万 m³/d，成为国内最大的污水处理厂。

2001 年，北京市申办第 29 届奥运会时庄严地对国际社会承诺：2008 年北京城区的污水处理率达到 90%。为完成北京奥运水环境目标任务，吴家村（2003 年）、卢沟桥（2004 年）、清河（2004 年）、小红门（2006 年）等污水处理厂相继投产。

2008 年，北京市城区污水处理率达 93.2%；再生水首次超过地表水供水量，成为北京市的第二水源（北京市水资源公报，2008）。

2011年，北京市再生水管网总长度超过1000km，达到1136km（住房和城乡建设部，2022）。

2014年4月，北京市发展和改革委员会发布《关于调整北京市再生水价格的通知》（京发改〔2014〕885号），其规定再生水价格不超过3.5元/m³。

2016年，高碑店污水处理厂升级改造完成并于同年7月试运行，水质可达地表水Ⅳ类标准，成为国内最大的再生水厂（绿茵陈，2021）。

2016年，北京市污水处理率达到90%，再生水利用量达10亿m³（北京市统计局等，2022）。

2020年5月，北京市水务局和北京市市场监督管理局联合印发《北京市百项节水标准规范提升工程实施方案（2020—2023年）》（京节水办〔2020〕8号），要求结合北京市工业企业及其他用水单位用水计量、监测、管理等现状，制定水平衡测试导则等。

2022年11月，北京市政府发布《北京市节水条例》，要求水务部门应当组织再生水供水单位依据北京城市总体规划及相关专项规划，加快再生水管网建设，扩大再生水利用；将再生水用量纳入非居民用户用水指标，同步合理减少其地下水、自来水的用水指标。

1.2 再生水利用模式

1.2.1 传统再生水利用模式

根据利用模式的不同，再生水利用系统主要分为集中式、分散式和分布式三种。不同的利用模式各有利弊，在实践中应根据不同地区的特点以及现实情况，坚持"优水高用、劣水低用"原则，因地制宜地确定再生水利用模式。北京市再生水利用主要是集中式利用模式，分散式利用设施运行管理困难，利用较少。

1. 集中式

集中利用模式通常以集中式城镇污水处理厂出水为水源，进行集中处理，再将再生水通过输配管网输送到不同的用水场所或用户管网。

集中利用模式在污水再生处理环节具有规模效应、经济节能等特征，通常拥有完备的调控系统、完备的监测设施、安全备用设施以及熟练的工作人员，可以应对进水水量、水质波动等问题，在中国、美国、澳大利亚、新加坡、日本、以色列等国家已成为主流的再生水利用模式，得到了大规模应用。

但是集中利用模式存在管网建设费用高、输送距离长、难以实现"分质使用"和"优水高用、劣水低用"等不足。同时存在多种用途时，该模式的水质标准需要按照其中最高要求确定，造成"过度处理"与处理费用升高。

2. 分散式

分散利用模式是在相对独立或较为分散的居住小区、开发区、度假区或其他公共设施区域中，就地建设再生水处理设施，实现再生水就近就地利用。

分散式污水再生利用系统一般规模较小，在工程建设和运行方面不具有规模效应，存在管理难度大、运行不易稳定等缺点。但是分散利用模式不需要建设大规模的管道以及长距离输送，且用途一般比较单一，宜根据水质要求进行适度处理，可作为集中式利用系统的补充。该模式适用于城乡结合部、农村和偏远地区。

3. 分布式

分布式利用模式是指在一定区域内，在再生水主要利用点就近建设污水处理厂（再生水厂），就近利用生产的再生水。分布式是介于集中式和分散式之间的一种模式，也称为组团式模式。这种模式的管网建设距离短，经济效益和生态环境效益显著，具体体现在以下三个方面：

（1）提高污水收集效能。通过合理布局、就近处理、就近利用，可以减少污水管网和再生水管网长度，从而减少管网漏损或倒灌，提高收集效能，助力污水处理厂提质增效。

（2）降低建设投资和运行成本。分布式布局可大幅度减少污水收集和再生水管网投资、运行和维护成本，综合投资和成本低。

（3）提高再生水利用效益。分布式布局可就近供给用户，如分段分级补给河道，可大大缩短再生水与用户距离，实现再生水高效就近利用。

1.2.2 区域再生水循环利用模式

区域再生水循环利用是指将处理后达到排放标准的污水，经过生态处理设施等进一步进行深度净化，水质达到有关使用要求后，通过自然储存、输配和调度，作为水资源在一定区域内再次用于生产、生活和生态的一种再生水循环利用模式（图1.4）。

该模式中的环境水体不是再生水利用的终点，而是再生水循环利用的中间节点，具有水质净化和水量储存（生态储存）等功能，相当于城镇的"第二水源"和"非常规水源"。区域再生水循环利用的优势包括以下几个方面：

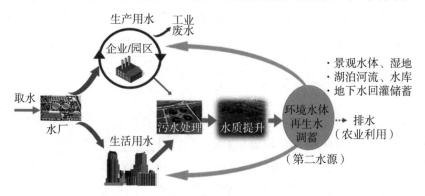

图 1.4 区域再生水循环利用示意图

（1）用水统筹、水效提升。可以同时满足生态用水、生产用水和生活用水需求，解决生态用水与生产生活争水的矛盾，提高了用水效率。

（2）生态调蓄、天然输配。水体作为再生水的储蓄库和输配通道，可解决再生水利用的季节性问题，缓解再生水输配管网建设压力。同时具有雨洪调蓄功能，防止内涝。

（3）水质提升、属性转变。通过自然净化，提高了水质，使污水转化为具有天然属性的"生态水"，可缓解用户心理障碍，提高公众接受程度，也可成为生态增容的重要措施。

（4）供水开源、灰绿融合。可实现供水多途径开源，促进城市供排水系统建设和水环境治理融合。

在缺水地区，宜优先将达到排放标准的污水处理厂出水，经过进一步净化后转化为可利用的水资源，就近回补自然水体，纳入区域水资源调配管理，作为"第二水源"在区域内进行循环利用，从而形成区域再生水循环利用模式。该模式可以实现水资源、水环境和水生态"三水共治"，生态环境效益和经济效益显著，值得大力推广。北京市在未来再生水利用规划中宜考虑区域再生水利用模式的可行性。

1.3　再生水水质分级与利用效益

再生水可用于生产、生活和生态等多个方面，国内外的大量科研成果和工程实践证明，再生水利用"技术可行、效益显著"，具有资源、生态环境、社会和经济等诸多方面的效益（陈卓等，2021）。对于北京市而言，再生水利用的各方面效益已日益突显，再生水利用已成为改善北京市水环境质量和促进城市经济社会可持续发展的有效途径。

1.3.1 再生水水质分级与利用途径

再生水利用遵循"以用定质、以质定用"原则，再生水水质除了参照城镇再生水利用水质标准外，还应根据实际用途、应用场景和应用条件等确定相应的用水水质要求。

《城市污水再生利用 分类》（GB/T 18919—2002）将再生水利用途径分为农、林、牧、渔业用水、城市杂用水、工业用水、景观环境用水和补充水源水五个类别，具体细分见表1.6。

表1.6 再生水利用途径分类

分类名称	细目名称	范围
农、林、牧、渔业用水	农田灌溉	种子与育种、粮食与饲料作物、经济作物
	造林育苗	种子、苗木、苗圃、观赏植物
	农场、牧场	兽药与畜牧、家畜、家禽
	水产养殖	淡水养殖
城市杂用水	城市绿化	公共绿地、住宅小区绿化
	冲厕、街道清扫	厕所便器冲洗、城市道路的冲洗及喷洒
	车辆冲洗	各种车辆冲洗
	建筑施工	施工场地洒扫、灰尘抑制、混凝土养护与制备、施工中的混凝土构建和建筑物冲洗
	消防	消火栓、喷淋、喷雾、泡沫、消火炮
工业用水	冷却用水	直流式、循环式
	洗涤用水	冲渣、冲灰、消烟除尘、清洗
	锅炉用水	高压、中压、低压锅炉
	工艺用水	溶料、水浴、蒸煮、漂洗、水利开采、水利输送、增湿、稀释、搅拌、选矿
	产品用水	浆料、化工制剂、涂料
景观环境用水	娱乐性景观环境用水	娱乐性景观河道、景观湖泊及水景
	观赏性景观环境用水	观赏性景观河道、景观湖泊及水景
	湿地环境用水	恢复自然湿地、营造人工湿地
补充水源水	补充地表水	河流、湖泊
	补充地下水	水源补给、防止海水入侵、防止地面沉降

不同用途对再生水水质的要求显著不同，不同水源、不同处理工艺的再生水水质也存在很大差异，同时达到同一水质标准的处理工艺也会有多种种类（陈卓等，2021）。笼统的"再生水"表述，在再生水利用规划、安全管理、效益评价、再生水统计和标识等方面易造成不同理解、困惑和歧义，有时也会带来完全不同和相反的结论和判断。

《水回用导则 再生水分级》（GB/T 41018—2021）从"以质定用"和"按质管控"的角度，在充分考虑再生水处理工艺和再生水水质的基础上，将再生水分为 A、B 和 C 三个级别。根据再生水水质，将再生水进一步分为 10 个细分级别。再生水水质达到相关要求时，可用于相应用途，具体分级指标见附录 1。该标准为再生水安全评价、科学管理和分质用水、以质定价等提供了基本依据。

1.3.2 再生水利用效益

再生水利用是改善水环境质量和促进城市经济社会可持续发展的有效途径。与传统水资源相比，再生水利用可以降低新鲜水资源开采、减少污水排放、减轻水体污染，具有显著的资源效益、生态环境效益、社会效益和经济效益。《水回用导则 再生水利用效益评价》（GB/T 42247—2022）对再生水利用效益评价指标、评价程序与方法等内容做了规定，评价程序和评价指标选取见附录 2。

1. 资源效益

再生水的水源靠近人口中心，其水量基本不受天气、气候等因素的影响，且水质变化幅度小。再生水经过适当的深度处理和科学的运行管理保障，是量大质稳的可靠水资源。再生水可以作为替代水源减少对新鲜水资源的开采和取用，增加可利用水资源的量，缓解区域水资源供需矛盾。同时，再生水中的有机物、氮磷等可为植物、农作物等提供营养补给，促进作物增产。

2. 生态环境效益

再生水深度处理过程相比于城镇污水处理厂污水达标排放处理过程，可进一步强化无机离子、微量有毒有害污染物、一般溶解性有机污染物、微生物等污染物的去除。因此，相比于污水达标排放，再生水的利用可以有效减少进入环境水体的污染物量。此外，城镇污水处理厂处理出水一般直接排放进入环境水体。再生水的利用可有效减少污水处理厂处理出水的排放量。

再生水厂大多建在城市附近，与外环境调水、远距离输水相比，大大减少了输水管线的基建和电耗等运行费用；与海水淡化相比，大大减少了处理过程的电耗等运行费用。据估算，再生水项目（MBR 工艺）的电耗为 0.4～0.6kW·h/m³，而海水淡化项目（反渗透脱盐工艺）的电耗为 4～5kW·h/m³，海水淡化项目（多效蒸馏工艺）的电耗为 6～10kW·h/m³。再生水项目（MBR 工艺）的碳排放量为 0.9～1kgCO₂/m³，而海水淡化项目（反渗透脱盐工艺）的碳排放量为 0.08～4.3kgCO₂/m³，海水淡化项目（多效蒸馏工艺）的碳排放量为 0.3～26.9kgCO₂/m³。

3. 社会效益

再生水资源的开发利用过程中可在相关规划、设计、建设、运营、管理和评价等领域提供和扩大就业机会，促进产业链的形成。此外，再生水用于城市杂用、景观环境利用等用途，对改善城市生态环境，增加城市美学效果，提高公众生活品质具有重要意义。

4. 经济效益

再生水具备产品的属性，再生水使用者需缴纳一定的再生水费。同时，为鼓励再生水的推广利用，政府也出台了相应的财政补贴或者税收减免等政策。因此，再生水具备供水收益。再生水的成本和价格低于传统水源和其他可替代性水资源（例如外调水、海水淡化等）。因此，再生水利用可减少相应的水费开支。

对于进入环境水体的水污染物，《中华人民共和国环境保护税法》中规定了典型水污染物（SS、BOD₅、COD、氨氮、总磷、色度、人肠菌群数等）和当量值以及应缴纳的相应环境税。相比于污水达标排放，再生水的利用可以有效地减少进入环境水体的污染物量，因此，可以有效地节省需要缴纳的环境税开支。

再生水项目的建设运行和再生水利用涉及投资、固定资产投入、劳动力投入和销售等多个方面，对城市经济发展有重要贡献。水资源短缺是我国大部分地区面临的问题，其中北方地区尤其突出，已成为限制产业规模扩大、阻碍经济发展的重要因素。再生水用于工业生产和农业灌溉，可有效解决水资源短缺问题，并为工农业生产带来显著的经济效益。

1.4 再生水利用发展建议

从 2003 年开始，北京市大力开展再生水利用。北京市的再生水利用量逐年增加，到2021 年，再生水利用量达 12.0 亿 m³，占全市供水总量的 29.6%，成为名副其实的城市第二水源。

截至 2023 年底，北京市再生水利用途径主要包括景观环境利用、城市杂用、工业利用等。其中，北京市绝大部分再生水用于补充城市景观河道、湖泊、湿地等，用水比例高达 92%，工业用水和城市杂用水比例仅为 5.6% 和 2%。由于北京市计划在 2035 年再现北京市水系，恢复历史河湖景观，并逐步以再生水替代南水北调用于景观环境，未来再生水景观环境利用需求将持续增加。此外，面对北京市社会经济发展的持续快速增长态势，高品质再生水用于电子行业等工业领域、再生水用于空调冷却用水、市政杂用、绿地灌溉等途径也存在巨大发展潜力。

建议从以下五个方面统筹推进，进一步提升再生水利用量、拓展再生水利用途径，支撑《北京市"十四五"节水型社会建设规划》中提出的"到 2025 年，全市生产生活再生水利用量力争提高 50%"的发展目标。

1.4.1　加强制度建设，完善再生水利用机制

从水资源安全和可持续发展战略的高度认识再生水的重要地位，将再生水等非常规水资源与地表水、地下水纳入区域水资源进行统一配置。从各级政府层面建立再生水利用的各项规章制度。从水价、财政、金融、税收等方面，研究和出台鼓励再生水利用的优惠政策。利用市场机制将再生水资源化，建立基于市场接轨的多元投资体制，引导和动员社会各界积极参与。充分发挥市场能动性，通过简化财税政策、鼓励信贷等方式积极引导社会资本投资再生水行业。

对于再生水生产环节，利用市场机制合理确定再生水利用价格，发挥市场杠杆作用，全面推行差别化再生水价，形成合理的再生水水价机制和再生水资源供水价格，以提高再生水生产企业的生产积极性。对于再生水使用者，可对超额完成再生水利用目标的企业实行相应的财政补贴或者税收减免等政策进行鼓励。

在监管和约束政策方面，从用水单位和再生水生产销售单位两个维度制定相关政策。针对用水单位，加快水资源监控能力建设，对规模以上工业取用水户、公共供水取水户、大面积灌溉用水灌区实行在线监控。鼓励重点高耗水行业提高再生水利用率。加强重点监控用水单位监督管理，发布重点监控再生水利用单位名录，建立重点监控用水单位管理体系和信用体系。针对再生水生产和供水、销售企业，通过评估、审核，建立再生水生产资格资质认证体系，颁发质量认证证书。

1.4.2　加强工程设施建设，优化再生水厂布局

现有污水处理和再生水利用设施应结合再生水利用需求，完成提标改造和相关

建设要求，或根据水体补水需求进一步提升再生水水质。储存是再生水利用不可或缺的环节，但没有引起足够的重视。因此，应加强再生水储存设施及再生水输配管网的建设。

再生水厂建设规划阶段，应转变过去在城市下游"大截排、大集中"建设污水处理与再生利用设施的思路，从有利于污水处理资源化利用及城市水环境生态补水角度出发，按照"均衡布局、就近利用"原则，因地制宜优化布局再生水厂，促进再生水高效利用。

研究发现，当污水处理厂处理规模超过 5 万 m^3/d 后，其规模效应不再显著，建设成本和运行电耗分别稳定在 3000 元/（$m^3 \cdot d$）和 $0.3kW \cdot h/m^3$。因此，建议在进行污水处理厂建设时，可将处理规模控制在 5 万～10 万 m^3/d 之间，结合地区实际情况，综合考虑后续再生水水源的输配需求，优化污水处理厂和再生水厂的布局。

1.4.3　加强科技创新，鼓励再生水产业发展

针对再生水利用对水质保障的核心需求，加强再生水领域理论创新和技术研发，鼓励高耗水企业、再生水厂、高等学校、科研院所等开展再生水处理利用的联合研究和技术攻关。结合我国和北京市供水用水情况，开发并推广与现阶段情况和未来发展相适应的、经济实用的再生水处理技术、产品和模式。

鼓励和引导组织相关的大中型企业发展再生水处理利用业务，形成规范化和规模化生产能力，支持再生水行业相关企业做大做强。

1.4.4　加强监督管理，规范再生水利用行为

依托法律法规，形成多层级的再生水利用管理标准体系。国际标准化组织（ISO）和世界卫生组织（WHO）等为再生水利用提供了国际广泛认可的框架性指南，可作为再生水利用水质安全监管的指导。我国也相继出台了再生水利用相关的国家标准、行业标准、地方标准和团体标准。

在此基础上，应建立各级政府部门共同参与的分级管理工作机制，制定再生水利用标准、规范和指南，制定质量管理和认证办法，将再生水的综合开发和利用纳入城市规划和建设体系。针对再生水生产和供水、销售企业，通过评估、审核，颁发质量认证证书。

建立健全监管机制，如委托第三方机构，对再生水厂出水水质进行监管等。第三方机构根据政府制定的相关要求，负责日常水质监测。根据水质监测结果对再生

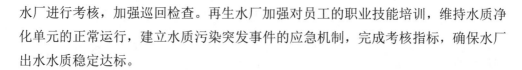

水厂进行考核，加强巡回检查。再生水厂加强对员工的职业技能培训，维持水质净化单元的正常运行，建立水质污染突发事件的应急机制，完成考核指标，确保水厂出水水质稳定达标。

1.4.5　加强宣传教育，提高对再生水利用的认识

积极开展节水宣传，提高公众参与度。注重开展形式多样、内容丰富的再生水利用宣传，利用网络、电视、报纸等新闻媒体，宣传再生水等非常规水资源的重要价值和安全性，现场报道各行业再生水利用现状及可利用潜力，增强企业和市民的再生水利用意识。

组织公众深入再生水处理工程现场，提高公众对再生水资源安全性的认识，引导人们形成正确的再生水利用观念，培养良好的用水习惯，推广再生水利用。

第 2 章 再生水利用政策与标准

为加快推进再生水利用，提高供水能力，改善水环境、水生态质量，推动高质量发展、可持续发展，北京市政府出台了一系列政策推动再生水行业的发展，促进再生水利用。本章系统性介绍了北京市再生水利用发展历程、出台的再生水利用政策法规及管理办法、发布的再生水利用标准、自来水水价和再生水水价发展情况。

2.1 再生水利用政策

北京市再生水发展经历了起步阶段（1950—1970 年）、引导阶段（1980—1990年）、示范阶段（2000—2005 年）、发展阶段（2006—2016 年）和快速发展阶段（2017—2023 年），各阶段出台的相应政策如图 2.1 所示。

1950—1970 年，北京市再生水利用起步阶段，北京市开始利用污水灌溉。

1980—1990 年，北京市再生水利用引导阶段。在此期间，北京市建设再生水试点工程，通过试点项目，研究了处理后污水再生利用的前景和可行性（马东春等，2020）。

2000—2005 年，北京市再生水利用进入示范阶段，期间建成建筑再生水设施100 多套，其中约 70%正常运行，另有 100 多套在建设施，多集中在宾馆饭店。

2006—2016 年，北京市再生水利用开始进入发展阶段，相关政策的实施和资金的支持为这一阶段奠定了基础。为满足日益增长的水资源矛盾和水资源需求，再生水已成为水资源管理的一项长期战略，北京市再生水利用率大幅度提高（张炜铃等，2013；周军等，2009）。

自 2017 年以来，北京市再生水利用发展速度稳步增长，2020 年北京市再生水利用量达到 12 亿 m³，再生水利用率超过 60%。

为指导再生水利用发展，自 1987 年以来，北京市相继发布了多项相关政策、法规及管理办法（表 2.1）。

表 2.1　北京市再生水利用的相关政策

发布年份	政策法规或管理办法
1987	《北京市中水设施建设管理试行办法》
1989	《北京市城镇节约用水管理办法》
1991	《北京市水资源管理条例》
	《北京市城市节约用水条例》
1994	《北京市城镇用水浪费处罚规则》
2000	《北京市节约用水若干规定》
2001	《关于加强中水设施建设管理的通告》
2004	《北京市实施〈中华人民共和国水法〉办法》
2005	《北京市节约用水办法》（已废止）
2009	《北京市排水和再生水管理办法》
2011	《北京市排水和再生水设施建设管理暂行规定》
2012	《北京市节约用水办法》（现行）
2016	《北京市生态再生水厂评价办法（试行）》
2020	《北京市节水行动实施方案》
2021	《北京市水污染防治条例》
2022	《北京市节水条例》
2023	《北京市水生态区域补偿暂行办法》

1987 年，北京市人民政府发布《北京市中水设施建设管理试行办法》，其规定了在本市行政区域内新建建筑面积 2 万 m^2 以上的旅馆、饭店、公寓，建筑面积 3 万 m^2 以上的机关、科研单位、大专院校，大型文化、体育等建筑以及按规划应配套建设中水设施的住宅小区、集中建筑区等应按规定配备再生水设施，同时也规定了再生水主要用途及相应的水质标准（赵继成，2007）。

1989 年，北京市人民政府发布《北京市城镇节约用水管理办法》，提出用水单位应当采用节约用水先进技术，降低耗水量，提高水的重复利用率。冲刷汽车应使用节水枪；拥有 30 部以上汽车的单位，应安装、使用循环用水洗车设备。

1991 年，北京市人大常委会发布《北京市水资源管理条例》，鼓励有条件的地区和单位充分利用雨洪和符合标准的弃水进行回灌，补充涵养水源。

1991 年，北京市人大常委会发布《北京市城市节约用水条例》，指出"应当提高水的重复利用率"，把重复利用水作为节水手段之一，且指出"按照有关规定加强不同层次的污水处理设施建设，提高污水资源化水平"。

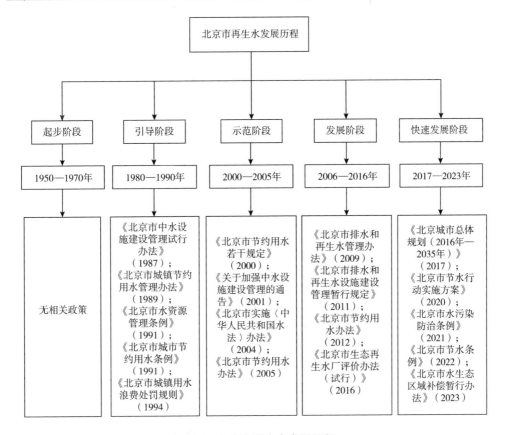

图2.1 北京市再生水发展历程

1994年，北京市人民政府发布《北京市城镇用水浪费处罚规则》，要求用水单位应按照规定建设、使用再生水设施。对于未按规定建设、停止使用再生水设施的用水单位，相关单位可以进行处罚。

2000年，北京市人民政府发布《北京市节约用水若干规定》，规定政府应制定再生水使用方案和再生水规划；已接通再生水的地区，工业用水和城镇园林绿化、环境卫生用水应当使用再生水。

2001年，北京市市政委员会、北京市规划委员会和北京市建设委员会联合发布《关于加强中水设施建设管理的通告》，要求贯彻优水优用的用水原则，加快城市污水资源化进程，加强北京规划市区中水设施建设工作。

2004年，北京市人大（含常委会）发布《北京市实施〈中华人民共和国水法〉办法》，将再生水纳入水资源统一配置，根据北京市水务局统计，再生水利用量逐年增长（表1.1），2008年再生水首次超过地表水供水量，成为北京市的第二水源（北京市水资源公报，2008）。中心城再生水利用率达到 50%，北京成为奥运会历史上第一个以再生水作为奥运中心区绿化、冲厕用水的城市（霍健，2011）。

2005 年，发布《北京市节约用水办法》（2005，现已废止）涉及再生水的条例包括：再生水回用系统的改扩建；工业用水单位、洗车公司在再生水输配管线覆盖区内应当使用，其中回用工业用水应符合水质；住宅小区和单位内部的景观及其他市政杂用应当使用雨水或再生水，否则将处以 1000 元以上 5000 元以下的罚款；绿化用水鼓励使用。

2009 年，北京市人民政府发布《北京市排水和再生水管理办法》，规定再生水供水企业应当与用户签订合同；再生水供水系统和自来水供水系统应当相互独立，再生水设施和管线应当有明显标识；再生水水价由政府定价。

2011 年，北京市水务局发布《北京市排水和再生水设施建设管理暂行规定》，适用于本市行政区域内公共排水和再生水设施的规划、建设以及相关活动。

2012 年，北京市人民政府发布《北京市节约用水办法》，涉及再生水的条例包括：再生水回用系统的改扩建；工业用水单位、洗车公司在再生水输配管线覆盖区内应当使用，违者限期改正并罚款；以水为原料的生产企业、现场制售饮用水的单位个人做好尾水回用；住宅小区和单位内部的景观及其他市政杂用应当使用再生水，违者限期改正并罚款。将再生水同地表水、地下水共同纳入水资源管理体系，进行统一调配；将价格机制引入用水行为的调节过程；规范再生水生产企业行为。与 2005 版对比内容有所重合，但更具有可操作性和强制性，在罚金额度上有所提高，例如"在住宅小区和单位内部的景观及其他市政杂用未使用再生水的，罚款 1000～5000 元"，调整为 1 万～3 万元。

2016 年，北京市水务局发布《北京市生态再生水厂评价办法（试行）》，适用于本市行政区域内设计日处理能力为 1 万 m^3 以上的需要进行生态评价的再生水厂。

2017 年，北京市人民政府发布《北京城市总体规划（2016 年—2035 年）》，要求提高再生水利用比例。生态环境、市政杂用优先使用再生水、雨洪水。同时要求全面提升再生水品质，扩大再生水应用领域。中心城区新建、扩建 9 座再生水厂，中心城区以外地区新建、扩建 30 座再生水厂。

2020 年，北京市水务局发布《北京市节水行动实施方案》，要求加强再生水多元、梯级和安全利用，因地制宜完善再生水管网等基础设施建设；加大园林绿化非常规水利用，园林绿化用水逐步退出自来水及地下水灌溉；及时调整再生水价格，鼓励扩大再生水使用范围。

2021 年，北京市人大常委会发布《北京市水污染防治条例》，要求统筹安排建设公共再生水设施，逐步扩大再生水输配管网的覆盖范围。发展工业再生水用户，鼓励工业企业的废水处理后循环使用，扩大农业再生水灌溉范围，推动再生水回补地下水的技术研究和应用。

2022 年，北京市人大常委会发布《北京市节水条例》，要求水务部门应当组织再生水供水单位依据北京城市总体规划及相关专项规划，加快再生水管网建设，扩大再生水利用。水务部门应当定期公布再生水输配管网覆盖范围和加水设施位置分布。

2023 年，北京市人民政府发布《北京市水生态区域补偿暂行办法》，规定了再生水配置利用量为污水治理年度任务核算指标之一，未按期完成再生水配置利用年度任务的相关区政府应缴纳补偿金。补偿金额为年度再生水配置利用量与考核目标值之差，乘以补偿金标准，补偿金标准为 1 元/m^3。

2.2 再生水利用规划

北京市在水资源严重短缺的背景下，污水再生利用技术发展迅速，再生水利用工程建设规模逐渐扩大，北京市高度重视再生水利用及其产业发展，通过制定科学、合理的再生水利用规划，以更好地指导城市再生水利用，再生水逐步向法制化、规范化、专业化、产业化发展。表 2.2 梳理了自 1999 年起北京市制定的再生水相关的各项规划。

1999 年，北京市设计院、北京市规划院和北京市城市节水办合作编制的《高碑店污水处理厂再生污水综合利用规划》出台，北京市高碑店污水处理厂污水资源化再利用工程是当时第一个大型再生水利用项目（方先金等，2001）。

2001 年 7 月，《北京市区城市污水处理厂再生水回用总体规划纲要》印发，规划北京市在 2002—2008 年期间，将新建再生水处理设施 9 座，新增处理能力 47 万 m^3/d。

2001 年 9 月，国务院批复《21 世纪初期（2001—2005 年）首都水资源可持续利用规划》，规划重点在水资源优化配置、雨洪控制及利用、再生水回用、水环境改善与水源保护、节水技术以及外流域调水等方面继续深化研究，提出具体实施方案。

2001 年，北京市人民政府发布《北京市"十五"时期水利发展规划》，为使污水处理后达到可利用的标准，规划在二级污水处理厂的基础上分期建设 14 座污水深度处理厂、相应输配水专用管线和回用配套设施等。再生水回用首先用于工业、市政杂用（道路冲刷、浇洒绿地），其次用于农业、河湖环境等。再生水回用统一规划、统一管理、科学调度。

表 2.2　北京市再生水利用规划

发布年份	北京市再生水利用规划
1999	《高碑店污水处理厂再生污水综合利用规划》
2001	《北京市区城市污水处理厂再生水回用总体规划纲要》
	《21 世纪初期（2001—2005 年）首都水资源可持续利用规划》
	《北京市"十五"时期水利发展规划》
	《2008 年北京奥运行动规划（生态环境保护专项规划）》
2004	《北京市经济开发区再生水专项规划》
	《北京市郊区水利现代化建设规划》
2005	《北京市城市总体规划（2004—2020 年）》
2006	《北京市城市总体规划（2004—2020 年）》（修订）
	《北京市"十一五"时期水资源保护及利用规划》
2011	《北京市"十二五"时期绿色北京发展建设规划》
2013	《北京市加快污水处理和再生水利用设施建设三年行动方案（2013—2015 年）》
2016	《北京市进一步加快推进污水治理和再生水利用工作三年行动方案（2016 年 7 月—2019 年 6 月）》
	《北京市"十三五"时期水务发展规划》
	《北京市"十三五"时期重大基础设施发展规划》
2017	《北京城市总体规划（2016 年—2035 年）》
2019	《北京市进一步加快推进城乡水环境治理工作三年行动方案（2019 年 7 月—2022 年 6 月）》
2022	《北京市"十四五"时期重大基础设施发展规划》
	《北京市"十四五"时期污水处理及资源化利用发展规划》
	《北京市"十四五"节水型社会建设规划》
	《北京市水资源保障规划（2020 年—2035 年）》
	《北京市全面打赢城乡水环境治理攻坚战三年行动方案（2022 年 7 月—2025 年 12 月）（征求意见稿）》

2001 年 11 月 30 日，北京市政府和奥运会组委会公布《2008 年北京奥运行动规划（生态环境保护专项规划）》，要求结合城市污水处理厂的发展，建设出水回用设施，2005 年，市区处理后的再生水回用量达到 3 亿 m³（包括工农业用水、市政杂用、灌溉、回补河道等），2008 年，城市污水处理厂出水回用率力争达到 50% 左右。

2004 年，北京市郊区利用再生水 7000 万 m³，减缓了地下水的开采力度。根据市政府批复的《北京市郊区水利现代化建设规划》，到 2008 年，结合新河、凉凤、红凤等 20 处大中型灌区节水改造，将充分利用高碑店、小红门、卢沟桥等污水处理厂和郊区卫星城、中心镇污水处理厂的再生水资源。

2005 年 4 月，国务院批复《北京市城市总体规划（2004—2020 年）》，要求加强城市地区污水处理厂再生水利用工作，加快城镇污水管网和污水处理厂建设。加大推广再生水利用力度，不断提高污水资源化利用程度。2020 年，北京市再生水利用达到 8 亿 m³ 以上。逐步使中水成为城市绿化、河湖生态、道路浇洒、生活杂用、工业冷却等主要水源；积极稳妥地利用再生水替换部分农业灌溉水源；进一步研究再生水其他利用方式。建立再生水利用法规、政策、管理体系，促进和规范再生水利用。

2006 年 9 月 8 日，北京市发展和改革委员会发布《北京市"十一五"时期水资源保护及利用规划》，规划 5 年（2006—2010 年）间，新建、改扩建 9 座中水厂，提高出水水质。重点建设酒仙桥、北小河、清河、吴家村、卢沟桥、小红门、第六水厂至亦庄及京西工业区配套中水管线工程，铺设中水管线 470km，进一步完善配套再生水输配水工程，扩大再生水利用范围。规划建设的北京第三热电厂，太阳宫、郑常庄、草桥等热电厂，全部利用深度处理的再生水；华能热电厂、第一热电厂直接使用污水处理厂二级出水。污水处理厂下游发展再生水灌区，置换清水资源。到 2010 年，全市利用再生水将达到 6 亿 m³，其中农业 3 亿 m³，工业 1.5 亿 m³，市政杂用、河湖环境用水 1.5 亿 m³。

2011 年 8 月 11 日，北京市发展和改革委员会发布《北京市"十二五"时期绿色北京发展建设规划》，确定了北京市再生水利用的"十二五"发展目标：要求利用率达到 75%；要求加快再生水厂配套管网建设，扩大再生水在工业生产、河湖补水、环境用水、农田灌溉以及市政杂用等领域的利用规模，2015 年全市实现再生水利用量达到 10 亿 m³ 以上，其中北京市中心城达到 9 亿 m³ 以上。在"十二五"期间，规划将现有的 10 座污水处理厂，即清河、肖家河、北苑、北小河、酒仙桥、高碑店、吴家村、卢沟桥、小红门、方庄污水处理厂，均升级改造和扩建成再生水处理厂，新增再生水处理能力 210 万 m³/d。在"十二五"期间，规划新建 6 座污水（再生水）处理厂，包括回龙观、郑王坟、东坝、定福庄、垡头、五里坨污水（再生水）处理厂，新增再生水处理能力 35 万 m³/d。北京市中心城所有污水（再生水）处理厂必须具有深度处理工艺，出厂水水质达到国家相关再生水水质标准。规划建设再生水管道约 209km（王强等，2012）。

2013 年 4 月 17 日，北京市人民政府发布《北京市加快污水处理和再生水利用设施建设三年行动方案（2013—2015 年）》，规划至"十二五"末，全市新建再生水厂 47 座，主要出水指标达到地表水Ⅳ类标准；新建清河、酒仙桥、高碑店和小红门四大再生水输水工程，实现再生水跨流域调度配置利用（马冬春等，2020）。

2016 年 5 月 13 日，北京市人民政府发布《北京市进一步加快推进污水治理和再生水利用工作三年行动方案（2016 年 7 月—2019 年 6 月）》，规划至 2019 年年底，全市新建再生水厂 27 座，新建再生水管线 472km，再生水利用量达到 11 亿 m³；对全市再生水进行统一调度，逐步增加城乡接合部地区河湖、湿地的再生水补水量，进一步扩大全市生态环境、市政市容、工业生产、居民生活等领域的再生水利用量。

2016 年 7 月 8 日，北京市人民政府发布《北京市"十三五"时期水务发展规划》，规划通州区新建改扩建污水处理厂或再生水厂 13 座。加快郊区城镇污水处理设施建设。郊区城镇新建、改造污水管线 331km，新建再生水厂 18 座，升级改造污水处理厂 8 座，新增再生水生产能力 39 万 m³/d。进一步加快再生水利用工程建设。扩大再生水管网覆盖范围，全市新建再生水管线 472km。对全市再生水进行统一调度，逐步增加城乡结合部地区河湖、湿地的再生水补水量，进一步扩大全市生态环境、市政市容、工业生产、居民生活等领域的再生水利用量。到 2020 年，通过工程利用高品质再生水 12 亿 m³，年替代新水 4 亿 m³。

2016 年 8 月 15 日，北京市发展和改革委员会发布《北京市"十三五"时期重大基础设施发展规划》，规划发展模式更加绿色。再生水利用量达到 12 亿 m³，重要水功能区水质达标率达到 77%。强化再生水循环利用，全面建成清河第二、槐房等再生水厂，全市再生水生产能力达到 700 万 m³/d，主要出水指标提高到地表水Ⅳ类标准。建设定福庄调水等再生水管线 470km，完善再生水调配体系，覆盖主要河湖水系，基本保障生态环境用水。加强再生水供水、加水站建设，积极拓展再生水利用空间，让绿化浇灌、道路冲洗、市政环境、工业冷却等都用上高品质再生水，替代和置换清洁水源，再生水利用量达到 12 亿 m³。恢复永定河生态功能，建设永定河绿色生态廊道，重现河道历史自然风貌，打造贯穿京津冀主要功能区的绿色生态主轴。统筹外调水源和本地水源配置，加快推进外调水工程，建成小红门等再生水利用工程，保障永定河生态用水。完善世园会及冬奥会基础设施，加强对外交通通道建设，建成京张铁路北京段，兴延高速、延崇高速、京新高速（国道 110 二期）等高速公路和昌赤路等骨干公路。建成延庆再生水厂和平原区地表水供水工程二期，提高延庆污水处理水平和供水保障能力。加强水资源调度和水系连通，改善世园会和冬奥会赛事场馆周边水环境。

2017 年 9 月 13 日，中共中央国务院批复《北京城市总体规划（2016 年—2035 年）》，要求生态环境、市政杂用优先使用再生水；到 2020 年基本实现城镇污水全收集、全处理，提高再生水利用比例，再生水利用量不少于 12 亿 m³。

2019 年 11 月 29 日，北京市人民政府发布《北京市进一步加快推进城乡水环境治理工作三年行动方案（2019 年 7 月—2022 年 6 月）》，要求进一步完善城镇地区污水处理和再生水利用设施。政府对再生水设施建设和运营提供政策及资金支持。在完善城镇地区污水处理和再生水利用设施方面，方案提出，将利用三年时间新建污水收集管线 740km、再生水管线 101km，改造雨污合流管线 82km，升级改造污水处理厂（站）9 座，新建（扩建）再生水厂 14 座，新增污水处理能力 50 万 m³/d，推进粪便与生活污水协同处理。

2022 年 3 月 3 日，北京市人民政府发布《北京市"十四五"时期重大基础设施发展规划》，规划持续优化再生水供用结构，提高再生水输配能力。推进一道绿隔地区再生水调配水源环线建设，保障温榆河公园、城市绿心公园等大型公园绿地绿化用水，力争做到园林绿化领域再生水可用尽用，实现园林绿化领域自来水、地下水灌溉逐步退出。实施重点功能区及重点工业项目再生水输配工程，保障"三城一区"等重点功能区和燃气电厂、环卫焚烧厂等重点工业项目再生水供给，力争做到工业用水应供尽供、可替尽替。推动实施长兴水源净化等河湖再生水补水工程，增加再生水补充河道生态用水。积极推进污泥本地资源化利用，推动污泥无害化处理满足相关标准后用于园林绿化等领域。到 2025 年，新建再生水管线约 370km，全市再生水利用率达到 35% 以上，污泥本地资源化利用水平进一步提升。

2022 年 6 月 8 日，北京市发展和改革委员会发布《北京市"十四五"时期污水处理及资源化利用发展规划》。规划明确了"十四五"时期北京市污水处理及资源化利用的发展思路、发展目标和主要任务。到 2025 年，全市污水处理能力达到 800 万 m³/d，再生水利用率稳步提升，配置体系进一步完善；到 2035 年，全市污水处理能力达到 900 万 m³/d，城乡污水基本实现全处理，全市再生水利用率达到 70% 以上。科学规划建设再生水厂站，加快推动城镇污水处理厂升级改造。大力推进再生水水源热泵、沼气发电、光伏发电等绿色技术应用场景建设，积极推动再生水厂站绿色低碳转型。北京市将重点推进生产生活用水再生水替代，逐步实现市政杂用、园林绿化、工业、服务业用水应供尽供、可替尽替。其中，在工业领域，北京市将严控工业新水取用量、万元工业增加值用水量指标，推动将再生水作为工业生产用水的首要来源。"十四五"时期，北京市将持续扩大再生水利用领域和规模，在工业生产、市政杂用、生态环境领域优先使用再生水，实施重点功能区、重点工业项目再生水输配工程，保障"三城一区"等重点功能区和燃气电厂、环卫焚烧厂等重点工业项目再生水供给。

2022 年 8 月 12 日，北京市水务局、北京市发展和改革委员会等单位联合印发《北京市"十四五"节水型社会建设规划》（以下简称《规划》）。《规划》提出，到 2025 年，全市年生产生活用水量控制在 30 亿 m³ 以内，生产生活再生水利用量力争提高 50%；加强节水型单位、节水型社区（村庄）建设，国家和市级重点监控用水单位全部建成节水型单位，节水型社区（村庄）覆盖率达到 50%。重点推进再生水替代，逐步实现市政杂用、园林绿化、工业再生水应供尽供、可替尽替，加强雨水集蓄利用和海绵城市建设，到 2025 年生产生活再生水利用量力争提高 50%。

2022 年 9 月 16 日，北京市水务局印发《北京市水资源保障规划（2020 年—2035 年）》，提出加大非常规水资源利用，用好再生水"第二水源"。坚持集中和分散相结合、截污和治污相协调，结合产业规划和水功能区划，完善污水处理及再生水利用设施建设，加强再生水多元、梯级和安全利用，提高再生水输配能力，有序实施重点功能区及重点工业项目再生水输配水工程，加大河道外再生水利用，促进新水资源节约。合理配置再生水补充河湖生态用水，加强湿地水源保障，促进河湖水生态环境改善与修复。

2022 年 9 月 22 日—10 月 22 日，北京市水务局起草了《北京市全面打赢城乡水环境治理攻坚战三年行动方案（2022 年 7 月—2025 年 12 月）（征求意见稿）》向社会公开征集意见。该文件提出，到 2025 年城乡污水收集处理设施实现全覆盖，全市污水处理率达 98% 以上，园林绿地再生水利用量增加 30%。

2.3 再生水利用标准

北京市相继出台了再生水利用地方标准（表 2.3），形成了较为完善的标准体系，内容涉及设计规程、工程建设、生产利用、运行管理和评价服务等方面。

表 2.3 北京市再生水利用相关地方标准

标准号	标准名称
DB11/T 348—2022	《建筑中水运行管理规范》
DB11/T 672—2023	《城市绿地再生水灌溉技术规范》
DB11/T 740—2010	《再生水农业灌溉技术导则》
DB11/T 1254—2022	《再生水热泵系统工程技术规范》
DB11/T 1322.65—2019	《安全生产等级评定技术规范 第 65 部分：城镇污水处理厂（再生水厂）》
DB11/T 1658—2019	《生态再生水厂评价指标体系》
DB11/T 1755—2020	《城镇再生水厂恶臭污染治理工程技术导则》
DB11/T 1767—2020	《再生水利用指南 第 1 部分：工业》
DB11/T 1767.2—2022	《再生水利用指南 第 2 部分：空调冷却》
DB11/T 1767.3—2022	《再生水利用指南 第 3 部分：市政杂用》
DB11/T 1767.4—2021	《再生水利用指南 第 4 部分：景观环境》
DB11/T 1818—2021	《地下再生水厂运行及安全管理规范》

为提升北京市用水效率，推动北京高质量发展，北京市启动了《北京市百项节水标准规范提升工程实施方案（2020—2023 年）》（京节水办〔2020〕8 号），从 2020 年开始对居民生活、园林绿化、洗车、人工滑雪场等几十个用水领域的近百项节水标准进行制定或修订，包括多项再生水利用相关的标准。

2.4 自来水水价

北京市水资源供需矛盾随经济和社会发展不断加剧，水资源匮乏已成为制约发展的主要因素。此前，计划经济的长期实行导致市民对水资源缺乏正确认识，水价长期偏低使得市民将其认定为公益性无偿物品，导致用水效率低，水资源浪费严重。随着经济发展，用水需求激增，人们逐渐达成经过水利工程加工调蓄后的水属于商品的共识，同时建立了相应的收费机制（姜文来，1999）。

1949 年之前，北京市自来水普及率不及 30%。1950 年 1 月 1 日，自来水公司收归国营。北京市自来水总价包括水资源费、原水工程水价、自来水加工水价和污水排放处理费（贾绍凤，2006）。北京市自 1991 年开始对自来水征收排污费，1993 年开始征收水资源费（北京市水利局，2005）。北京市自 1952—2022 年的 70 年间共进行了 12 次水价调整，居民生活用水水价也相应进行了调整。只有 1 次水价下调，其余 11 次均为上调，在过去的 32 年水价上调了 10 次，具有上升幅度大，频率高的特点（於凡，2006）。1952—2022 年居民生活用水水价如图 2.2 所示。

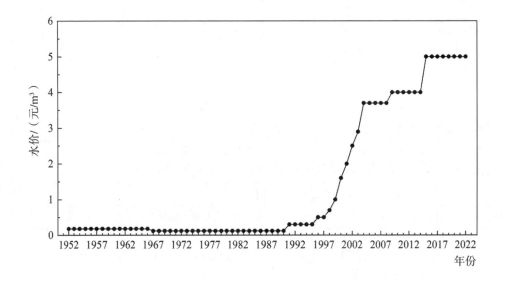

图 2.2   北京市 1952—2022 年居民生活用水水价

注：北京市居民水价自 2014 年起实行阶梯水价，图中从 2014 年开始的标注水价为第一阶梯水价。

20 世纪五六十年代，北京市开始提倡节约用水，据《北京日报》1957 年 8 月 15 日 2 版《四个月来节约用水一百多万吨》报道（图 2.3），在市自来水公司的宣传和指导下，市制药厂改装了蒸馏水设备，每月可以节约用水 1.2 万 t；纺织科学研究院设法回收使用冷却水，每月大约可以节省 3000t 水；北京实验中学把分散的恭桶水箱改为集中水箱后，每月水费开支减少约 100 元。

据《北京日报》1961 年 5 月 23 日 2 版《人人注意节约用水》报道（图 2.4），

自来水公司帮助用户想办法
四个月来节約用水一百多万吨

本报訊　市自来水公司积极帮助用戶节約用水。据統計，近四个月来，全市各單位共节約用水一百多万吨。这些水如供有一般衛生設备的單位使用，足夠四万多人用一年。

本市由于工业用水量和人民生活用水量增長很快，每到夏天用水高峰时間，就有个別地区供水不足。而某些單位因为用水缺乏經驗，或不太注意节約用水，还存在一些浪费現象。市人民委員会除了积极新建和扩建水源厂、开鑿新的水源井以外，自来水公司又派出干部到各單位宣傳节約用水的意义并帮助用水戶檢查耗水漏洞，采取节約用水措施。如市制藥厂改裝了蒸餾水設备，每月就可以节約用水一万二千吨。

纺織科学研究院設法回收使用冷却水以后，每月可以省水三千吨左右。很多住戶采取了节水措施以后，也减少了开支。如国务院專家工作局现在每月水费开支就比过去减少了百分之四十。北京实验中学仅把分散的恭桶水箱改为集中水箱一項，每月便可节約水费开支一百元左右。　　　　（文章）

图 2.3　《北京日报》1957 年 8 月 15 日 2 版

人人注意节約用水

随着天气漸暖，生产和生活用水日漸增加。要保证夏天的正常供水，除了积极开源以外，还必须从各方面注意节約。一个人浪费一点水不算什么，如果大家都不在乎，积少成多，浪费就大了。因此，大家必須从大处着眼，小处着手，认真节約用水，这是值得每个人重視的事情。

增加用水量　保证安全用水

市自来水公司的职工，为了保证安全供水和增加出水量，对各水厂的主要配水机和水源井机泵等設备已进行了检修，并且对供水綫路和綫路安全設备也进行了检修，消除了许多隐患，为全市的安全供水，提供了有利条件。

今年本市自来水設备的維修工作，进行得比较早。从去年十二月开始，市自来水公司的有关部門就根据設备的运转时間，提出了初步的检修計划。为了使計划更切合实际，他们把自己制訂的检修計划交給所屬各水厂进行了核实。在检修計划逐項落实以后，公司和所屬各水厂的检修工人，就积极地投入水厂配水机和水源井机泵的检修工作。

在检修工作中，他们采取了公司专門修理工担負主要机泵的大修任务，各厂的修理工和运轉工担負中小修和检查綫路安全設备的检修，加快了修理速度，提高了修理質量。所屬水厂的修理工人和运轉工人对設备的检查也作得非常仔細。他们不但清扫了瓷瓶和变压器，而且对綫路分段开关也进行了检查。此外，各水厂还增裝了一些防雷設备。

在加強維修，保证现有設备正常运轉的同时，他们还采用了調換机泵、加大水輪、增加泵段、改造旧井恢复供水等办法，加大了出水量。目前每天的供水量正在逐渐增加。　（郑守成）

加强宣传工作　主动利用废水

阜成門外铁道部宿舍居民，积极检查卫生設备，主动利用废水，对节約的生活用水作出了成績。

这个住宅区共居住八千多口人，有人百多处卫生設备。管理部門首先抓住了宣传教育工作，并在职工家屬中成立了节約用水的专門机构，利用群众集会、个別交談、写标語、大字报等形式，积极向群众宣传节約用水支援国家建設的重要意义，提高了居民对节約用水的认識。动员大家发現那里漏水立即报告避免工水的同，及时堵塞漏洞。不少人并主动利用废水，节約清水。第四住宅区四十八栋二十三号的居民，过去对于淘米水、洗菜水，有时倒清水洗菜用。由于明白了节約用水的道理，现在，每天都把洗米、洗菜的丙水攒起来，留作淘菜地用，用水量大大减少。

检修水箱設备
及时堵塞漏洞

节約用水，在保证正常使用的条件下，耗水量比过去有不少降低。

这个居民区的九幢楼房，全是新建的。从去年十一月份安裝水箱設备以后，全居民区的用水量耗损很大。居民们都反映："这样用水可不行。国家费了水，自己也費了錢！"于是，居民委員会便发动大家仔細检查卫生設备，居民们慢快就行动起来，水发現一处，他发現一处，只要发現漏水，馬上就設法解决。有的座箱漏水多，他们便想法改为吊箱冲水，有多少放多少。他们还把洗菜、刷鍋的水，用来浇菜；用洗过手的水冲别洗卫生設备。由于想了这些办法，这个居民区的用水量比以前减少了。

上图　铁道部住西便門宿舍的职工家屬，为了节約用水，利用再水浇菜。　（李拍摄）

图 2.4　《北京日报》1961 年 5 月 23 日 2 版

北京市居民积极进行自来水设备检修，及时堵塞漏洞，主动利用废水，用水量大大降低。随着节约用水宣传的广泛开展，节约用水意识已经深入人心。

20 世纪 80 年代初，北京市取消楼房生活用水"包费制"，公用水管开始引入各家各户，并对每户安装水表，按实际用水量缴费，人们的节水意识明显增强。《北京日报》1981 年 8 月 29 日 1 版，刊登文章《全市人民紧急行动起来节约用水渡过缺水难关》描述了北京市推行取消"包费制"面临的困难，对此，北京市水资源委员会出台了相应累进加价收费、限量供水和定时供水等一系列措施[《北京日报》1982 年 7 月 9 日 1 版，《市水资源委员会对不取消包费制单位采取措施》（图 2.5）]。

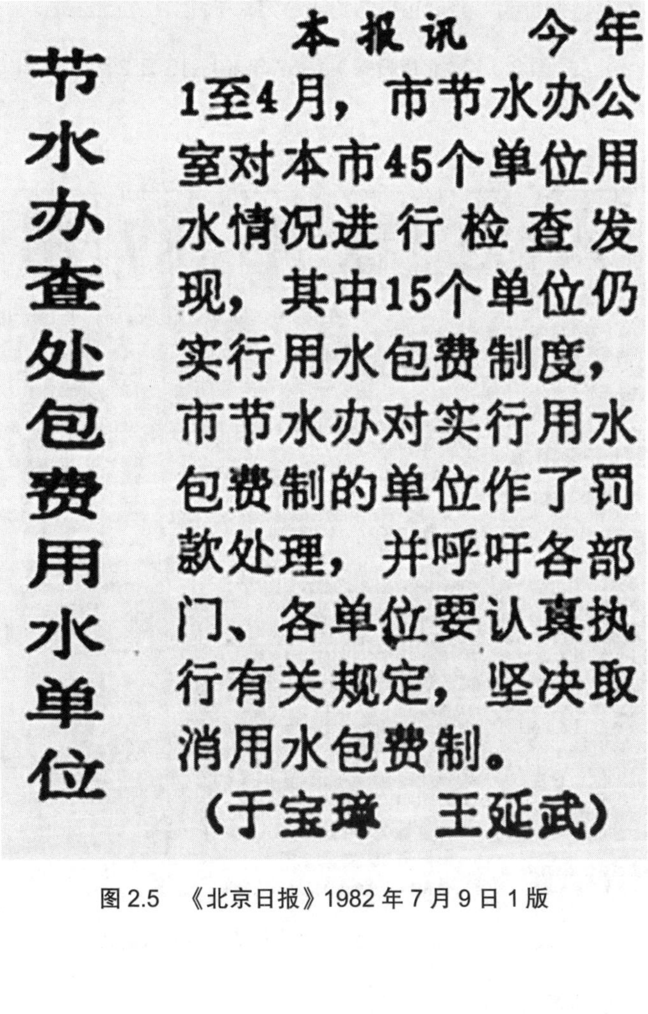

节水办查处包费用水单位

本报讯　今年 1 至 4 月，市节水办公室对本市 45 个单位用水情况进行检查发现，其中 15 个单位仍实行用水包费制度，市节水办对实行用水包费制的单位作了罚款处理，并呼吁各部门、各单位要认真执行有关规定，坚决取消用水包费制。

（于宝璋　王延武）

图 2.5　《北京日报》1982 年 7 月 9 日 1 版

1989 年 8 月 1 日起施行的《北京市城镇节约用水管理办法》中，已明确规定"禁止对居民生活用水实行包费制"。对使用居民生活用水实行包费制单位将按照《北京市城镇用水浪费处罚规则》进行处罚；情节严重的，可扣减当年或下一年度计划用水指标，直至停止供水。

20 世纪 90 年代，由于制水成本上涨，自来水调价势在必行。1998 年，北京的自来水价格进行了调整，其中，居民生活用水每吨由 0.7 元调为 1 元；旅游饭店用水每吨由 2 元调为 2.4 元；旅馆、招待所用水每吨由 1.2 元调为 1.5 元；餐饮、娱乐、洗车业用水每吨由 1 元调为 1.5 元；工商业等其他用水每吨由 1 元调为 1.3 元（1998 年 9 月 10 日《北京日报》1 版，《自来水调价》）。

随着原水污染程度不断加重，处理工艺提标改造，水价收入已无法满足供水企业工艺改进、管网铺设等一系列需求。此后，北京的水价又进行过多次调整。

2004 年 6 月，北京市发展和改革委员会向北京市水价听证会提交《北京市调整水价并实行阶梯式水价初步方案》，该方案提出从 2004 年 7 月起，居民拟采用阶梯式收费方式，超过相应水量将累积加价。后由于基础设施未完善到位，如北京市仍有 30 万户居民没有实现一户一表等原因，北京市发文暂缓执行居民用水阶梯式水价。

北京市阶梯水价改革从 2009 年开始启动，同时出台了两个方案。

方案一：第一阶梯户年用水量在 145m^3 以下，每立方米水价为 4.95 元（提高了 0.95 元）；第二阶梯户年用水量为 146～260m^3，每立方米水价为 7 元；第三阶梯户年用水量在 260m^3 以上，每立方米水价为 9 元。

方案二：第一阶梯户年用水量在 180m^3 以下，每立方米水价为 5 元（提高了 1 元）；第二阶梯户年用水量为 181～260m^3，每立方米水价为 7 元；第三阶梯户年用水量在 260m^3 以上，每立方米水价为 9 元。

直至 2014 年 4 月，北京市发展和改革委员会举行居民用水价格调整听证会后，才最终确定 2014 年 5 月 1 日起，实行第二套调价方案，自此北京市开始实施阶梯水价（图 2.6）。

北京市现行水价包括自来水水费、水资源费和污水处理费三项。自来水水费属于供水企业收入；水资源费及污水处理费属于行政事业性收费，上缴财政后用于统筹全市供排水基础设施建设以及运营维护。北京市水价分为北京市居民水价、非居民水价以及再生水价格。北京市居民、非居民用水水价如表 2.4 所示。

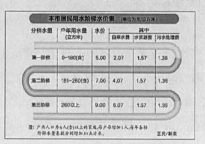

图2.6　《北京日报》2014 年 4 月 30 日 5 版

表 2.4 北京市居民、非居民用水水价

用户类别		供水类型	阶 梯	户年用水量/m³	水价/(元/m³)	其中		
						水费/(元/m³)	水资源费改税/(元/m³)	污水处理费/(元/m³)
居民		自来水	第一阶梯	0～180（含）	5	2.07	1.57	1.36
			第二阶梯	181～260（含）	7	4.07		
			第三阶梯	260 以上	9	6.07		
		自备井	第一阶梯	0～180（含）	5	1.03	2.61	1.36
			第二阶梯	181～260（含）	7	3.03		
			第三阶梯	260 以上	9	5.03		
非居民	城六区	自来水	—	—	9.5	4.2	2.3	3
		自备井	—	—		2.2	4.3	
	其他区域	自来水	—	—	9	4.2	1.8	
		自备井	—	—		2.2	3.8	
特殊行业			—	—	160	4	153	

注 1. 执行居民水价的非居民用户，水价统一按 6 元/m³ 执行，其中：自来水供水的水费标准为 3.07 元/m³，自备井供水的水费标准为 2.03 元/m³；污水处理费按阶梯水价相应标准执行。

2. 执行居民水价的非居民用户用水范围：学校教学和学生生活用水；向老年人、残疾人、孤残儿童开展养护、托管、康复服务的社会福利机构用水；城乡社区居委会公益性服务设施用水；政府扶持的便民浴池用水；园林、环卫所属的非营业性公园、绿化、洒水、公厕、垃圾楼用水。具体学校以市教育部门按相关规定认定为准；社会福利机构和城乡社区居委会公益性服务设施以市民政部门按相关规定认定为准；便民浴池以市商务部门会同市水务部门按相关规定认定为准。

3. 特殊行业水价为 160 元/m³，包括北京市洗车业、洗浴业、纯净水业、高尔夫球场、滑雪场用水户。

2.5 再生水水价

在再生水价格方面，2004 年，北京市发展和改革委员会发布《关于调整水价通知》（京发改〔2004〕1517 号），设置再生水价格为 1 元/m³，暂不征收污水处理费。2014 年，北京市发展和改革委员会发布了《关于调整北京市再生水价格的通知》（京发改〔2014〕885 号）。规定再生水价格由政府定价管理调整为政府最高指导价管理，价格不超过 3.5 元/m³，具体价格水平可由供需双方在限定价格水平之内协商，鼓励社会单位广泛使用再生水。相较于北京市居民最低档用水价格（5 元/m³）、工业用水最低价格（9 元/m³），再生水具有显著的价格优势。1952—2022 年居民生活用水水价对比如图 2.7 所示。

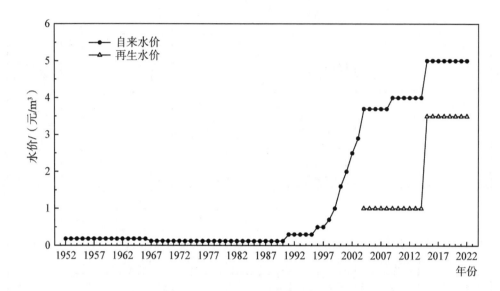

图 2.7 北京市 1952—2022 年居民生活用水水价及再生水水价

北京市再生水水价与自来水价（按居民第一阶梯供水价格）对比如表 2.5 所示。

表 2.5 北京市再生水水价与自来水价（按居民第一阶梯供水价格）对比

单位：元/m³

再生水价	自来水价（按居民第一阶梯供水价格）
≤3.5	3.64

2016 年，北京市非常规供水方式（再生水、南水北调）到户成本估算如表 2.6 所示。南水北调到户成本 7.93 元/m³，再生水到户成本仅为 2.98 元/m³。非常规水源中再生水相较于南水北调具有明显的价格优势（胡洪营等，2021）。

2023 年 7 月，北京市发展和改革委发布的《北京再生水价格有关问题的通知》（征求意见稿）中指出，北京再生水价格拟由政府指导价调整为市场调节价，由再生水供应企业和用户按照优质优价的原则自主协商定价。拟鼓励再生水供需双方按照《再生水协商定价行为指南》等团体标准协商确定价格。为促进水资源节约与循环利用，降低再生水用户税费负担，使用再生水的用户不缴纳水资源税和污水处理费。

表 2.6 北京市非常规供水方式（再生水、南水北调）到户成本估算　单位：元/m³

项目	再生水	南水北调
水资源费	0	0.20
输水成本	0	4.33
处理费	1.38	1.80
输配成本及期间费用	1.60	1.60
总费用	2.98	7.93

第 3 章　污水再生利用设施建设与运行状况

污水再生利用设施建设与运行是再生水安全稳定高效生产和供给的基础，本章将结合具体案例，介绍北京市污水处理厂和再生水厂建设发展历程、污水再生处理技术以及再生水输配与利用设施建设运行状况。

3.1　污水处理厂建设发展历程

北京市污水处理厂的建设发展时间相对较短，早期北京的水大部分时间是清澈透明的，只是随着近代工业经济的发展，水体逐渐被污染，且有逐渐恶化的趋势，至此污水处理厂的建设才提上日程（图 3.1）（王洪臣和黄昀，2007）。

20 世纪五六十年代建成了具有初级处理功能的酒仙桥污水处理厂（1.5 万 m^3/d）和高碑店污水处理厂（20 万 m^3/d），处理工艺为简易沉淀池。

进入 20 世纪 70 年代，一级处理已无法满足治理水污染的需求。从 1973 年起，北京市政府组建了城市污水处理技术科研基地（北京污水场站管理所），进行了十几年的小试和中试，为后来大规模污水处理厂的建设和运行奠定了坚实的基础。

步入 20 世纪 90 年代，北京城市污水处理厂的建设进入了快速发展期。1990 年，建立了北京市第一座城市二级污水处理厂——北小河污水处理厂，处理能力 4 万 m^3/d，处理工艺为活性污泥法，该厂的建成投产为后续其他大中型污水处理厂的建设运行提供了宝贵的经验。紧随其后，1993 年，高碑店污水处理厂（一期）投产，处理能力达到 50 万 m^3/d；1999 年，高碑店污水处理厂（二期）也投产使用，总处理能力达到 100 万 m^3/d，成为国内最大的污水处理厂。

2001 年，北京申办第 29 届奥运会时庄严地对国际社会承诺：2008 年北京城区的污水处理达到 90%，申奥的成功更为北京的污水处理事业创造了前所未有的发展良机。为完成北京奥运水环境目标任务，清河（2004 年）、小红门（2006 年）、卢沟桥（2004 年）、吴家村（2003 年）等污水处理厂相继投产。

2012 年，基于北京市提出《关于加快污水处理和再生水利用设施建设三年行动方案》，全市新建再生水厂 47 座，同时升级改造污水处理厂 20 座，所有新建再生水厂主要出水指标一次性达到地表水Ⅳ类标准。

从 2013—2020 年间，北京市新建再生水厂 68 座，升级改造污水处理厂 26 座，全市规模以上污水处理厂日处理能力由 2013 年的 393 万 m³，提高到 2020 年的 687.9 万 m³。污水处理率由 2013 年的 84.6% 提高到 2020 年的 95%，城镇地区基本实现污水全收集、全处理，污泥无害化处置。

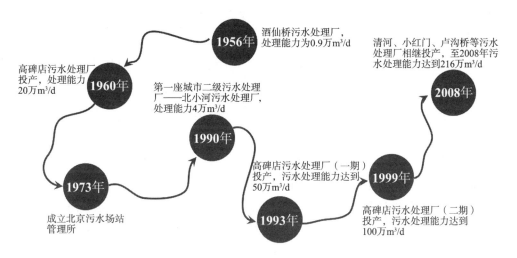

图 3.1　北京市污水处理厂建设发展历程

3.2　再生水厂建设发展历程

2001 年，《北京市区污水处理再生水回用总体规划纲要》出台，为北京市的再生水发展提供了重要依据。"十一五"期间，北京京城中水有限责任公司（现"北京排水集团中水分公司"）建设并运行清河再生水厂（8 万 m³/d）、北小河再生水厂（6 万 m³/d）、吴家村再生水厂（4 万 m³/d）、西二旗再生水厂（3600 m³/d）以及小红门再生水泵站（30 万 m³/d），并进一步完善高碑店供水系统。

按照 2008 年 5 月 16 日北京市人民政府《关于研究北京奥运安全供水保障等工作的会议纪要》，自 2009 年开始，北京排水集团对原有污水处理厂进行升级改造，主要包括清河、北小河、吴家村、酒仙桥、卢沟桥等水厂。

北小河再生水厂一期再生水工程于 2008 年建成并投入运行，是第 29 届北京奥运会配套设施，奥运期间为奥运场馆及奥林匹克公园提供再生水，以实现"绿色奥运"

的承诺。主体工艺采用膜生物反应器（MBR）工艺，设计处理能力 6 万 m³/d。随着城市发展，新增二期再生水工程，于 2012 年 1 月建成并投入运行。采用 MBR 工艺，设计处理能力 4 万 m³/d。二期再生水工程投入运行后，北小河再生水厂设计处理能力达到 10 万 m³/d。出水水质主要指标达到北京市新地标。北小河再生水厂生产的再生水一部分输入北京城区北部的再生水管网，供给奥运场馆、奥运龙形水系、太阳宫热电厂及市政杂用与园林绿化等用户，剩余部分输入北小河河道，作为河道的补充水源。

2006 年，清河再生水厂再生水利用一期工程建成，处理能力为 8 万 m³/d；2013 年，再生水利用一期工程二期建成，再生水生产能力为 32 万 m³/d。2012 年，再生水利用三期工程竣工，采用"MBR+臭氧脱色+次氯酸钠消毒"工艺，生产能力为 15 万 m³/d。三期再生水利用工程建成后，清河再生水厂每日能够生产 55 万 m³ 的再生水。

酒仙桥再生水厂分为污水及再生水两大处理工艺板块。再生水一期于 2003 年 9 月正式建成并投入运行，设计处理能力 6 万 m³/d。再生水二期于 2011 年开始建设，2013 年年底开始试运行，设计处理能力 20 万 m³/d，再生水通过配水泵房输送至再生水厂管网供用户使用。

2013 年 4 月，北京市人民政府印发了《北京市加快污水处理和再生水利用设施建设三年行动方案（2013—2015 年）》（京政发〔2013〕14 号）（简称"三年行动方案"）。其中指出，北京市中心城区新建再生水厂 11 座，升级改造污水处理厂 5 座，新增污水处理能力 134 万 m³/d；新城新建再生水厂 15 座，升级改造污水处理厂 12 座；乡镇新建再生水厂 21 座，升级改造污水处理厂 3 座。

高碑店再生水厂升级改造工程于 2013 年开工建设，并于 2016 年 7 月投入试运行，新增再生水产量 100 万 m³/d。再生水用于补给电厂冷却水、通惠河景观环境用水、市政杂用水等，大大节约了优质自来水资源，保护和改善城市景观水体水质。

清河第二再生水厂 20 万 m³/d 和 30 万 m³/d 的再生水处理设施分别于 2016 年 3 月和 6 月正式通水运行，出水水质主要指标达到国家地表水环境质量Ⅳ类水体水质标准。

高安屯再生水厂是北京市加快污水处理和再生水利用设施建设"第一个三年行动方案"的重点项目，主要承担朝阳区东北部地区的污水处理任务，服务面积达 96km²。高安屯再生水厂处理工艺采用"A²/O+砂滤+臭氧脱色+次氯酸钠消毒"，设计处理水量为 20 万 m^3/d。

定福庄再生水于厂 2016 年 10 月 17 日正式投入运行，定福庄再生水厂坐落于朝阳区东南部，处理工艺采用"预处理＋生物池＋砂滤池＋臭氧脱色+次氯酸钠消毒"，设计处理水量为 30 万 m^3/d，处理后的再生水不仅水质达标，还可以补给河道景观用水，用作城市绿化、道路洒水以及居民冲厕，工业冷却用水等。

2016 年，北京市印发《北京市进一步加快推进污水治理和再生水利用工作三年行动方案（2016 年 7 月—2019 年 6 月）》（第二个"三年行动方案"），其中指出，三年间将新建再生水厂 27 座。实施东坝、垡头、五里坨、丰台河西等污水处理厂升级改造工程，主要出水指标达到地表水Ⅳ类标准；新建上庄再生水厂，实现中心城区污水处理设施全覆盖。在通州区新建再生水厂 8 座，升级改造污水处理厂 2 座。

2019 年，北京市印发《北京市进一步加快推进城乡水环境治理工作三年行动方案（2019 年 7 月—2022 年 6 月）》。利用 3 年时间，升级改造污水处理厂（站）9 座，新建（扩建）再生水厂 14 座。中心城区，2020 年年底前完成东坝、垡头、五里坨、小场沟污水处理厂（站）升级改造工程及丰台河西再生水厂（二期）扩建工程建设。2022 年年底前完成海淀区稻香湖再生水厂扩建工程建设。北京城市副中心，2021 年年底前完成河东资源循环利用工程（一期）以及潞县污水处理厂升级改造工程，2022 年年底前完成马驹桥再生水厂（二期）和台湖第二再生水厂（二期）建设以及减河北资源循环利用工程（一期）建设。

2023 年，北京市印发《北京市全面打赢城乡水环境治理歼灭战三年行动方案（2023 年—2025 年）》。新建（扩建）10 座再生水厂，升级改造 5 座污水处理厂，新增污水处理能力 73 万 m^3/d；开工建设 2 座再生水厂，推进 3 座再生水厂前期工作。

3.3 污水再生处理技术

3.3.1 污水再生处理工艺和关键技术

1. 污水二级处理工艺

城镇污水处理主要以生物化学处理法为主，本节介绍北京市现有的再生水处理工艺。

（1）A/A/O 工艺。为提高脱氮效率、同时满足除磷要求，在 A/O 工艺基础上，增加前置厌氧段，形成厌氧、缺氧、好氧串联布置的 A/A/O（也称 A²/O）工艺（图 3.2）。A²/O 工艺将厌氧段放在工艺的第一级，在实现除磷需求的同时，充分发挥厌氧菌群承受高浓度、高有机负荷能力的优势，可用于处理工业废水比重较大的城市污水；工艺在厌氧、缺氧、好氧运行条件下，可较好控制丝状菌增殖引起的污泥膨胀，是最为简单的同步脱氮除磷工艺。

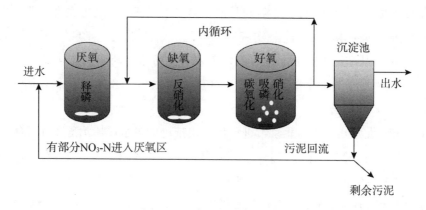

图 3.2　A²/O 工艺流程示意图

原污水首先进入厌氧段与含磷的回流污泥混合，主要作用是利用原污水中产生的挥发性有机酸，通过聚磷菌作用将细胞内的聚磷水解后，以正磷酸盐的形式释放到水中。厌氧段出水进入缺氧段，缺氧段的作用主要是反硝化脱氮。由好氧段出水形成内回流进入缺氧段，反硝化菌利用污水中的有机物将回流混合液中的硝态氮还原为氮气释放，完成反硝化脱氮过程。混合液进入好氧段，完成有机物降解、硝化和吸收磷等功能。在此阶段，有机物完成生物降解，氨氮转化为硝态氮，聚磷菌分解体内储存的有机物、超量吸收水中溶解性正磷酸盐、以聚磷酸盐的形式储存在体内，经过沉淀后，将富磷污泥从水中分离出来，达到除磷效果。

同时，由于多种功能微生物群体共存于一个污泥系统，其最适宜的条件不同，不同功能菌群之间对环境、营养物质和生存空间的竞争也构成了 A²/O 工艺的固有不足。近年来，在传统脱氮除磷理论基础上，通过调整厌氧、缺氧和好氧的池容大小、排列、数量以及进水和回流液的分配等，开发出一系列基于 A²/O 工艺的改良工艺和多模式运行方式，如 Bardenpho、MUCT 等工艺，进一步优化了 A²/O 工艺的表现。

A²/O 系列工艺适用于中大型污水处理厂，同时由于 A²/O 工艺是在普通活性污泥法基础上发展起来的，因而也较易用于现况污水处理厂的升级改造，A²/O 工艺需要根据进水水质和处理目标的变化对系统进行调整，实现高效运行，因此对于运行操作水平要求较高、运行费用较高。

（2）多级 A/O 工艺。多级 A/O 工艺是对传统缺氧、好氧（A/O）工艺的进一步改进，由两组以上缺氧段和好氧段串联而成，经演化和改进产生了各种变形工艺（图 3.3）。

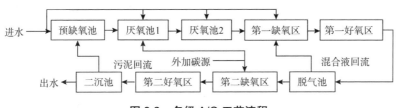

图 3.3　多级 A/O 工艺流程

污水按一定比例分配至预缺氧区、厌氧区和缺氧区，在缺氧区利用部分污水提供的碳源进行消氧和反硝化，减少了二沉池回流污泥中的溶解氧、pH 值对后级厌氧区、缺氧区的影响。在厌氧区，聚磷菌利用分配的原水碳源进行释磷，第一缺氧区反硝化菌利用碳源将回流硝化液中的硝态氮还原，聚磷菌以硝态氮为电子受体发生部分反硝化吸磷反应，反应后的混合液进入第一好氧区进行硝化作用去除部分氨氮。第一好氧区经过脱气池降低溶解氧浓度后，进入第二段的缺氧区。

为保证脱氮效果，需设置二沉池到选择池的污泥回流，污泥回流比一般取 50%～100%；同时可根据需要设置脱气池到第一缺氧区的混合液回流，混合液回流比一般取 100%～300%。根据出水硝酸盐氮和磷的浓度，启用辅助措施加强系统的除磷脱氮效果，在厌氧池和第二缺氧区设两个碳源投加点，按运行需要选择投加点。

（3）氧化沟工艺。氧化沟又称循环曝气池，是于 20 世纪 50 年代由荷兰所开发的一种污水生物处理技术，属活性污泥法的一种变法。氧化沟一般呈环形沟渠状，平面多为椭圆形或圆形，曝气池流态为介于推流式和完全混合式之间的循环混合式。污水在氧化沟内循环流动，一般采用表面曝气设备，如控制得当，可在表面曝气设备后形成好氧段、在远离曝气设备的区域形成缺氧段，实现一定的硝化功能。根据构型和运行方式等的变化，还开发出了多种氧化沟系统，如卡鲁赛尔氧化沟、DE 氧化沟、Orbal 氧化沟和反应沉淀一体式氧化沟等。

氧化沟通常采用延时曝气运行方式，耐冲击负荷能力强，且污泥产量小。氧化沟一般采用表曝设备，水下设备维护量小，操作运行管理方便。通过运行控制，氧化沟可实现一部分脱氮除磷功能，适用于中小型污水处理厂。氧化沟工艺的核心设备是表面曝气设备。近些年来，国内曝气转蝶、曝气专刷和倒伞表曝机等表面曝气设备制造水平不断提高，为氧化沟工艺的进一步推广创造了条件。结合氧化沟流态和微孔底曝气优势形成的微孔曝气氧化沟，在很大程度上解决了氧化沟池深浅、占地大的问题，但水下推进器检修工作量和难度大的问题限制了其进一步应用。

（4）序批式活性污泥处理工艺。序批式活性污泥处理（SBR）工艺属于间歇运行的活性污泥处理工艺。SBR 的进水、反应、沉淀、排放和待机等所有工序都在一个反应器内顺序完成（图 3.4）。与连续式活性污泥法系统相比，SBR 无需设污泥回流设备，也不设沉淀池。如适当创造厌氧、缺氧条件，SBR 也可实现脱氮和除磷反应。

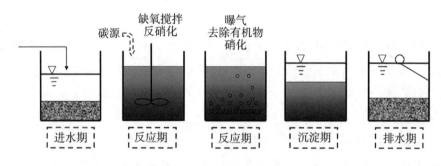

图 3.4　SBR 工艺流程图

根据进水方式、池体组合等，SBR 工艺演变出多种变形工艺，如 CAST、CASS、UNITANK、MSBR 和 ICEAS 等多种改良工艺，并实现了整体的连续进水、连续出水。随着控制技术和设备制造水平的不断进步和提高，为 SBR 工艺的推广提供了客观条件。SBR 序批式的运行方式，适合负荷率较低的小型污水处理厂的节能降耗运行。

（5）膜生物反应器工艺。膜生物反应器（Membrane Bio-Reactor，MBR），是一种由活性污泥法与膜分离技术相结合的新型水处理技术。MBR 的生物处理单元与传统活性污泥法没有本质差异，而采用效率更高的膜分离技术代替重力泥水分离技术，实现高效的固液分离过程。MBR 可实现更为优质稳定的出水、节约用地、负荷高和耐冲击能力强等优点，但也存在着基建费用高、膜污染后清洗及更换带来的高运行成本，以及为缓解膜污染和维持高污泥浓度采用的高曝气强度和高回流比等高运行能耗等问题。

2. 污水深度处理工艺

住房和城乡建设部发布的《城镇污水再生利用技术指南（试行）》总结了污水再生利用深度处理工艺的主要功能及特点，如表 3.1 所示。

表 3.1　污水再生利用主要单元技术功能和特点

单元技术			主要功能及特点
深度处理	混凝沉淀		强化 SS、胶体颗粒、有机物、色度和 TP 的去除，保障后续过滤单元处理效果
	介质过滤	砂滤	进一步过滤去除 SS、TP，稳定、可靠，占地和水头损失较大
		滤布滤池	进一步过滤去除 SS、TP，占地和水头损失较小
		生物过滤①	进一步去除氨氮或总氮以及部分有机污染物
	膜处理	膜生物反应器	传统生物处理工艺与膜分离相结合以提高出水水质，占地小，成本较高
		微滤/超滤膜过滤	高效去除 SS 和胶体物质，占地小，成本较高
		反渗透	高效去除各种溶解性无机盐类和有机物，水质好，但对进水水质要求高，能耗较高
	氧化	臭氧氧化	氧化去除色度、嗅味和部分有毒有害有机物
		臭氧—过氧化氢	比臭氧具有更强的氧化能力，对水中色度、嗅味及有毒有害有机物进行氧化去除
		紫外—过氧化氢	比臭氧具有更强的氧化能力，对水中色度、嗅味及有毒有害有机物进行氧化去除；比臭氧—过氧化氢反应时间长
消毒	氯消毒		有效灭活细菌、病毒，具有持续杀菌作用。技术成熟，成本低，剂量控制灵活可变；易产生卤代消毒副产物
	二氧化氯		现场制备，有效灭活细菌、病毒，具有一定的持续杀菌作用。产生亚氯酸盐等消毒副产物
	紫外线		现场制备，有效灭活细菌、病毒和原虫。消毒效果受浊度的影响较大，无持续消毒效果
	臭氧		现场制备，有效灭活细菌、病毒和原虫，同时兼有去除色度、嗅味和部分有毒有害有机物的作用；无持续消毒效果

① 本表将生物过滤也包括在介质过滤中。

不同工艺与产品用水水质需求差异较大，通常需关注 COD、SS、色度、嗅味等指标，见表 3.2。

表 3.2 工艺与产品用水建议工艺

工艺	处理效果	特点
城镇污水→二级处理/二级强化处理出水→混凝沉淀→介质过滤→（臭氧）→消毒	使用介质过滤对 SS 有一定去除效果；使用臭氧可去除色嗅	投资运行成本低
城镇污水→二级处理/二级强化处理出水→（混凝）→超滤/微滤→（臭氧）→消毒	使用超滤/微滤对 SS 去除效果好；使用臭氧可去除色嗅	投资运行成本较高；需关注膜污染和膜寿命
城镇污水→膜生物反应器出水→（臭氧）→消毒	使用膜生物反应器对 SS 去除效果好；使用臭氧可去除色嗅	投资运行成本较高；膜生物反应器占地面积小；运行过程需关注膜污染和膜寿命
城镇污水→二级处理/二级强化处理出水→（混凝）→超滤/微滤→反渗透→（臭氧）→消毒	使用反渗透对无机盐和各种污染物均有良好去除效果	投资运行成本高；适合用于高品质再生水的生产要求；需关注膜污染、膜寿命及浓盐水排放

3.3.2 北京市污水再生处理工艺概况

1. 污水处理厂与排放标准

根据生态环境部于 2020 年 11 月 17 日公布的《全国污水集中处理设施清单》（第二批），北京市共计 176 座城镇污水处理厂，其中集中处理设施数量占 71.6%，分散处理占 28.4%。集中处理设施中，93.7%数量的设计排放标准采用《城镇污水处理厂水污染物排放标准》（DB 11/890—2012）；分散处理设施中，66.0%数量的设施设计排放标准采用《农村生活污水处理设施水污染物排放标准》（DB 11/1612—2019），其他标准占比如图 3.5 所示。

2. 污水处理工艺使用情况

根据 2015 年 5 月 26 日生态环境部公布的《全国投运城镇污水处理设施清单》分析，北京污水处理工艺使用最多的是 SBR 及其改进工艺，数量占比为 21%，包括 CASS、CAST、MSBR 等工艺；其次是占比 17%的氧化沟类工艺（图 3.6）。

3. 污水处理工艺与排放标准

根据生态环境部公布的《全国投运城镇污水处理设施清单》分析，北京执行 B标准的项目处理规模为总处理能力的 80%，执行 A 标准的项目处理规模为总处理能力的 20%。

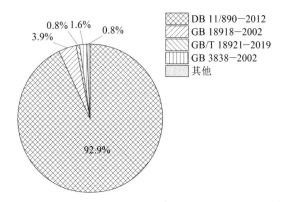

（a）北京市集中处理设施设计标准数量比例

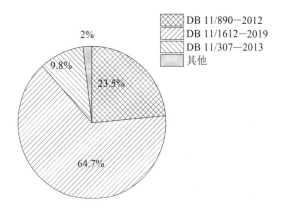

（b）北京市分散处理设施设计标准数量比例

图 3.5 北京市集中和分散处理设施设计标准数量比例

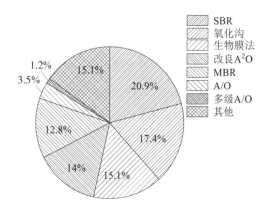

图 3.6 北京市污水处理工艺比例

如图 3.7 所示，在执行 A 标准的项目中，采用生物膜法工艺占 23.5%，采用 MBR 工艺占 17.6%。在 B 标准的处理项目中，采用 SBR 及其改良工艺的有 23.2%，采用氧化沟工艺的有 20.3%。因此在高排放标准情况下，具有生物量大、处理能力大优势的生物膜法工艺，以及占地面积小的 MBR 工艺应用最为广泛。

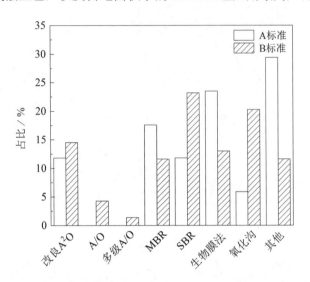

图 3.7　北京市高排放标准污水处理厂采用的工艺占比

3.3.3　典型再生水处理技术案例

1. 酒仙桥再生水厂

（1）概况。酒仙桥再生水厂地处北京市朝阳区东风乡将台洼村 52 号，占地面积 23hm^2，服务范围北起来广营，南到水碓公园，东起铁环路，西到货场西侧路，总服务面积 86km^2。出水主要用于景观环境用水、城市杂用水和工业用水。

酒仙桥再生水厂分为污水及再生水两大工艺板块。污水部分于 2000 年 10 月建成并投入正式运行，总投资约 5.7 亿元，设计处理能力 20 万 m^3/d，核心构筑物采用氧化沟（图 3.8），全厂共分南、北两大系列，每系列由三组氧化沟组成，每组氧化沟对应一座沉淀池。南北两大系列轴对称布置。每组氧化沟由选择池、厌氧池和单沟式氧化沟组成，单组氧化沟总长为 174.3m，宽度为 44m，设计水深 3.5m；选择池容积为 447m^3，厌氧池容积为 1500m^3，氧化沟容积为 19800m^3，水力停留时间为 15.7h。

再生水厂一期于 2003 年 9 月正式建成并投入运行，设计处理能力 6 万 m^3/d，处理工艺如图 3.9～图 3.12 所示，主要采用混凝沉淀工艺，混凝剂为 PAC，投加量

1～2mg/L，生物滤池出水经格栅间去除漂浮物后进入臭氧接触池降低色度，臭氧投加量 2～4mg/L，与混凝剂充分混合后流入机械加速澄清池降低浊度，随后进入滤池进一步降低浊度，滤池出水流经紫外线消毒渠道消毒后进入清水池，电单耗 0.1kW·h/m³。再生水主要用途如下：

河湖补水：包括朝阳公园与红领巾公园河湖补水和太和嘉园水面与电视城水面补水，需水量共约 1.2 万 m³/d。

绿化用水：包括朝阳公园、红领巾公园、7 个森林公园、四环路、红领巾桥及各乡绿化隔离带用水共 1.59 万 m³/d。

喷洒道路用水：按照设计范围内的喷洒道路面积和用水量标准，需用水量约 1.13 万 m³/d。

住宅和公共建筑冲厕用水：包括太和嘉园小区、东坝乡小区和电视娱乐城，需用水量共 1.13 万 m³/d。

图 3.8　酒仙桥再生水厂氧化沟工艺

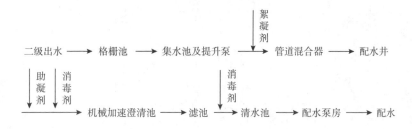

图 3.9　酒仙桥再生水厂一期工艺流程

图 3.10　酒仙桥再生水厂机械加速沉淀池

图 3.11　酒仙桥再生水厂砂滤池

图 3.12　酒仙桥再生水厂紫外线消毒工艺

再生水厂二期于 2011 年开始建设，2013 年年底开始试运行，处理工艺如图 3.13～图 3.17 所示。生物滤池设计处理能力 20 万 m³/d，沉淀池出水首先全部经过生物滤池进行处理，强化反硝化降解硝酸盐氮和硝化去除氨氮。生物滤池出水其中 6 万 m³/d 进入原再生水厂一期，其余 14 万 m³/d 进入滤布滤池进一步去除 SS，然后投加臭氧脱色，臭氧投加量 1～2mg/L，经加氯消毒后进入清水池，次氯酸钠投加量 4～5mg/L，再通过配水泵房输送至再生水厂管网供用户使用，电单耗 0.2kW·h/m³。再生水二期工程出水主要用于景观环境用水、城市杂用和工业用水。由于北京市天然水资源紧缺，市区内现况河道基本没有天然补充水源，酒仙桥再生水厂二期出水将成为坝河、亮马河、工体水系、二道沟、两湖连通、朝阳公园和红领巾湖的补充水源。

（2）设计水质。酒仙桥再生水厂设计水质和实际运行水质分别如表 3.3 和表 3.4 所示。

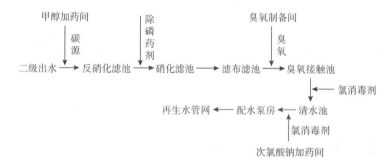

图 3.13 酒仙桥再生水厂二期工艺流程

图 3.14 酒仙桥再生水厂反硝化/硝化滤池

图 3.15　酒仙桥再生水厂滤布滤池

图 3.16　酒仙桥再生水厂臭氧接触池

图 3.17　酒仙桥再生水厂次氯酸钠消毒

表 3.3　酒仙桥再生水厂设计水质

项目	BOD$_5$/（mg/L）	COD/（mg/L）	SS/（mg/L）	TN/（mg/L）	NH$_3$-N/（mg/L）	TP/（mg/L）	粪大肠菌群/（个/L）	浊度/NTU	色度/度	水温/℃
总进水	200	350	250	40	—	—	—	—	—	13～25
沉淀池出水	20	60	20	20	8	1	10^4	—	30	13～25
再生水出水	6	30	—	15	1.5	0.3	500	6	15	13～25

表 3.4　酒仙桥再生水厂实际运行水质

项目	BOD$_5$/（mg/L）	COD/（mg/L）	SS/（mg/L）	TN/（mg/L）	NH$_3$-N/（mg/L）	TP/（mg/L）	粪大肠菌群/（个/L）	浊度/NTU	色度/度	水温/℃
总进水	200～250	350～500	150～300	40～60	30～50	4～6	—	—	—	13～25
沉淀池出水	2～4	15～30	5～15	10～20	1～2	0.1～0.4	—	0.5～1	15～25	13～25
再生水出水	1～2	10～20	2.5～5	5～8	0.1～0.5	0.05～0.2	<100	0.1～0.3	5～10	13～25

（3）处理工艺。厂区总进水管穿越亮马河河底，由厂区西北侧接入，污水进入格栅间、经进水泵提升后，进入曝气沉砂池，然后分别进入南北系列的配水井，分配至各组氧化沟。每组氧化沟池端为选择池及厌氧池，与氧化沟为一体结构，每系列氧化沟分为三组，每组氧化沟对应一座沉淀池，共有6座沉淀池与氧化沟一一对应。通过在氧化沟出水端投加除磷药剂进行化学除磷。每三座沉淀池为一组，设置一座公用出水井，出水进入生物滤池处理单元。污泥泵井与出水井合建，泵井中剩余污泥泵将污泥直接泵入东侧的浓缩池进行浓缩，回流污泥泵将污泥打入每系列前端的配泥井，分配至各组氧化沟。

沉淀池出水经过提升泵房提升后，首先进入反硝化生物滤池，二级出水中可以作为反硝化碳源的有机物通常非常有限，所以通过外投加碳源进行反硝化。反硝化生物滤池出水进入硝化滤池，硝化滤池的作用是去除有机物及硝化。反硝化和硝化生物滤池均具有部分去除 SS 的作用。硝化滤池部分出水（14 万 m^3/d）进入滤布滤池，过滤出水进入臭氧接触池，通过投加臭氧进行脱色。接触池出水进入清水池，在进入清水池前投加次氯酸钠消毒，同时在配水泵房吸水井投加次氯酸钠补氯，保证再生水输送的余氯要求，再生水通过配水泵房输送至再生水管网。

生物滤池部分出水（6 万 m³/d）经格栅间去除漂浮物后进入集水池，由潜污泵提升至臭氧接触池降低色度，在管道混合器前投加混凝剂（PAC）充分混合后进入配水井，经均匀配水后进入机械加速澄清池，在该池入口投加消毒剂，使悬浮物、胶体颗粒与水分离，澄清池出水进入滤池，通过滤池的滤料层进一步截留细小絮体，滤池出水流经紫外线消毒渠道消毒后进入清水池，经二次消毒后，通过配水泵房输送至再生水管网供用户使用。酒仙桥再生水厂的设施布局如图 3.18 所示。

图 3.18　酒仙桥再生水厂的设施布局图

（4）工艺特点。

1）氧化沟。操作单元少。原水经过格栅沉砂后，即可进入氧化沟，而不需要在系统中设置初沉池和调节池。

耐冲击负荷。有机负荷、水力负荷和有害物质的冲击负荷对氧化沟工作的影响不明显，氧化沟有完全混合的特征且其中有大量的活性污泥，这就提高了系统对这些不良因素的抵抗能力。

处理效果好，运行稳定。氧化沟中的污泥总量比普通曝气池高 10～30 倍。在充氧充足的情况下，氧化沟中污水被完全净化，处理效果好。

污泥产泥率低，剩余污泥较稳定，没有臭味，脱水快，可以不经消化而直接脱水。

具有脱氮除磷能力。在氧化沟前设置了厌氧段，能够同步脱氮除磷，其脱氮除磷水平能达到 40%～70%。

2）生物滤池。占地面积小，基建投资省。生物滤池采用的滤料粒径较小，比表面积较大，滤层内部的生物量高，通过反冲洗可保持生物膜的高活性，因此处理效率高，停留时间短。生物滤池水力负荷、容积负荷高，占地面积小。

出水水质好。由于滤料本身截留及表面生物膜的生物絮凝作用，使得出水 SS 和浊度较低。曝气生物滤池不但能去除有机物，还能同时去除氨氮。外加碳源的反硝化生物滤池能实现反硝化脱氮。

抗冲击负荷能力强，耐低温。可在正常负荷 2～3 倍的短期冲击负荷下运行，而其出水水质变化很小。

易挂膜，启动快。在水温 20～25℃时，5 天即可完成挂膜过程。

3）混凝沉淀。流程简单，出水浊度低；抗冲击负荷能力强；工程投资小，运行费用低；操作简单，对运行人员要求不高。

（5）环境效益。水厂通过提标改造，出水达到地表Ⅲ类水质标准，解决了亮马河水体黑臭问题，河道水质明显提升，水环境优美舒适，"水清岸绿、景美韵深"的水环境正在逐步实现（图 3.19 和图 3.20）。

图 3.19 亮马河前期水环境

图 3.20 亮马河后期水环境

2. 槐房再生水厂

（1）概况。槐房再生水厂位于北京市丰台区，承担着北京市主城区近 1/10 流域面积的污水处理，是缓解北京市城区污水处理压力，改善地区水环境质量的重要民生工程，也是亚洲最大的全地下再生水厂，占地面积约 31hm²，日处理规模为 60 万 m³，具有占用空间小、噪声及环境影响小、节省土地、美观性好等特点（图 3.21）。工程于 2014 年 3 月 28 日开工建设，2017 年 12 月 31 日通过竣工验收，总投资 50.88 亿元。

图 3.21　北京槐房再生水厂航拍图

槐房再生水厂设计出水水质达到《城镇污水处理厂水污染物排放标准》（DB 11/890—2012）中 B 标准的要求，出水主要用于河湖补水、绿化、市政杂用、工业冷却用水等。该工程每年为河道补充 2 亿 m³ 高品质再生水，社会、经济和环境效益显著。

（2）设计水质。槐房再生水厂进出水水质如表 3.5 所示。

（3）处理工艺。槐房再生水厂处理工艺流程为：预处理—MBR—臭氧氧化—紫外线消毒—次氯酸钠消毒（图 3.22 和图 3.23）。污水进入厂区首先经两道粗格栅，初步去除较大漂浮物，随后进入进水泵房，污水经提升后进入到细格栅，进一步去除污水中的丝状、带状漂浮物，之后进入曝气沉砂池，将污水中密度较大的无机颗粒沉淀并排除；再经初沉池，去除部分悬浮物后进入膜格栅进一步去除纤维类杂质，而后进入膜生物反应器，完成有机物、氮、磷等污染物的去除。

表 3.5 槐房再生水厂进出水水质

序号	项目	进水	出水	河道补水水质[①]
1	COD/（mg/L）	500	<30	—
2	BOD$_5$/（mg/L）	300	<6	10
3	SS/（mg/L）	400	<5	—
4	NH$_3$-N/（mg/L）	45	<2.5	5
5	TN/（mg/L）	70	<15	15
6	TP/（mg/L）	7.5	<0.3	0.5
7	粪大肠菌群/（MPN/L）		<1000	1000
8	色度/度		<15	20

① 《城市污水再生利用 景观环境用水水质》。

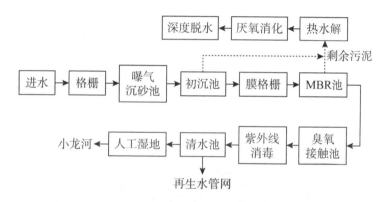

图 3.22 槐房再生水厂再生水处理工艺流程

图 3.23 槐房地下再生水厂 MBR 区域

为确保再生水出水总磷及总氮达标，在生物池投加除磷药剂进行化学辅助除磷，同时设置外碳源投加系统。MBR 出水进入臭氧接触池，投加臭氧（臭氧投加量为 1～3mg/L）进行脱色，然后进入紫外线消毒渠消毒（紫外线剂量为 25～30mJ/cm²）；紫外线消毒后出水可排至小龙河或进入清水池。进入清水池前后均可投加次氯酸钠溶液，抑制细菌滋生并保证再生水输送的余氯要求，再生水通过配水泵房输送至再生水管网。

槐房再生水厂全地下设计，节约了土地资源，减少了对周边环境的影响。在运营管理上，采用了 MBR 工艺为流域水环境提供高品质再生水，整个过程全部自动化，建造在地下的处理厂有效地集约了土地。16hm² 的湿地公园，13hm² 建于再生水厂屋顶之上，同时，利用再生水厂所产的再生水，构建了人工湿地，结合雨洪蓄滞，使其成为了一个水清草碧、鸟栖鱼藏充满生机和活力的湿地公园，公园免费开放，为当地居民提供一个休闲和娱乐的场所。

截至 2023 年年底，槐房再生水厂每年可生产 2 亿 m³ 的再生水，极大缓解了城南地区的污水处理压力，同时还为园林绿化、工业冷却、市政杂用等领域提供了补水，有力缓解了西南地区的污水处理压力以及水资源紧缺状况，改善了西南地区的水生态，为城市的可持续发展创造了良好的环境和经济效益（图 3.24）。

图 3.24　槐房再生水厂湿地公园

3. 清河第二再生水厂

（1）概况。北京市清河第二再生水厂是根据北京市政府《加快污水处理和再生水利用设施建设三年行动计划（2013—2015 年）》所确定的北京市建设规模较大的再生水厂之一。水厂位于北京市区的北部,东至来广营北路西,西至清河右岸上口线,北至规划一路南,南至现状沈家坟水库东、西库之间巡库路及沈家村北,总占地面积 46.16hm^2。

清河第二再生水厂的入厂污水干线建设在清河北岸上,向东接入水厂,水厂的出水泵入再生水管网,多余的出水靠重力退水至清河。

(2)设计进出水水质。清河第二再生水厂设计进水水质按表 3.6 确定。

表 3.6 清河第二再生水厂设计进水水质

项目	进水水质/(mg/L)
BOD$_5$	300
COD$_{Cr}$	500
SS	400
TN	69
NH$_3$-N	45
TP	8

清河第二再生水厂出水主要排放至清河,出水水质达到北京市地方标准《城镇污水处理厂水污染物排放标准》(DB11/ 890—2012)中新建城镇污水处理厂的 B 标准要求,主要控制项目的排放限值如表 3.7 所示。

表 3.7 清河第二再生水厂出水水质排放限值

项目	出水水质
BOD$_5$	≤6
COD$_{Cr}$/(mg/L)	≤30
SS/(mg/L)	≤5
TN/(mg/L)	≤15
TP/(mg/L)	≤0.3
NH$_3$-N/(mg/L)	≤1.5(2.5)
粪大肠菌群/(个/L)	1000
色度/度	15

(3)水厂工艺路线。清河第二再生水厂设计规模为 50 万 m^3/d,流量变化系数总计 1.38(含系统自用水量和水量总变化系数),再生水处理系统拟采用"多点进

水 A^2/O＋砂滤池+消毒"工艺，工艺流程如图 3.25 所示。

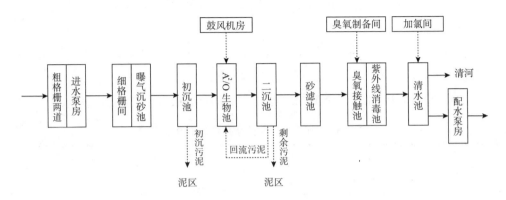

图 3.25　清河第二再生水厂再生水处理工艺流程

原污水经粗格栅拦截水中较大悬浮物后进入进水泵房集水池，经潜水泵提升至细格栅进水渠道，经细格栅拦截水中较小悬浮物后进入曝气沉砂池，在此进行沉砂处理，沉砂池出水进入 A^2/O 生物池，A^2/O 生物池由厌氧池、缺氧池及好氧池组成，污水在此完成二级生化反应，以去除 BOD$_5$、COD、TN、TP 等污染物，根据生物池出水水质情况选择性投加化学除磷药剂及碳源药剂。A^2/O 生物池出水进入沉淀池进行固液分离，沉淀池出水进入深度处理工段。

沉淀池出水经过提升泵房提升后，进入砂滤池进行过滤处理，滤后水经臭氧氧化脱色、紫外线消毒渠消毒后进入清水池，再由配水泵房泵入再生水管网，送至再生水用户。在清水池前及配水泵前投加次氯酸钠，以确保再生水管网中余氯浓度，防止清水池及输水管线中生长微生物。

（4）主要工艺段介绍。

1）生物池。生物池分为五个系列，每系列生物池由两座生物池合建，初沉池出水进入每系列生物池进水井，然后分别进入两座生物池。生物池采用三个点进水方式，既能从生物池首端预缺氧区进入，又能通过进水渠从厌氧区、第一缺氧区进入，三处进口均设有闸门，实际运行中可根据处理效果调整两处进水比例。每座生物池内分为五条廊道，按水流方向依次设置预缺氧区、厌氧区、第一缺氧区、第一好氧区、第二缺氧区、第二好氧区及消氧区，各功能区之间设置隔墙，以保持各区内相对稳定的生化反应环境及稳定的水力推流状态，同时可避免进水及回流污泥发生短流现象。

在两座 A^2/O 生物池之间设置回流污泥渠道，将回流污泥分别均匀引至每座生物池预缺氧区前端，使回流污泥与进水充分混合，以保持 A^2/O 生物池内的污泥浓度。在回流污泥渠道出口处设有手电动闸门。

为保证脱氮效果,增加内回流泵,每座生物池设两台,内回流比为 100%～400%。回流起点在消氧区,出水点设在第一缺氧池的首端。采用甲醇作为外加碳源,由泵送至每个系列曝气池,每座生物池设两个投加点,预缺氧区和第二缺氧区,按运行需要选择投加点。采用碱式氯化铝(PAC)作为化学除磷药剂,由泵送至每个系列曝气池,每座生物池出水井均设投加点。

2)砂滤池。砂滤池共 5 个系列,每系列建设规模为 10 万 m³/d,主要包括进水泵房、反冲洗废水池、反冲洗泵房、砂滤池池体及管廊、反冲洗风机房等。砂滤池进水来自二沉池,通过进水提升泵提升后,出水均匀分配至各砂滤池单体,通过砂滤池处理后,出水进入后续处理构筑物。

3)臭氧接触池。臭氧接触池用于进水与臭氧混合,进行氧化、脱色反应,臭氧最大投加率为 5mg/L,臭氧投加浓度为 10%wt。

臭氧接触池分 5 条廊道,臭氧投加分为 3 级,每级均布置微气泡曝气系统。接触池内设置混凝土隔墙,使水形成折流,以利于臭氧与水的混合和接触,提高臭氧转化率,总停留时间为 15min。

臭氧尾气处理系统用来将接触池里没有溶解到水里的臭氧重新还原变为氧气,从而避免对大气环境造成污染。采用热触媒式臭氧尾气处理装置进行处理,通过风机将没有溶解的臭氧在接触池的出口收集起来,然后通过热触媒式破坏装置将臭氧还原为氧气,使尾气处理装置出口处臭氧浓度低于 0.1mg/L。

4. 高碑店再生水厂

(1)概述。高碑店再生水厂位于北京朝阳区高碑店乡小郊亭村 1 号,占地面积 65.5hm²,污水处理服务面积 96km²,服务人口 240 万人,设计处理规模 100 万 m³/d(图 3.26)。高碑店再生水厂分为污水处理和再生水处理两个区域,污水处理区一期工程和二期工程分别于 1993 年和 1999 年竣工通水,总设计处理污水 100 万 m³/d。再生水区升级改造工程于 2013 年开工建设,并于 2016 年 7 月投入试运行,再生水产量 100 万 m³/d。

(2)处理工艺。高碑店再生水厂一级处理包括格栅、曝气沉砂池和矩形平流式沉淀池。

机械格栅设置在提升泵房的进水渠道处,共两道:粗格栅 10 套,间隙为 25mm;中(细)格栅为回转式,格栅间隙 5～10mm。增设细格栅可有效去除较细小悬浮物,特别是减少丝状物对后续处理工艺的不利影响。

曝气沉砂池主要用于去除直径大于 200μm 的悬浮物。高碑店再生水厂设置有 2 座曝气沉砂池，每座沉砂池分 2 个系列，共 4 格。

初沉池主要是靠重力沉降作用去除进水中有机、无机的可沉淀物。初沉池分 4 个系列，每系列有 6 组沉淀池，每组由 2 个廊道组成，单廊道尺寸，长 75m，宽 14m，水深 3.5m。

图 3.26　高碑店再生水厂俯视图

二级生物处理工艺采用改良 A^2/O 活性污泥法，曝气池末端投加除磷药剂辅助化学除磷。

曝气池主要采用改良 A^2/O 生物处理的方法完成对污水中有机物、氮、磷等污染物的降解。现状曝气池分 4 个系列，每系列有 6 组曝气池，每组由 3 个廊道构成，每廊道尺寸，长 96.2m，宽 9.28m，有效水深 6m。每个系列设置 1 套乙酸钠外加碳源投加系统，全厂共 4 套系统，实际运行时乙酸钠药剂投配浓度为 30～50mg/L。

高碑店再生水厂深度处理工艺采用"反硝化生物滤池+超滤膜+臭氧脱色+紫外线消毒+次氯酸钠消毒"，如图 3.27 所示。

反硝化生物滤池，共分 4 个系列，每系列滤池由 16 格反硝化滤池、1 格反冲水储水池及 1 格出水池组成。生物滤池利用滤料中附着的微生物（主要为异养菌）和水中残留有机物及外加碳源，在缺氧环境中降解硝酸盐氮，释放氮气。由于微生物的同化作用，会吸收进水中部分磷，而化学除磷药剂产生的沉淀也将大部分被滤料截留、吸附。因此，经过生物滤池，水中的硝酸盐氮、磷及有机物等污染物可得到较好的去除。生物滤池为上向流生物滤池，反冲洗采用空气和水定期清洗。滤料选用球形轻质多孔陶粒颗粒，粒径为 4～6mm。

超滤膜选用中空纤维膜，膜丝材质为聚偏氟乙烯（PVDF），膜孔径为 0.02μm。超滤膜车间有 4 个系列（图 3.28），单系列设计平均流量 10417m³/h，每个系列有 20 个膜组器，每个膜组器包含 180 支膜元件，总处理水量 100 万 m³/d。反硝化滤池出水由泵房内加压泵提升，送至膜车间，经膜过滤处理，去除水中残留的细小颗粒物、胶体和微生物等。在产水过程中进行周期性的反冲洗，用于去除膜表面积累的固体物质，反洗过程中同时采用空气擦洗。膜系统还需要进行化学清洗，化学清洗有两种方式：维护性清洗和恢复性清洗。维护性清洗：清洗持续时间较短，采用较低的化学药品浓度、清洗频率较高（2～3 天/次）。其目的在于保持膜的透水性和延长恢复性清洗周期。恢复性清洗：清洗持续时间比维护性清洗长、采用化学药品浓度较高，清洗频率较低（3～4 个月/次）。其目的在于恢复膜的透水性。

图 3.27　高碑店再生水厂反硝化滤池

图 3.28　高碑店再生水厂超滤膜车间

臭氧接触池用于进行氧化、脱色反应。接触池为加盖钢筋混凝土水池，建于膜过滤车间和紫外消毒车间之间，土建结构相连。接触池分为 8 个过水渠道，每个渠道进水设闸、出水设堰，渠道内分三个区域布置微气泡曝气系统。接触池内未溶解的臭氧需重新还原变为氧气，避免对大气环境造成污染。采用热触媒式臭氧尾气破坏装置进行处理，将空气中残留的臭氧还原为氧气，使尾气破坏装置出口处臭氧浓度低于 0.1ppm。接触池顶设 4 座尾气臭氧分解设备间（图 3.29），每两条渠道共用一间。臭氧接触池尺寸 76.9m（长）×31.2m（宽）×8.6m（高）。

图 3.29　高碑店再生水厂臭氧制备间

　　紫外线消毒进水来自臭氧接触池，平均流量 100 万 m³/d。根据再生水的用途不同，消毒的要求也有区别：总流量中的 70%用于景观河道补水或工业循环冷却水补水，粪大肠菌群数不大于 500 个/L，紫外线有效照射剂量大于 30mJ/cm²；其余的 30%主要用于市政杂用水，总大肠菌群数不大于 3 个/L，紫外线有效照射剂量大于 80mJ/cm²。新建紫外线消毒车间拟建于现况污水处理厂正门东侧，池体结构分上下两层：上层设计为 10 条消毒渠道，其中 7 条按处理至景观水标准设计、其余 3 条按处理至市政杂用水标准设计（图 3.30）。在杂用水消毒渠的出水设置闸门，运行时可根据用户用量的变化将 2 条渠的进水按景观水标准处理。

　　次氯酸钠消毒投加点位为紫外消毒渠后端和清水池末端，使用加药泵直接投加，清水池停留时间 20min。消毒剂的投加最大浓度按有效氯计算，清水池进水为1～3mg/L，清水池出水为 1mg/L。设 2 座混凝土储药池，加盖，内侧防腐，储药时间存 3～7 天。

图 3.30　高碑店再生水厂紫外线消毒单元

3.4　再生水输配与利用设施建设与运行

再生水泵站管网是重要的再生水利用基础设施，其可优化供水结构，促进再生水利用，缓解水资源供需矛盾。本节阐述北京市再生水泵站、管网和水车等再生水输配和利用设施发展和现状，以期全面展示北京市再生水基础设施建设情况。

3.4.1　再生水泵站建设

截至 2023 年，北京市中心城区共建成再生水泵站 20 座，泵房点位分散跨越海淀、丰台、朝阳、石景山四个区，其中 11 座泵站位于再生水厂内，北部地区有清河泵房、北小河泵房，西部地区有酒仙桥泵房、高安屯泵房、高碑店泵房、定福庄泵房，南部地区有方庄泵房、小红门泵房、槐房泵房，东部地区有卢沟桥泵房、吴家村泵房。

2006 年 5 月开工建设高碑店中水西送工程，沿南护城河、西护城河、永定门引水渠铺设管线分别至石景山热电厂和高井发电厂，途中经大观园泵站、八一湖泵站和刘娘府泵站提升输送，日供中水 8 万 m³。中水西送工程自 2007 年 5 月投入运行至今，两电厂需水稳定，充分体现了工业冷却循环的用水优势，每年近 3000 万 m³的用水量，替代原官厅水库供水，有效地缓解了官厅水库缺水的现状。

高碑店再生水利用工程实现了首例长距离跨区域调运再生水，东起高碑店，西至石景山全程近50km管线，经三级提升泵站。2005年实施的《北京市节约用水办法》进一步明确"统一调配地表水、地下水和再生水"，首次将再生水正式纳入水资源，进行统一调配，成为了重要的组成部分。正是在政策的推动下，北京市再生水利用规模不断扩大（周军等，2009）。

3.4.2　再生水管网建设

北京的排水最早可上溯到西周，距今已有300多年。到了元大都时期，就已修建了较为完善的明渠和暗沟（图3.31）。明清时代在元大都的基础上又进行了扩建，史料明确记载的有内城的大明壕、外城的龙须沟、正阳门的三里河以及崇文门的花市街明沟等，部分沟渠至今仍在使用。新中国成立前，排水道的总长度为220km，主要为砖砌结构。在新中国成立后的第一个10年里，排水管道的长度翻了1倍。此后至20世纪90年代初期，以年均6%的速度进行增长。到了1994年，城区排水管线长度已达3075km（王洪臣和黄昀，2007）。

图3.31　北京市最早的排水沟渠

相比较污水管道而言，再生水管网的发展史要简短得多（图3.32）。按照2001年北京市出台的《北京市区污水处理厂再生水回用总体规划纲要》要求，2002—2007年期间，北京市投资近15亿元，由北京排水集团所属京城中水公司陆续建设完成酒仙桥再生水厂（6万 m³/d）、吴家村再生水厂（4万 m³/d）、清河再生水厂（8万 m³/d）、方庄再生水厂（1 万 m³/d）、小红门污水资源化再利用输水泵站工程（30 万 m³/d）及 400 km 配套管线，实现再生水年供水能力 3.5 亿 m³/d（周军等，2009）。

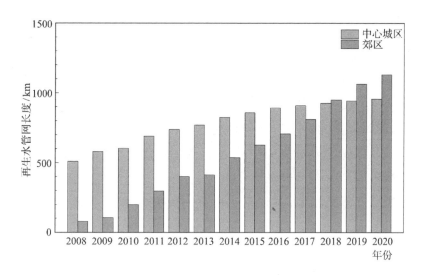

图 3.32　北京市再生水管网长度年变化

2004 年，北京市正式将再生水纳入水资源统一调配，并加大了污水收集管线、污水处理及再生水厂、再生水管线、污泥处置设施建设，不断扩大服务范围（图 3.33）。尤其是自 2013 年以来，北京市政府的三个三年行动方案，极大地推动了北京市再生水利用设施建设。据统计，2013—2019 年北京市在污水处理及再生水利用工程方面的投资达 400 亿～500 亿元，新建、改造污水管线 2371km，新建再生水管线 956km，升级改造污水处理厂 34 座，新建再生水厂 74 座，极大地推动了北京市城镇污水处理基础设施建设，完善了管网（沟渠）系统，提高了污水收集率以及再生水输送能力，并优化了污水处理及再生水生产工艺和装备，提高了回用率。

根据《北京市水务统计年鉴》，截至 2020 年年底，北京市污水管道长度为 5735 km，再生水管道长度为 2088km，污水处理能力 687.9 万 m³/d，污水处理率达 95.0%（《北京市水务统计年鉴》，2021；马东春等，2020；刘璐，2022）。

北京市发布的《全面打赢城乡水环境治理歼灭战三年行动方案（2023 年—2025 年）》中要求，未来三年，全市将新建再生水管线 170km，加快推进再生水输配工程建设，扩大无水河湖再生水生态补水，大幅度提高园林绿化再生水利用量，实现再生水管网覆盖范围内的园林绿地再生水应用尽用，推动自来水和地下水灌溉逐步退出。同时，稳步扩大再生水在工业生产、市政杂用和居民家庭冲厕等方面的利用，着力扩大城市副中心及拓展区和其他郊区再生水的配置利用（图 3.32）。

3.4.3 再生水站及再生水车

北京市积极推广再生水用于绿化、道路冲洗、洗车和市政杂用。结合既有再生水厂及管网设施，通过在主要市政道路沿线安装再生水加水机，建设园林绿化、环卫等专用加水站点，为周边绿化灌溉、道路浇洒、施工降尘等取水作业提供再生水源。北京市朝阳区园林绿化局、北京环卫集团等 80 家单位均在使用再生水加水机。2020 年，加水机取水量达 0.082 亿 m³，占再生水利用总量的 1.74%，主要用于绿化、冲洗道路、施工降尘、管线冲洗等用途。

截至 2022 年年底，北京共设置再生水环卫专用加水机 44 个，加水点 68 个，合计 112 个。

第4章 再生水工业利用

再生水工业利用具有不与人体直接接触、用户稳定、水质要求明确等特点，是再生水的重要利用途径之一。2021 年，北京市再生水工业利用量为 6754 万 m³，占再生水利用总量的 5.6%。目前，城区 9 座热电厂的生产冷却水已全部利用再生水，全市热电厂年再生水用水量为 3300 万 m³。此外，部分城市污水处理厂出水经过超滤—反渗透双膜法处理后，生产的高品质再生水供给北京市经济开发区企业作为生产用水。经济技术开发区工业用再生水占全区再生水利用量比例的 96%以上。

为保障工业领域再生水的安全、高效利用，促进节水减排，北京市决定编制《再生水利用指南 第 1 部分：工业》。本章围绕再生水工业利用，对北京市地方标准《再生水利用指南 第 1 部分：工业》（DB11/T 1767—2020）的主要内容进行解读，并介绍北京市再生水工业利用的典型案例。

4.1 标准编制的主要思路与特点

《再生水利用指南 第 1 部分：工业》（DB11/T 1767—2020）为《再生水利用指南》系列地方标准的第 1 部分，该标准于 2020 年 12 月 24 日发布，2021 年 4 月 1 日实施。

该标准重点回答如何保障再生水工业安全利用等问题，主要特点如下：

（1）提出了仅关注常规水质指标（COD、TDS、电导率等）难以全面保障和控制水质风险，需额外关注特征指标，包括水质稳定性指标、病原微生物指标等，为判断再生水工业利用是否安全提供了依据。

（2）提出了全过程水质安全保障的理念，针对水源、输配、处理、利用、排放等环节提供了专业性指导意见和规范。

（3）针对不同工业用途水质要求差异大的特点，在不同章节提出了再生水用于冷却、锅炉、洗涤、工艺和电子行业的用水管理措施和安全保障措施。

4.2 标准的主要内容

DB11/T 1767—2020 规定了再生水工业利用的一般要求、主要用途的水质要求、处理工艺和安全保障措施，以及再生水输配、监测和风险管控等相关要求，适用于再生水的工业利用。

标准第 4 章 一般要求

标准第 4 章规定了再生水工业利用的一般要求，包括工业用户和工业园区再生水利用的基本原则，以及再生水利用途径选择、水质要求确定、处理工艺设计、水质水量监测、风险管控和应急管理的一般要求。

> **标准条款：**
>
> 4.1 工业用户应优先利用再生水。
>
> 4.2 工业园区应统筹园区内外再生水水源，规划和建设再生水供水设施、工业用户排水设施、水处理和循环利用设施，推动企业间串联用水、分质用水。

条款释义：

标准条款 4.1 和 4.2 提出了工业用户和工业园区再生水利用的基本原则。

根据《北京市节水行动实施方案》在工业节水减排方面提出的要求，工业用户应优先利用再生水。再生水可作为工业用水直接使用，或作为工业用水水源处理后使用。

工业园区可以将开发区外的城市污水处理厂出水作为取水水源，或将开发区内的生活污水、工业废水进行回用，或同时采用两种方式。根据《北京市节水行动实施方案》和《工业园区循环经济管理通则》（GB/T 31088—2014），工业园区应充分考虑现有再生水利用和未来节水改造的需求，统筹规划和建设再生水供水设施、工业用户排水设施、水处理和循环利用设施。应综合考虑园区污水排放总量和设施建设成本，建设或改造升级污水集中处理设施。新建或节水改造工业园区宜统筹设计和建设再生水分质供水管网及配套设施，推动企业间串联用水、分质用水，促进再生水梯级利用。

> **标准条款：**
>
> 4.3 再生水工业利用途径包括冷却用水、锅炉用水、洗涤用水、工艺用水等。

条款释义：

标准条款 4.3 规定了再生水工业利用的利用途径。

根据《城市污水再生利用 工业用水水质》（GB/T 19923—2005），工业用水利用途径如下：

冷却用水：直流式、循环式补充水；

锅炉用水：低压、中压锅炉补给水；

洗涤用水：冲渣、冲灰、消烟除尘、清洗等；

工艺用水：溶料、蒸煮、漂洗、水力开采、水力输送、增湿、稀释、搅拌、选矿、油田回注等；浆料、化工制剂、涂料等。

标准条款：

4.4 再生水宜优先用于冷却用水、洗涤用水和锅炉用水等利用途径。

4.5 再生水用于工艺用水时，应通过再生水利用试验、相似利用案例分析等验证其可行性。再生水不应直接用于食品、医药等与人体直接接触的产品。

条款释义：

标准条款 4.4 和 4.5 规定了再生水宜优先利用途径和要求。

由于冷却用水、洗涤用水和锅炉用水等不与产品直接接触或对产品影响小，水质要求、用户处理工艺和安全保障措施明确。因此，再生水宜优先用于冷却用水、洗涤用水和锅炉用水等利用途径。

《城市污水再生利用 工业用水水质》（GB/T 19923—2005）指出，再生水用作工艺或产品用水水源，达到该标准的控制指标时，尚应根据不同工艺或产品的具体情况，通过再生水利用试验或相似经验证明可行后，工业用户可以直接使用；当该标准规定的水质不能满足供水水质指标要求，而又无再生水利用经验可借鉴时，则需要对再生水做补充处理试验，直至达到相关产品的用水水质指标要求。

依据住房和城乡建设部发布的《城镇污水再生利用技术指南（试行）》，"除紧急情况外，禁止再生水用于人体直接接触用水（如洗浴液、游泳池用水等）、食品加工过程、医疗或医药品加工过程和洗衣业。"依据《城市污水再生利用 工业用水水质》（GB/T 19923—2005），"再生水不适用于食品和与人体密切接触的产品用水。"因此，再生水作为工业产品用水时，不应直接用于食品、医药等与人体直接接触的产品。

标准条款：

4.6 再生水工业利用时，根据 GB/T 19923、不同工业利用途径的相关标准、再生水水质特点和试验研究等确定水质要求。

条款释义：

标准条款 4.6 规定了再生水工业利用的水质要求。

再生水用作工业用水水源时，基本控制项目及指标限值一般应满足《城市污水再生利用　工业用水水质》（GB/T 19923—2005）的要求，并根据不同工业利用途径确定相应的水质要求。该工业利用途径有国家标准或行业标准时，根据国家标准或行业标准确定水质要求。否则，根据工业利用具体情况，考虑再生水水质特点，通过试验研究、文献资料调研、参考企业标准和专家意见等确定水质要求。

标准条款：

4.7　再生水工业用户将再生水用于绿化、道路清扫、洗车、冲厕等厂内和企业内非工业利用途径时，应确认水质满足 GB/T 18920 等相关标准的要求，并采取必要的管理措施，确保用水安全。

条款释义：

标准条款 4.7 规定了再生水工业用户将再生水用于厂内和企业内非工业利用途径时的一般要求。

再生水用于工业用户内的绿化、道路清洗、洗车、冲厕等时，应考虑再生水对公众和从业人员的健康风险。应确认水质满足《城市污水再生利用　城市杂用水水质》（GB/T 18920—2020）的要求，并清楚地标识使用的是再生水，相关人员应采取防护措施，确保用水安全。

标准条款：

4.8　再生水不满足工业利用水质要求时，工业用户应对再生水进行深度处理，保障再生水利用的安全性、可靠性和稳定性。

4.9　再生水深度处理工艺的设计，通过综合技术经济比较，选择技术先进、可靠、经济合理、因地制宜的方案。

条款释义：

标准条款 4.8 和 4.9 规定了工业用户对再生水进行深度处理的一般要求。

对于水质要求更高的用户，当再生水厂供给的再生水不满足其水质要求时，可自行补充处理达到其水质要求。工业用户深度处理工艺设计方案宜根据再生水厂供给的再生水的水质情况，工业用户的水质要求制定，通过试验或借鉴已建工程的运行经验，制定技术先进、可靠、经济合理、因地制宜的用户处理方案。

标准条款：

4.10 工业用户应建立完善的再生水水量水质监测系统，包括进水、处理系统、用水系统和排水系统等。

条款释义：

标准条款4.10规定了工业用户对再生水进行水质监测的一般要求。

工业用户宜在用户进水口、用户处理系统、用户用水系统和用户排水口设置监测点，并确定相应的水质监测指标和监测频率。当各单元发生水质异常或突发事件时，可依据监测点水质监测信息，及时查明原因。采取措施解决水质异常问题或应对突发事件，保障再生水安全高效利用。

标准条款：

4.11 再生水工业利用过程中产生的污泥、浓缩液和废液等，应根据相关要求进行处理处置。

条款释义：

标准条款4.11规定了再生水工业用户排水管理的一般要求。

工业用户应对其产生的废水及其他废弃物进行处理处置，使之满足相应的排放标准。工业用户应处理处置的废水不仅包括工业污水，也包括内部处理工艺产生的污泥、浓缩液和废液等。工业用户排水处理方案宜根据综合利用原则和环保要求，并结合全厂污水处理设施，进行经济技术比较确定。设计方案宜包括处理水量、水质、排放地点及水质排放指标；处理工艺、设备选型、平面布置；水、电、汽、药剂等消耗量及经济指标；排水处理过程中产生的污水、污泥处置方案。

标准条款：

4.12 工业用户应制定措施，有效管控再生水利用过程中的健康风险和生态风险。

条款释义：

标准条款4.12规定了再生水工业用户风险管理的一般规定。

再生水工业用户应关注再生水利用过程中的人体健康风险和生态风险，制定完善的管理措施，避免对人体和环境健康造成威胁。

标准条款：

4.13 工业用户应制定全过程的水质异常和突发事件应对措施。

条款释义：

标准条款 4.13 规定了再生水工业用户应急管理的一般要求。

再生水工业用户可能受到水质异常、突发事件等影响，为有效地应对水质异常或突发事件可能对再生水水量和水质造的影响（例如进水水质异常、处理单元失效、设施故障、极端气候条件、自然灾害、管道错接、疾病暴发等），再生水厂宜建立全流程、系统性的应对措施，针对不同的水质异常情形和突发事件，采取相应的应对措施。

标准第 5 章 冷却用水

标准第 5 章规定了再生水用于冷却用水的用水管理措施，包括水质要求、用户处理工艺、安全保障和用水系统监测等内容。

标准条款：

5.1 水质要求

用作冷却用水时，应根据 GB/T 19923 和相关标准等确定水质要求，同时关注再生水的化学稳定性、生物稳定性等指标。化学稳定性评价宜根据管网材料和设备类型选择指标，见附录 A。生物稳定性评价可选用可生物降解溶解性有机碳（BDOC）、可同化有机碳（AOC）等指标，见附录 B。

条款释义：

标准条款 5.1 规定了再生水用作冷却用水时的水质要求。

再生水用作冷却用水时的水质要求依据《城市污水再生利用 工业用水水质》（GB/T 19923—2005）、《循环冷却水用再生水水质标准》（HG/T 3923—2007）、《工业循环冷却水处理设计规范》（GB 50050—2017）确定。上述标准关于冷却水的水质要求如表 4.1 所示。当再生水水质满足《城市污水再生利用 工业用水水质》时，其水质要求与《循环冷却水用再生水水质标准》《工业循环冷却水处理设计规范》接近，部分指标（悬浮物、生化需氧量、总硬度、总碱度、石油类、余氯、粪大肠菌群）限值略高于《循环冷却水用再生水水质标准》《工业循环冷却水处理设计规范》。

北京市再生水主要为城镇污水处理厂二级出水或二级出水深度处理后的再生水。北京市城镇污水处理厂二级出水满足《城镇污水处理厂水污染物排放标准》（DB11/ 890—2012）的要求，《城镇污水处理厂水污染物排放标准》对铁、猛、氯离子、二氧化硅、总硬度、总碱度、硫酸盐、溶解性总固体、余氯等未做规定，其他限值（A标准和B标准）均比冷却水国家标准和行业标准严格（表4.1）。因此，再生水用作冷却用水时，可根据《城市污水再生利用 工业用水水质》的规定，直接使用或补充处理后使用。

表 4.1 冷却用水水质要求比较

参数	《城市污水再生利用 工业用水水质》（GB/T 19923—2005）		《循环冷却水用再生水水质标准》（HG/T 3923—2007）	《工业循环冷却水处理设计规范》（GB 50050—2017）	《城镇污水处理厂水污染物排放标准》（DB11/ 890—2012）	
适用条件	直流冷却水	敞开式循环冷却水系统补充水	循环冷却用再生水水质	直接作为间冷开式系统补充水	A 标准	B 标准
pH 值	6.5～9.0	6.5～8.5	6.0～9.0	6.0～9.0（25℃）	6.0～9.0	6.0～9.0
悬浮物/（mg/L）	≤30	—	≤20	≤10	5	5
浊度/NTU	—	≤5	≤10	≤5.0		
色度/度	≤30	≤30			10	15
五日生化需氧量（BOD$_5$）/（mg/L）	≤30	≤10	≤5	≤10	4	6
化学需氧量（COD$_{Cr}$）/（mg/L）	—	≤60	≤80	≤60	20	30
铁/（mg/L）	—	≤0.3	≤0.3	≤0.5		
猛/（mg/L）	—	≤0.1		≤0.2		
氯离子/（mg/L）	≤250	≤250	≤500（氯化物）	≤250		
二氧化硅（SiO$_2$）/（mg/L）	≤50	≤50				

续表

参数	《城市污水再生利用工业用水水质》（GB/T 19923—2005）		《循环冷却水用再生水水质标准》（HG/T 3923—2007）	《工业循环冷却水处理设计规范》（GB/T 50050—2017）	《城镇污水处理厂水污染物排放标准》（DB11/890—2012）	
适用条件	直流冷却水	敞开式循环冷却水系统补充水	循环冷却水用再生水水质	直接作为间冷开式系统补充水	A 标准	B 标准
总硬度（以CaCO₃计）/（mg/L）	≤450	≤450	合计≤700	≤250（钙硬度）		
总碱度（以CaCO₃计）/（mg/L）	≤350	≤350		≤200（全碱度）		
硫酸盐/（mg/L）	≤600	≤250	≤0.1（硫化物）			
氨氮（以N计）/(mg/L)	—	≤10①	≤15	≤5.0③	1.0（1.5）	1.5（2.5）
总磷（以P计）/(mg/L)	—	≤1	≤5（以 PO_4^{3-} 计）	≤1.0	0.2	0.3
溶解性总固体/（mg/L）	≤1000	≤1000	≤1000	≤1000		
石油类/（mg/L）	—	≤1	≤0.5（油含量）	≤0.5	0.05	0.5
阴离子表面活性剂/（mg/L）	—	≤0.5			0.2	0.3
余氯/（mg/L）	≥0.05②	≥0.05②		0.1～0.2（游离氯，补水管道末端）		
粪大肠菌群/（个/L）	≤2000	≤2000	≤10000	≤1000	500	1000

① 当敞开式循环冷却水系统换热器为铜质时，循环冷却系统中循环水的氨氮指标应小于 1mg/L。

② 加氯消毒时管末梢值。

③ 换热器为同合金换热器时，≤1.0。

除《工业循环冷却水处理设计规范》（GB/T 50050—2017）的水质要求外，化学稳定性和生物稳定性等指标可评价再生水的腐蚀、结垢和微生物生长风险。再生水工业冷却利用时，宜关注再生水的化学稳定性、生物稳定性等指标。化学稳定性指标包括单一指标和综合指标，宜根据管网材料和设备类型选择合适的评价指标。生物稳定性指标包括生物可同化有机碳（AOC）、可生物降解溶解性有机碳（BDOC）、细菌生长潜力（BGP）、生物膜形成速率（BFR）、微生物可利用磷（MAP）等，可选用可生物降解溶解性有机碳（BDOC）、可同化有机碳（AOC）等指标（胡洪营等，2015）。

标准条款：

5.2 用户处理工艺

5.2.1 再生水供水水质不能满足工业用户冷却用水需求时，应采取适宜工艺，进行进一步处理，处理工艺选取见附录 C。

5.2.2 当再生水为高碱度、高硬度水质时，宜根据 GB/T 50050，采用石灰或弱酸树脂软化等处理方法。

条款释义：

标准条款 5.2 规定了再生水用作冷却用水水源时，可采取的用户处理工艺。

由于《城市污水再生利用 工业用水水质》（GB/T 19923—2005）悬浮物、生化需氧量、总硬度、总碱度、石油类、余氯、粪大肠菌群等指标限值略高于冷却水国家标准和行业标准，且实际应用中再生水水质存在一定的波动情况，为保障冷却工艺正常运行，用户可结合再生水实际实质，采取上述工艺进行进一步处理。处理工艺选取见该标准附录 C（表 4.2）。

表 4.2 再生水处理工艺选择（标准附录 C）

处理工艺	冷却用水	锅炉用水	洗涤用水	工艺用水	电子行业用水
进水→混凝沉淀→消毒	●		●	●	
进水→介质过滤→消毒	●	●	●	●	
进水→混凝沉淀→介质过滤→消毒	●	●	●	●	
进水→超滤/微滤→消毒	●	●	●	●	
进水→混凝沉淀→超滤/微滤→消毒	●	●	●	●	
进水→超滤/微滤→纳滤/反渗透		●		●	
进水→混凝沉淀→超滤/微滤→纳滤/反渗透		●		●	
进水→超滤/微滤→纳滤/反渗透→超纯水制备单元					●
进水→混凝沉淀→超滤/微滤→纳滤/反渗透→超纯水制备单元					●

注 ●为可选择。

处理工艺设计可以参考《工业循环冷却水处理设计规范》（GB/T 50050—2017）相关规定。根据调研结果，北京市再生水硬度偏高。因此根据 GB/T 50050—2017 提出了当高碱度、高硬度再生水的处理方法。

标准条款：

5.3　安全保障

5.3.1　宜重点关注冷却系统的结垢、腐蚀和微生物生长风险。

条款释义：

标准条款 5.3.1 规定了再生水用作冷却用水时，宜重点关注冷却系统的结垢、腐蚀和微生物生长风险。

冷却系统的结垢和微生物生长产生的生物膜可能会降低循环冷却系统热传递效率，堵塞热交换器，或堵塞冷却塔布水器。微生物分泌的酸性或腐蚀性的副产物也会引起管壁腐蚀。微生物生长产生的生物膜覆盖于管壁表面，将影响缓蚀剂与管壁的接触，会形成垢下腐蚀。

冷却系统管网和设备的结垢、腐蚀会影响冷却系统的安全稳定运行，结垢、腐蚀严重时需更换管材和设备，增加运行成本。

标准条款：

5.3.2　宜评价再生水的化学稳定性，并通过投加合适的阻垢缓蚀剂、调节冷却系统浓缩倍数、采用抗腐蚀管材等方法，防止冷却系统的结垢、腐蚀风险。

条款释义：

标准条款 5.3.2 规定了再生水用作冷却用水时，防止冷却系统结垢、腐蚀风险的措施。

再生水用作冷却用水时，通过化学稳定性评价，可评价再生水的结垢潜势和腐蚀潜势。结垢风险大时，可采取的应对措施包括投加合适的阻垢剂、调节冷却系统浓缩倍数。腐蚀风险大时，可采取的应对措施包括投加合适的缓蚀剂、采用抗腐蚀管材等。在冷却系统中，阻垢剂和缓蚀剂常复配成阻垢缓蚀剂一起使用。

标准条款：

5.3.3　阻垢缓蚀药剂宜选择高效、低毒、复配性能好的环境友好型水处理药剂，投加方式可采用连续投加。

条款释义：

标准条款 5.3.3 规定了再生水用作冷却用水时，阻垢缓蚀剂的选取原则。

投加阻垢缓蚀药剂是控制冷却系统的结垢、腐蚀的重要措施。阻垢缓蚀药剂配方宜经动态模拟试验和技术经济比较确定，或根据水质和工况条件类似的工厂运行经验确定。阻垢缓蚀药剂配方的动态模拟试验宜考虑条款中规定的影响因素。阻垢缓蚀剂的选择宜满足高效、低毒、复配性能好的原则。

标准条款：

5.3.4 宜评价再生水的生物稳定性，并通过投加合适的抑菌剂、去除可同化有机碳等方法防止微生物生长。

5.3.5 抑菌剂配方宜根据水质和技术经济比较确定。

5.3.6 抑菌剂可选择氧化性抑菌剂或非氧化性抑菌剂，投加方式可采用连续投加或冲击式投加。

5.3.7 氧化性抑菌剂宜采用次氯酸钠、液氯等。次氯酸钠或液氯连续投加时，宜控制循环冷却水中余氯为 0.1mg/L～0.5mg/L；冲击投加时，宜每天投加 1 次～3 次，每次投加时宜控制水中余氯 0.5mg/L～1mg/L，保持 2h～3h。

5.3.8 非氧化性抑菌剂宜采用高效、低毒、广谱、与阻垢缓蚀剂不互相干扰、易于处理的抑菌剂。

条款释义：

标准条款 5.3.4～5.3.8 规定了再生水用作冷却用水时，防止微生物生长风险的措施。

再生水用作冷却用水时，和微生物生长有关的水质指标主要包括可同化有机碳（AOC）等生物稳定性指标。防止微生物生长的措施包括投加合适的抑菌剂、去除可同化有机碳等方法。抑菌剂配方宜根据水质和技术经济比较确定。抑菌剂可选择氧化性抑菌剂或非氧化性抑菌剂。抑菌剂投加方式可选择连续投加、间歇投加和冲击式投加。氧化性抑菌剂可选择次氯酸钠、液氯等。非氧化性抑菌剂宜采用高效、低毒、广谱、pH 使用范围宽、与阻垢剂和缓蚀剂不互相干扰、易于降解的抑菌剂。

标准条款：

5.4 用水系统监测

5.4.1 循环冷却水监测项目、监测频率和监测方法应符合 GB/T 50050 和 HG/T 3923 的规定。

5.4.2　pH、电导率、氧化还原电位等指标宜采用在线监测。

5.4.3　循环冷却水系统取样点设置应符合 GB/T 50050 的规定。

条款释义：

标准条款 5.4.1～5.4.3 依据《工业循环冷却水处理设计规范》（GB/T 50050—2017），规定了再生水工业冷却利用时，用水监测的取样点、监测项目、监测频率和检测方法。

冷却系统的取样点宜设置在循环给水总管、循环回水总管、补充水管、旁流处理出水管、换热设备进、出水管。pH、电导率、氧化还原电位等指标宜采用在线监测和化验室定期检测结合的方式。GB/T 50050—2017 中循环冷却水监测项目和监测频率如表 4.3 和表 4.4 所示，《循环冷却水用再生水水质标准》（HG/T 3923—2007）中检测方法如表 4.5 所示。

表 4.3　循环冷却水常规检测项目

序号	项目	间冷开式系统	间冷闭式系统	直冷系统
1	pH 值（25℃）	每天 1 次	每天 1 次	每天 1 次
2	电导率	每天 1 次	每天 1 次	可抽检
3	浊度	每天 1 次	每天 1 次	每天 1 次
4	悬浮物	每月 1～2 次	不检测	每天 1 次
5	总硬度	每天 1 次	每天 1 次或抽检	每天 1 次
6	钙硬度	每天 1 次	每天 1 次或抽检	每天 1 次
7	全碱度	每天 1 次	每天 1 次或抽检	每天 1 次
8	氯离子	每天 1 次	每天 1 次或抽检	每天 1 次或抽检
9	总铁	每天 1 次	每天 1 次	不检测
10	异养菌总数	每周 1 次	每周 1 次	不检测
11	铜离子[①]	每周 1 次	抽检	不检测
12	油含量[②]	可抽检	不检测	每天 1 次
13	药剂浓度	每天 1 次	每天 1 次	不检测
14	游离氯	每天 1 次	视药剂而定	可不测
15	NH_3-N[③]	每周 1 次	抽检	不检测
16	COD[④]	每周 1 次	不检测	不检测

①　铜离子检测仅对含有同材质的循环冷却水系统。

②　油含量检测仅对炼钢轧钢装置的直冷系统；对炼油装置的间冷开式系统每天 1 次。

③　NH_3-N 检测仅对有氨泄漏可能和使用再生水作为补充水的循环冷却水系统。

④　COD 对炼钢轧钢装置的直冷系统为抽检，对炼油装置的间冷开式系统每天 1 次。

表 4.4　循环冷却水非常规检测项目

项目	间冷开式和闭式系统		直冷系统		检测方法
	检测时间	检测点	检测时间	检测点	
腐蚀率	月、季、年或在线	—	—	可不测	挂片法
污垢沉积量	大检修	典型设备	大检修	设备/管线	检测换热器检测管
生物黏泥量	故障诊断	—	—	可不测	生物滤网法
垢层或腐蚀产物成分	大检修	典型设备	大检修	设备/管线	化学/仪器分析

表 4.5　《循环冷却水用再生水水质标准》各项目的检测方法

序号	项目	测定方法	分析方法来源
1	pH 值	pH 值计	GB/T 6904—2008
2	悬浮物	重量法	GB/T 14415—2007
3	总铁	邻菲罗啉分光光度法	HG/T 3539—2012
4	化学需氧量（COD_{Mn}）	高锰酸钾法	GB/T 15456—2019
5	浊度	散射光法	GB/T 15893.1—2014
6	总硬度	EDTA 滴定法	GB/T 15452—2009
7	总碱度	容量法	GB/T 15451—2006
8	氨态氮	蒸馏和滴定法	HG/T 2158—2011
9	硫化物	直接显色分光光度法	GB/T 17133—1997
10	油含量	红外光度法	GB/T 12152—2007
11	总磷	磷钼蓝比色法	GB/T 3540—2011
12	溶解性固体	重量法	GB/T 14415—2007
13	五日生化需氧量（BOD_5）	稀释与接种法	HJ 505—2009
14	细菌总数	平皿计数法	GB/T 14643.1—2009

标准第 6 章　锅炉用水

标准第 6 章规定了再生水用于锅炉用水的用水管理措施，包括水质要求、用户处理工艺、安全保障和用水系统监测等内容。

标准条款：

6.1　水质要求

6.1.1　用作锅炉补给水时，应根据 GB/T 19923 和相关标准等确定水质要求。工业锅炉水质应满足 GB/T 1576 的要求；电站锅炉水质应满足 GB/T 12145 的要求；

热水热力网和热采锅炉水质应满足相关行业标准的要求。

6.1.2 用作锅炉补给水时，除满足相关标准外，宜关注再生水的化学稳定性等指标。

条款释义：

标准条款 6.1.1 和 6.1.2 规定了再生水用作锅炉用水的水质要求。

《城市污水再生利用 工业用水水质》（GB/T 19923—2005）指出，再生水满足其要求时，尚不能直接补给锅炉，应根据锅炉工况，对水源水再进行软化、除盐等处理，直至满足相应工况的锅炉水质标准。对于低压锅炉，水质应达到《工业锅炉水质》（GB/T 1576—2018）的要求；对于中压锅炉，水质应达到《火力发电机组及蒸汽动力设备水汽质量标准》（GB/T 12145—2016）的要求；对于热水热力网和热采锅炉，水质应达到相应的行业标准。

《锅炉安全技术监察规程》（TSG G0001—2012）中 8.1.9.2 条"工业锅炉的水质应当符合《工业锅炉水质》的规定。电站锅炉的汽水质量应当符合《火力发电机组及蒸汽动力设备水汽质量》的规定"。

除 GB/T 19923—2005、GB/T 1576—2018、GB/T 12145—2016 的水质要求外，化学稳定性等指标可评价再生水的腐蚀、结垢。再生水用作锅炉用水水源时，宜关注再生水的化学稳定性等指标。

标准条款：

6.2 用户处理工艺

6.2.1 再生水供水水质不能满足工业用户锅炉补给水需求时，应采取适宜工艺，进行进一步处理。处理工艺选取见附录C。

6.2.2 当附录C工艺流程尚不能满足用户水质要求时，可增加离子交换或电渗析除盐等深度处理单元。深度处理单元的工艺设计和运行参数宜符合 GB/T 50109 和 DL 5068 等相关标准的规定。

条款释义：

标准条款 6.2.1 和 6.2.2 规定了再生水用作锅炉用水水源时，可采取的用户处理工艺。

锅炉种类繁多，不同种类锅炉对于用水水质要求不同。实际应用中再生水水质存在一定的波动情况。为保障锅炉工艺正常运行，用户可结合再生水实际水质，采取上述工艺进行进一步处理，处理工艺选取见该标准附录C（表4.2）。

《锅炉安全技术规程》（TSG 11—2020）中 3.14 规定了锅炉水（介）质要求。

《锅炉安全技术规程》(TSG 11—2020)：

3.14 水（介）质要求、取样装置和反冲洗系统的设置

应当根据锅炉结构、运行参数、蒸汽质量要求等因素，明确水（介）质标准及质量指标要求。

工业锅炉水处理设计应当符合《工业用水软化除盐设计规范》（GB/T 50109—2014）相关规定，电站锅炉水处理设计应当符合《发电厂化学设计规范》（DL 5068—2014）相关规定。

标准条款：

6.3 安全保障

6.3.1 宜控制水中的硬度、碱度和有机物等指标，防止锅炉系统的结垢、腐蚀风险。

6.3.2 电站锅炉水质异常时，按 GB/T 12145 的要求进行处理，防止锅炉系统腐蚀、结垢。

条款释义：

标准条款 6.3.1 规定了再生水工业锅炉利用时，宜重点关注锅炉系统的结垢、腐蚀风险。

再生水工业锅炉利用时，和结垢有关的水质指标主要包括再生水的硬度、碱度、二氧化硅等。和腐蚀有关的水质指标主要为碳酸氢根。再生水中的碳酸氢根受锅炉温度影响分解产生的二氧化碳，是用汽设备和冷凝水回水系统腐蚀的主要来源。碱度和有机物浓度高易形成泡沫，导致过热器结垢。通过控制水中的硬度、碱度、有机物等指标，可防止锅炉系统的结垢、腐蚀风险。

标准条款 6.3.2 规定了再生水用作锅炉用水水源时，水质异常的风险应对措施。

依据《火力发电机组及蒸汽动力设备水汽质量标准》（GB/T 12145—2016），当凝结水、锅炉给水或锅炉炉水水质异常时，应迅速检查取样的代表性、化验结果的准确性，并综合分析系统中水汽质量的变化，确认判断无误后，按下列三级处理要求执行：

一级处理：有发生水汽系统腐蚀、结垢、积盐的可能性，应在 72h 内恢复至相应的标准值。

二级处理：正在发生水汽系统腐蚀、结垢、积盐，应在24h内恢复至相应的标准值。

三级处理：正在发生快速腐蚀、结垢、积盐，4h内水质不好转，应停炉。

在异常处理的每一级中，在规定的时间内不能恢复正常时，应采用更高一级的处理方法。

标准条款：

6.4　用水系统监测

6.4.1　工业锅炉的监测项目、监测频次和监测方法应符合GB/T 16811的要求。

6.4.2　宜设置pH、电导率和硬度等在线监测仪表。

条款释义：

标准条款6.4.1和6.4.2规定了再生水用作锅炉用水水源时，用户用水监测的要求。

依据《工业锅炉水处理设施运行效果与监测》（GB/T 16811—2018），汽水取样器流量500～700mL/min，出水温度小于40℃。pH值、电导率和硬度宜采取在线监测仪和化验室检测结合的方式。蒸汽锅炉、汽水两用锅炉和热水锅炉给水和锅水的监测项目、监测频次如表4.6和表4.7所示。GB/T 16811—2018规定检测项目的检测方法应按《工业锅炉水质》（GB/T 1576—2018）执行。

表4.6　蒸汽锅炉和汽水两用锅炉监测项目及频次

监测项目	给水		锅水	
	额定蒸发量<4t/h	额定蒸发量≥4t/h	额定蒸发量<4t/h	额定蒸发量≥4t/h
	监测频次	监测频次	监测频次	监测频次
总硬度	8h	4h	—	—
pH值	8h	4h	8h	4h
氯离子含量	8h	4h	8h	4h
溶解氧[①]	—	8h	—	—
全碱度	—	—	8h	4h
酚酞碱度	—	—	8h	4h
电导率或溶解固形物	—	—	8h	8h
磷酸根	—	—	8h	4h
亚硫酸根	—	—	8h	4h
相对碱度	—	—	8h	4h

① 采用除氧装置除氧的给水要求。

表4.7　热水锅炉给水和锅水监测项目及频次

监测项目	给水		锅水	
	额定蒸发量＜4t/h	额定蒸发量≥4t/h	额定蒸发量＜4t/h	额定蒸发量≥4t/h
	监测频次	监测频次	监测频次	监测频次
硬度	8h	4h	—	—
pH 值（25℃）	8h	4h	8h	4h
酚酞碱度	—	—	8h	4h
磷酸根	—	—	8h	4h

标准第 7 章　洗涤用水

标准第 7 章规定了再生水用于洗涤用水的用水管理措施，包括水质要求和用户处理工艺等内容。

标准条款：

7.1　水质要求

用作洗涤用水时，应根据 GB/T 19923 和相关标准等确定水质要求。

条款释义：

标准条款 7.1 规定了再生水用作洗涤用水的水质要求。

《城市污水再生利用　工业用水水质》（GB/T 19923—2005）指出，再生水满足其要求时，可直接用作洗涤用水，必要时也可对再生水进行补充处理或与新鲜水混合使用。GB/T 19923—2005 对洗涤用水的水质要求如表 4.8 所示。

表4.8　再生水用作工业用水水源的水质标准

控制项目	冷却用水		洗涤用水	锅炉补给水	工艺与产品用水
	直流冷却水	敞开式循环冷却水系统补充水			
pH 值	6.5～9.0	6.5～8.5	6.5～9.0	6.5～8.5	6.5～8.5
悬浮物（SS）/（mg/L）	≤30	—	≤30	—	—
浊度/NTU	—	≤5	—	≤5	≤5
色度/度	≤30	≤30	≤30	≤30	≤30
五日生化需氧量（BOD$_5$）/（mg/L）	≤30	≤10	≤30	≤10	≤10
化学需氧量（COD$_{Cr}$）/（mg/L）	—	≤60	—	≤60	≤60

续表

控制项目	冷却用水		洗涤用水	锅炉补给水	工艺与产品用水
	直流冷却水	敞开式循环冷却水系统补充水			
铁/（mg/L）	—	≤0.3	≤0.3	≤0.3	≤0.3
锰/（mg/L）	—	≤0.1	≤0.1	≤0.1	≤0.1
氯离子/（mg/L）	≤250	≤250	≤250	≤250	≤250
二氧化硅（SiO_2）/（mg/L）	≤50	≤50	—	≤30	≤30
总硬度（以 $CaCO_3$ 计）/（mg/L）	≤450	≤450	≤450	≤450	≤450
总碱度（以 $CaCO_3$ 计）/（mg/L）	≤350	≤350	≤350	≤350	≤350
硫酸盐/（mg/L）	≤600	≤250	≤250	≤250	≤250
氨氮（以 N 计）/（mg/L）	—	≤10[①]	—	≤10	≤10
总磷（以 P 计）/（mg/L）	—	≤1	—	≤1	≤1
溶解性总固体/（mg/L）	≤1000	≤1000	≤1000	≤1000	≤1000
石油类/（mg/L）	—	≤1	—	≤1	≤1
阴离子表面活性剂/（mg/L）		≤0.5		≤0.5	≤0.5
余氯[②]/（mg/L）	≥0.05	≥0.05	≥0.05	≥0.05	≥0.05
粪大肠菌群/（个/L）	≤2000	≤2000	≤2000	≤2000	≤2000

① 当敞开式循环冷却水系统换热器为铜质时，循环冷却系统中循环水的氨氮指标应小于 1mg/L。

② 加氯消毒时管末梢值。

标准条款：

7.2 用户处理工艺

再生水供水水质不能满足工业用户洗涤用水需求时，应采取适宜工艺，进行进一步处理，处理工艺选取见附录 C。

条款释义：

标准条款 7.2 规定了再生水用作洗涤用水水源时，可采取的用户处理工艺。

实际应用中再生水水质存在一定的波动情况，为保障洗涤用水水质，用户可结合再生水实际水质，采取上述工艺进行进一步处理，处理工艺选取见 DB11/T 1767—2020 附录 C（表 4.2）。

标准第8章 工艺用水

标准第8章规定了再生水用于工艺用水的用水管理措施，包括水质要求、用户处理工艺和安全保障措施等内容。

标准条款：

8.1 水质要求

用作工艺用水时，应根据相关标准或工艺情况确定水质要求，对再生水直接利用或进一步处理后使用。

条款释义：

标准条款8.1规定了再生水用作工艺用水的水质要求。

《城市污水再生利用 工业用水水质》（GB/T 19923—2005）指出，再生水用作工艺用水水源时，当达到该标准的控制指标时，尚应根据不同生产工艺的具体情况，通过再生利用试验或相似经验证明可行时，工业用户可以直接使用；当该标准规定的水质不能满足供水水质指标，而又无再生利用经验可借鉴时，则需要对再生水做补充处理试验，直至达到相关工艺的用水水质指标要求方可使用。《城市污水再生利用 工业用水水质》对工艺用水的水质要求如表4.8所示。因此，该标准规定，再生水用作工业企业的工艺用水时，根据国家标准、行业标准或工艺情况确定水质要求，对再生水直接利用或进一步处理后使用。

标准条款：

8.2 用户处理工艺

用作工艺用水时，宜根据再生水水质、工艺用水水质要求和技术经济比较选择处理工艺，处理工艺选取见附录C。

条款释义：

标准条款8.2规定了再生水用作工艺用水水源时，可采取的用户处理工艺。

在再生水用作工艺用水时，不同工艺对再生水水质要求不同，需要对再生水采取适当处理设施，以保证工艺正常运行。实际应用中再生水水质存在一定的波动情况，用户可结合再生水实际水质情况，采取上述工艺进行进一步处理。处理工艺选取见该标准附录C（表4.2）。

标准条款：

8.3　安全保障措施

8.3.1　宜进行再生水水质对工艺的影响评价。

8.3.2　宜对再生水进行定期监测，保证水质合格。

条款释义：

标准条款 8.3.1 和 8.3.2 规定了再生水用作工艺用水的水质安全保障措施。

工业用户宜对再生水进行定期监测，进行再生水水质对工艺的影响评价。当再生水进水水质异常时，应尽快联系再生水厂，调整运行参数，提出改进措施，直至水质合格，保障安全生产。

标准第 9 章　电子行业用水

标准第 9 章规定了再生水用于电子行业用水的用水管理措施，包括水质要求、用户处理工艺和安全保障措施等内容。

标准条款：

9.1　水质要求

用作高纯清洗用水时，应根据 GB/T 11446.1 和相关标准等确定水质要求，同时关注尿素及其衍生物、硼和总有机碳等指标。

条款释义：

标准条款 9.1 规定了再生水用作电子行业用水的水质要求。

根据北京市再生水利用情况调研结果，计算机、通信和其他电子设备制造业是北京市再生水利用量高的行业之一，再生水用作电子和半导体工业用高纯清洗用水时，其水质宜满足《电子级水》（GB/T 11446.1—2013）的要求（表 4.9）。

依据文献资料调研结果，与清洁水源相比，再生水存在有机物浓度较高、组分更复杂、超高标准去除更加困难等问题。有文献报道：在以再生水为水源的反渗透产水中检测出尿素及其衍生物（10～40μg/L），总有机碳指标难达标（Cartagena，等，2013；曹斌等，2008）。根据典型电子企业的调研情况，反渗透产水中的尿素及其衍生物、硼等去除难度大，影响电子产品生产。因此，再生水用作电子和半导体工业用高纯清洗用水时，宜关注尿素及其衍生物等小分子有机物、总有机碳、硼等指标。

表 4.9 电子级水的技术指标（GB/T 11446.1—2013）

项目		EW-I	EW-II	EW-III	EW-IV
电阻率（25℃）/（MΩ·cm）		≥18（5%时间不低于17）	≥15（5%时间不低于17）	≥12	≥0.5
全硅/（μg/L）		≤2	≤10	≤50	≤1000
微粒数/（个/L）	0.05～0.1μm	500	—	—	—
	0.1～0.2μm	300	—	—	—
	0.2～0.3μm	50	—	—	—
	0.3～0.5μm	30	—	—	—
	>0.5μm	4	—	—	—
细菌个数/（个/mL）		≤0.01	≤0.1	≤10	≤100
铜/（μg/L）		≤0.2	≤1	≤2	≤500
锌/（μg/L）		≤0.2	≤1	≤5	≤500
镍/（μg/L）		≤0.1	≤1	≤2	≤500
钠/（μg/L）		≤0.5	≤2	≤5	≤1000
钾/（μg/L）		≤0.5	≤2	≤5	≤500
铁/（μg/L）		≤0.1	—	—	—
铅/（μg/L）		≤0.1	—	—	—
氟/（μg/L）		≤1	—	—	—
氯/（μg/L）		≤1	≤1	≤10	≤1000
硝酸根/（μg/L）		≤1	≤1	≤5	≤500
磷酸根/（μg/L）		≤1	≤1	≤5	≤500
硫酸根/（μg/L）		≤1	≤1	≤5	≤500
总有机碳/（μg/L）		≤20	≤100	≤200	≤1000

标准条款：

9.2 用户处理工艺

9.2.1 用作高纯清洗用水时，应采取适宜工艺，进行进一步处理，处理工艺选取见附录C。

9.2.2 超纯水制备单元的工艺设计、运行参数和处理效率宜通过试验或按国内外已建成的工程实例确定。

条款释义：

标准条款 9.2.1 和 9.2.2 规定了再生水用作电子行业用水水源时，可采取的用户处理工艺。

由于电子产品对于水质要求较高，再生水一般不能达到电子产品生产用水水质要求。为保障产品生产加工工艺正常运行，用户可结合再生水实际水质情况，采取上述工艺进行进一步处理。处理工艺选取见该标准附录 C（表 4.2）。其中超纯水制备单元的工艺设计、运行参数和处理效率宜通过试验或按国内外已建成的工程实例确定。

> **标准条款：**
>
> 9.3 安全保障措施
>
> 水质检验应符合 GB/T 11446.1 的要求。

条款释义：

标准条款 9.3 规定了再生水用作电子行业用水的水质安全保障措施。

再生水用作电子和半导体工业用高纯清洗用水时，依据《电子级水》（GB/T 11446.1—2013），电子级水的检验应在有资质的检验部门进行。电子级水的检验分为交收检验和例行检验，其具体规定如下：

（1）交收检验。

1）抽验项目：电子级水中电阻率、钠离子、全硅（以二氧化硅计）为交收检验项目。

2）合格判据：在用水终端采样，检验后检验结果如有一项或一项以上不合格时，应再次采样进行检验，如仍不合格，则该批不合格，应提出改进措施直到水质合格。

（2）例行检验（全检项目）。

1）检验项目：检验项目为表 4.9 规定的全部项目。检验顺序应以不影响后序试验结果的原则进行检验。

2）不合格判定：在用水终端采样后进行例行检验，检验结果如有不合格项时，应再次采样进行检验，如仍有不合格项时，应提出改进措施直到水质合格。

（3）检验频次。检验频次例行检验至少每年进行一次，当制水条件发生变更时也应进行例行检验。

标准第 10 章 再生水输配

标准第 10 章规定了工业用户及工业园区再生水输配要求，包括再生水输配管网设计、再生水标识及再生水附属设施设置的要求。

标准条款：

10.1　再生水输配管网应采用独立系统，不应与生活用水管道连接。

10.2　不能停水的工业用户，宜设置双管道供水系统，保障供水安全。

10.3　再生水输配管网的布局应综合考虑再生水水源和再生水工业用户的分布，统筹规划。

10.4　再生水输配管网平面和竖向布置、管道水力计算、管道敷设及附属设施设置应符合 GB 50335 的规定。

10.5　再生水管道管材的选择应综合考虑水质、水量、水压、外部荷载、地质情况、施工维护等条件。可采用塑料管、钢管及球墨铸铁管等，采用钢管及球墨铸铁管时应进行管道防腐。

条款释义：

标准条款 10.1～10.5 规定了工业用户及工业园区再生水输配管网设计的原则及要求。

再生水输配管网的布局应综合考虑再生水水源和再生水工业用户的分布，统筹规划。再生水输配管网应采用独立系统，不应与生活用水管道连接。不能停水的工业用户，宜设置双管道供水系统，保障供水安全。

依据《城镇污水再生利用工程设计规范》（GB 50335—2016），再生水输配水管道平面和竖向布置，应按城镇相关专项规划确定，应符合现行国家标准《城市工程管线综合规划规范》（GB 50289—2016）的有关规定。再生水管道水力计算、管道敷设及附属设施设置的要求等，应符合现行国家标准《室外给水设计规范》（GB 50013—2018）的有关规定。

管道的埋设深度应根据竖向布置、管材性能、冻土深度、外部荷载、抗浮要求及与其他管道交叉等因素确定。露天管道应有调节伸缩设施及保证管道整体稳定的措施，严寒及寒冷地区应采取防冻措施。管道铺设时应采取措施避免再生水管道与饮用水管道的交叉连接，遵循与饮用水及污水管道分隔的原则。再生水管道与给水管道、排水管道平行埋设时，其水平净距不得小于 0.5m。交叉埋设时，再生水管道应位于给水管道的下面、排水管道的上面，其净距均不得小于 0.5m。

输配水管道管材的选择应根据水量、水压、外部荷载、地质情况、施工维护等条件，经技术经济比较确定。可采用塑料管、钢管及球墨铸铁管等，采用钢管及球墨铸铁管时应进行管道防腐。管道不应穿过毒物污染及腐蚀性地段，不能避开时，应采取有效防护措施。

标准条款：

10.6　再生水管道取水接口和取水龙头处应配置"再生水不得饮用"的耐久标识；再生水管道用水点处应根据再生水利用具体用途设置相应的再生水警示和提示标识。

10.7　再生水输配管网中所有组件和附属设施的显著位置应配置"再生水"耐久标识，再生水管道明装时应采用识别色，并配置"再生水管道"耐久标识，埋地再生水管道应在管道上方设置耐久标志带。

条款释义：

标准条款 10.6 和 10.7 规定了再生水标识的要求。

依据《城镇污水再生利用工程设计规范》（GB 50335—2016），再生水管道取水接口和取水龙头处应配置"再生水不得饮用"的耐久标识。再生水输配管网中所有组件和附属设施的显著位置应配置"再生水"耐久标识，再生水管道明装时应采用识别色，并配置"再生水管道"耐久标识，埋地再生水管道应在管道上方设置耐久标志带。

《建筑中水设计标准》（GB 50336—2018）规定了中水供水管道标识要求：

> **《建筑中水设计标准》（ GB 50336—2018 ）：**
>
> 8.1.5　中水管道应采取下列防止误接、误用、误饮的措施：
>
> 1　中水管网中所有组件和附属设施的显著位置应配置"中水"耐久标识，中水管道应涂成浅绿色，埋地暗敷管道应设置连续耐久标识带。

北京市政府在 1987 年提出的《北京市中水设施建设管理试行办法》第 5 条规定，"中水管道、水箱等设备外部应涂成浅绿色。中水管道、水箱等严禁与自来水管道、水箱直接连接。"因此，再生水供水管路、水箱、阀门、井盖等设备外部应涂成浅绿色，在显著位置设置"非饮用水""再生水"等警示标识，以防误饮、误用、误接，并定期巡视和检查。

依据中国环境科学学会发布的团体标准《水回用评价指南：再生水分级与标识》（T/CSES 07—2020），再生水储存和输配系统中，所有的管道、组件和附属设施都需在显著位置进行明确和统一标识。应在再生水管道的外壁清楚标识"再生水"或"再生水 reclaimed water"等字样以及相应的再生水等级（A、B 或 C），以区别饮用水管道。应在再生水管道的外壁清楚标识流动方向。方向标志用于标识再生水管道中的水流方向，一般用箭头表示，箭头大小应与管道直径匹配。应在再生水管道的外壁涂上有关标准规定的标志颜色。在再生水管道经过的每一区域至少标识一次，每隔一定长度标识一次；可标识于再生水管道与设备连接处、非焊接接头处、阀门两侧以及其他需要标识的位置。应在闸门井井盖铸上"再生水"或"再生水 reclaimed water"等字样。应根据再生水利用具体用途设置相应的再生水警示和提示标识，再生水警示和提示标识的设置可采用涂刷或标牌的方式。

标准条款：

10.8　再生水管道的阀门设置应方便事故检修隔断及放空排水的需要。

10.9　再生水管道低洼处及阀门间管段低处宜设置泄水阀，防止再生水长期滞留于管网中出现水质恶化。

10.10　再生水管道向循环冷却水集水池等淹没出流配水时，应设置防倒流装置。

条款释义：

标准条款 10.8～10.10 规定了再生水附属设施设置的要求。

依据《城镇污水再生利用工程设计规范》（GB 50335—2016），为防止再生水长期滞留于管网中时出现水质恶化现象，在管网建设时应考虑设置管道泄水口，或设置跨越装置。输配水管道低洼处及阀门间管段低处，宜根据工程的需要设置泄（排）水阀井。再生水管道的阀门设置应方便事故检修隔断及放空排水的需要。再生水管道向循环冷却水集水池等淹没出流配水时，应设置防倒流装置。

标准第 11 章　监测与管理

标准第 11 章规定了再生水监测与管理的要求，包括进水监测、处理系统监测、排水监测、档案管理等内容。

标准条款：

11.1　进水监测

11.1.1　应监测进水水质水量。

11.1.2　水质监测项目包括 GB/T 19923 的基本控制项目和供水协议中的所有水质指标。

11.1.3　水质监测方法和监测频率应符合 GB/T 19923 的要求。

11.1.4　水质监测点宜设置在再生水取水口或调节池。

条款释义：

标准条款 11.1.1～11.1.4 规定了再生水工业利用时，用户进水水质监测的管理要求。

工业用户宜在总进水口设置取样点，方便化验人员定期采集水样。用户进水水质监测项目宜包括《城市污水再生利用　工业用水水质》（GB/T 19923—2005）的基本控制项目（表 4.8），当工业用户和再生水厂供水协议中有其他水质要求时，也宜纳入进水水质监测项目。GB/T 19923—2005 中基本监测项目的监测分析方法如表 4.10 所示，主要项目（pH 值、悬浮物、浊度、色度、五日生化需氧量、化学需氧量、氨氮、总磷、溶解性总固体、余氯、粪大肠菌群）的监测频率宜每日一次。

表 4.10　监测分析方法表

监测指标	测定方法	方法来源
pH 值	玻璃电极法	GB/T 6920—1986
悬浮物（SS）	重量法	GB/T 11901—1989
浊度	比浊法	GB/T 13200—1991
色度	稀释倍数法	GB/T 11903—1989
五日生化需氧量（BOD_5）	稀释与接种法	HJ 505—2009
化学需氧量（COD_{Cr}）	重铬酸钾法	HJ 828—2017
铁	火焰原子吸收分光光度法	GB/T 11911—1989
锰	火焰原子吸收分光光度法	GB/T 11911—1989
氯离子	硝酸银滴定法	GB/T 11896—1989
二氧化硅	分光光度法	GB/T 16633—1996
总硬度	乙二胺四乙酸二钠滴定法	GB/T 7477—1987
总碱度	容量法	GB/T 6276.1—1996
硫酸盐	重量法	GB/T 11899—1989
氨氮	蒸馏和滴定法	HJ 537—2009
总磷	钼酸铵分光光度法	GB/T 11893—1989
溶解性总固体	称量法	GB/T 5750—2023
石油类	红外光度法	GB/T 16488—1996
阴离子表面活性剂	亚甲蓝分光光度法	GB/T 7494—1987
余氯	邻联甲苯胺比色法	GB/T 5750—2023
粪大肠菌群	多管发酵法、滤膜法	GB/T 5750—2023

标准条款：

11.2 处理系统监测

11.2.1 宜在不同处理单元设置水质水量监测点。

11.2.2 应根据用水水质要求，制定规范的处理系统水质监测方案，明确监测指标、监测频率、监测方法等。

条款释义：

标准条款 11.2.1 和 11.2.2 规定了再生水工业利用时，用户处理系统水质监测的管理要求。

由于用户处理系统的水质宜满足用户用水的水质要求，而不同工业利用途径的水质要求差别很大，其水质要求已在该标准其他章节明确，因此用户处理系统出水的监测项目宜根据不同工业利用途径的用水水质要求选取，并明确检测频率、检测方法。

标准条款：

11.3 排水监测

11.3.1 再生水使用后，直接向地表水体排放污水的工业用户，其出水监测项目、监测方法、监测频率和排放限值应符合 DB11/ 307 的要求。

11.3.2 再生水使用后，排入城镇下水道的工业用户，其出水监测项目、监测方法、监测频率和排放限值应符合 GB/T 31962 的要求。

11.3.3 再生水使用后，采用园区集中处理污水模式的工业用户，宜与园区污水厂签订排污协议，明确排水水量和水质要求。

11.3.4 用户排水水质监测点宜设置在工业用户总出水口。

条款释义：

标准条款 11.3.1~11.3.4 规定了再生水工业利用时，用户出水水质监测的管理要求。

工业用户污水排放有三种模式，分别是向地表水体排放污水、排入城镇下水道、园区污水厂集中处理。工业用户宜根据不同的污水排放模式的水质要求，明确排水水质检测指标、检测频率、检测方法等。用户排水处理系统水质监测宜设置在工业用户总出水口。

依据《水污染物综合排放标准》（DB11/ 307—2013），北京市直接向地表水体排放污水的工业用户，其水污染物的监测项目应按《水污染物综合排放标准》的规定执行。其检测的频次、采样时间等要求，按国家和地方有关污染源检测技术规范的规定执行，其检测方法采用 DB11/ 307—2013 的方法。北京市直接向地表水体排放

污水的工业用户，排入北京市 II 类、III 类水体及其汇水范围的污水执行 DB11/ 307
—2013 的 A 排放限值，排入北京市 IV 类、V 类水体及其汇水范围的污水执行 DB11/
307—2013 的 B 排放限值。工业用户应关注排放污水对地表水、地下水的影响，对
地表水、地下水有生态风险的工业废水，不应直接排入环境。

依据《污水排入城镇下水道水质标准》（GB/T 31962—2015），污水排入城镇下
水道的工业用户，其水污染物的监测项目应按《污水排入城镇下水道水质标准》的
规定执行。采样频率和采样方式（瞬时样或混合样）可由城镇排水监测部门根据排
水户类别和排水量确定。样品的保存和管理按《水质 样品的保存和管理技术规定》
（HJ 493—2009）执行，控制项目及检验方法应符合 GB/T 31962—2015 的规定。依
据 GB/T 31962—2015 污水排入城镇下水道的工业用户，根据城镇下水道末端污水
处理厂的处理程度，将控制项目的限值分为 A、B、C 三个等级。采用再生处理、
二级处理和一级处理时，其控制项目限值分别符合 GB/T 31962—2015 中 A 级、B
级和 C 级的规定。

排入园区污水厂集中处理污水的工业用户，宜与园区污水厂签订排污协议，明
确排水水量和水质要求，根据水质要求确定监测项目，参考国家标准或北京市地方
标准，明确监测频率和方法。排污限值宜与园区协定，依据园区的处理工艺和实际
情况，可适当放宽、加严或调整。由于废水的可生化性、重金属和有毒有害有机物
等指标与园区污水处理厂处理效果、生态风险密切相关，排污协议中宜包括可生化
性、重金属和有毒有害有机物等指标。

标准条款：

11.4　档案管理

11.4.1　应建立健全再生水利用档案管理制度，完善各类档案资料的管理，包
括项目审批文件、工艺说明书、管网图纸、水质监测记录、水平衡测试报告、设备
设施维护运行记录、应急预案等。

11.4.2　所有程序和过程应进行全面准确的记录、备份和归档。保证档案资料
的准确完整、字迹清晰、真实有效。

条款释义：

标准条款 11.4.1 和 11.4.2 规定了再生水工业利用时，用户档案管理的要求。

再生水厂宜建立健全水质档案管理制度，完善各类档案资料的管理。各类档案
资料包括项目审批文件、工艺说明书、管网图纸、水质监测记录、水平衡测试报告、

设备设施维护运行记录、应急预案等。宜定期检查记录、报告和资料的管理情况，对破损的资料及时修补、复制或做其他技术处理。宜对水质检测方法、水质化验原始记录、水质分析化验汇总、仪器设备使用台账及需要保密的技术资料等进行归档。

再生水厂水质管理中的所有程序和过程宜进行全面准确的记录、备份和归档。保证取样记录、化验记录、数据分析报告及相关的水质管理资料的准确完整、字迹清晰、真实有效。记录、备份和归档材料宜做到妥善保管、存放有序、查找方便；装订材料应符合存放要求，达到实用、整洁、美观的效果。

标准第 12 章 健康与生态风险管控

标准第12章规定了再生水健康与生态风险管控的要求，包括应重点关注的指标及再生水的风险管控措施。

标准条款：

12.1 再生水工业用户宜关注再生水中的军团菌等致病微生物、有毒有害污染物。

12.2 再生水用作工业用水时，与再生水接触的工作人员应采取必要的防护措施，以防其身体健康受到影响。

条款释义：

标准条款 12.1 和 12.2 规定了再生水工业利用时健康与生态风险的管控措施。

再生水工业用户宜关注再生水中的军团菌等致病微生物、有毒有害污染物。循环冷却水中军团菌的检测方法可依据《循环冷却水中军团菌的检测与计数》（HG/T 4323—2012）。再生水中的有毒有害污染物包括三类，分别是进水中的有毒有害污染物、工业用户投加的某些高毒性药剂、工业用户处理工艺产生的消毒副产物等污染物。再生水工业用户宜充分关注再生水中的致病微生物和有毒有害污染物，保障再生水工业利用系统的高效稳定运行的同时，避免对人体和环境健康造成威胁。与再生水接触的工作人员应采取必要的防护措施，保证其身体健康不会受到不必要的影响。

标准条款：

12.3 再生水用于工业用户道路清扫和洗车等用途时，清洁车辆和洗车机应清楚标识"再生水"等字样，作业应尽量安排在公众暴露少的时间段，工作人员应采取必要的防护措施。

12.4 再生水用于工业用户绿地灌溉时，应在显著位置清楚标识"再生水"等字样，宜采用滴灌或微喷灌，并关注再生水对土壤、环境和地下水的影响。

条款释义:

标准条款 12.3 和 12.4 规定了工业用户将再生水用于杂用途径的健康和生态风险的管控措施。

再生水用于道路清扫和洗车等用途时,应考虑再生水对公众和从业人员的健康风险。再生水用于街道清扫时,清洁车辆应清楚地标识使用的是再生水,作业应尽量安排在公众暴露少的时间段,工作人员应采取必要的防护措施以保证其身体健康不会受到不必要的影响。再生水用于洗车、冲厕等用途时,应标识明确,严禁私自改建管线和更改供水设备位置,严防交叉连接和误用;洗车宜采用隧道式洗车机,若采用龙门式洗车机洗车或手工洗车时,洗车工人应采用必要的防护措施。

再生水用于绿地灌溉时,应考虑对公众及从业人员的健康风险以及对土壤、植物以及地下水环境的影响。灌溉作业应尽量安排在公众暴露少的时间段,并在显著位置进行清晰的标识;宜采用滴灌或微喷灌,若采用普通喷灌方式应设有缓冲距离;用户可适当调整园林景观结构,采取相关管理措施,降低再生水盐分的危害。古树名木不得使用再生水灌溉,特种花卉和新引进的植物,谨慎使用再生水灌溉。有突发事件发生时,应立即停止使用再生水。

标准第13章 应急管理

标准第 13 章规定了再生水工业利用的应急管理要求,包括制度建立、人员配备、沟通联动和设置备用水源等内容。

标准条款:

13.1 应建立应急管理体系,制定应急预案,并按规定开展培训和演练。

13.2 应制定详细的检修维护制度,配备专业的技术人员。

条款释义:

标准条款 13.1 和 13.2 规定了再生水工业利用针对突发事件的管理措施。

依据住房和城乡建设部发布的《城镇污水再生利用技术指南(试行)》,工业用户应制定针对重大事故和突发事件的应急预案,建立相应的应急管理体系,并按规定定期开展培训和演练。应对员工进行安全培训教育,提高员工的安全意识,保障员工在生产过程中的安全与健康。主要负责人和安全生产管理人员应参加安全资格培训,并取得执业资格证书。安全教育培训包括安全生产文件、安全管理制度、安全操作规程、防护知识、典型事故案例等。在设备大修、重点项目检修或重大危险性作业时，安全管理部门应督促指导作业前的安全教育，制定安全防护预案和对策。

应急预案至少要包括对紧急事件的界定、应急预案的启动程序、相关部门和人员的职责、与相关部门和机构及用户的联络、停产安排、不符合标准的再生水的储存和处置方法等。除系统运行过程中可能遇到的故障外，还应准备应对极端天气、自然灾害等紧急情况以及爆管、泄漏等事故的应急方案。应准备应急预案文件，对紧急情况下可能发生的风险以及应对措施的有效性进行评估；对应急预案文件进行定期评估及更新；设立应急避难场所；设立紧急情况下的通知程序和机制。

工业用户宜设立专职安全生产管理人员，应规定公司、部门和班组三级安全检查的要求和检查频率。污水再生处理设施运营单位应制定详细的检修维护制度并配备专业的技术人员，当再生水生产过程中发生爆管泄漏等突发性事故时，能够及时进行事故的排除和设备抢修。

标准条款：

13.3　应与再生水厂建立沟通联动机制。当进水水质波动较大时，及时联系再生水厂，解决进水水质异常问题。

13.4　应设置备用水源，制定应急供水方案。

条款释义：

标准条款 13.3 和 13.4 规定了再生水工业利用中进水水质水量异常的应对措施。

工业用户宜与再生水厂建立沟通联动机制。当再生水厂进行工艺调整、维修或发生事故时，工业用户宜提前准备，制定应对预案及执行流程，应对水质波动。当工业用户进水水质波动较大时，用户宜及时联系再生水厂，查明原因，解决水质异常问题。

依据住房和城乡建设部发布的《城镇污水再生利用技术指南（试行）》，特定用户（如工业冷却用户等）应设有备用水源或应急供水方案。因此，当再生水水源可靠性不能保证时，工业用户宜设置备用水源或应急供水方案。再生水水源水质水量不稳定时，工业用户宜设置再生水调节池，调节再生水水质水量。

4.3　再生水工业利用案例

4.3.1　电力、热力行业再生水利用

北京 H 热电厂共建设 3 台 350MW 级燃气—蒸汽联合循环热电联产机组，总

装机容量 1430MW，供热能力 962MW，供热面积 1924 万 m²，年平均发电量 62 亿 kW·h。

1. 再生水水量水质情况

该热电厂再生水来源于高碑店污水处理厂，每年再生水用量约 480 万 m³，再生水单价为 1.79 元/m³，每年再生水水费为 863 万元。该热电厂再生水进水水质要求见表 4.11。

表 4.11　北京 H 热电厂再生水进水水质情况

项　　目	水质要求
pH 值	6.5～8.5
铁/（μg/L）	300
化学需氧量 COD$_{Cr}$/（mg/L）	38
溶解性总固体（TDS）/（mg/L）	700
硬度（以 CaCO$_3$ 计）/（mmol/L）	280
总磷（以 P 计）/（mg/L）	0.3
氯离子/（mg/L）	130
悬浮物（SS）/（mg/L）	10
浊度/NTU	9
氨氮（以 N 计）/（mg/L）	1

2. 再生水利用途径

该热电厂再生水主要用途为冷却用水和锅炉用水。该热电厂约 70% 的再生水用于汽轮机发电蒸汽冷却用水，约 30% 再生水进入反渗透处理系统，其产水用于锅炉除盐水补水和热网补水。

3. 再生水深度处理

该热电厂建设有再生水深度处理系统，其主要工艺为超滤、两级反渗透和电除盐。一级反渗透出水可满足热网补水水质要求，电除盐出水可满足锅炉除盐水补水水质要求。再生水进水可满足冷却用水水质要求，不经深度处理即可直接利用。

4.3.2　电子行业再生水利用

1. 京东方再生水利用

北京市京东方 8.5 代液晶面板生产线位于北京市亦庄经济技术开发区。京东方生产线水源主要为经过反渗透处理后的高品质再生水厂，再生水在厂区内经过反渗透进一步处理后使用。厂区外再生水管道采用球墨铸铁管，厂内采用碳钢管道输配。

目前，京东方项目生产环节用水基本采用了再生水，实现了"生产不用新水"的目标。按照每天用水 2 万 m^3 计算，每年可节省自来水约 700 万 m^3。京东方再生水除用于生产环节，还用于空调冷却水系统、厂区道路清扫、绿地灌溉等多个用途。

2. 中芯国际再生水利用

中芯国际厂区内部分生产设备以小红门再生水厂和经济技术开发区再生水厂为水源。此外，中芯国际开展了厂内清洗废水的再生利用工艺，主要工艺包括活性炭吸附和反渗透等，主要替代自来水用于厂内超纯水生产。

建厂近 20 年，通过回收系统，节省水资源达到 2400 多万 m^3。除了回收工业废水之外，中芯国际还在厂区内设置了雨水回收系统用于绿地浇灌，全年可节约自来水 8000 多 m^3。

4.3.3 汽车制造业再生水利用

北京现代在北京有 3 座工厂，每个工厂每年用水约 120 万 m^3，单车水耗约 $5m^3$。工厂从市政供水系统取水，一部分用于消防，其余采用反渗透工艺生产纯水，用于车间生产。主要耗水工艺包括冲压、车身、涂装和总装，其中涂装工艺纯水用量最大。涂装生产线用水设备包括前处理设备（脱脂、磷化、表面调整和水洗）、电泳设备和湿式喷漆设备。其中前处理和电泳为主要的水消耗工艺，占涂装车间生产用水总量的 80%左右。除工艺用水外，汽车行业的其他用水用途包括循环冷却水、车身冲洗、淋雨检测等洗涤用水。工厂会收集生产工艺产生的废水进入处理系统，处理后循环利用，水重复利用率高。但目前工厂未采用再生水作为工艺用水水源。目前该厂再生水主要用于厂内绿化、道路清洗、冲厕等杂用途径。

4.3.4 工业园区再生水利用案例

北京经济技术开发区，又名亦庄开发区，总规划面积 $46.13km^2$，主要划分为核心区，路东区和河西区等区域。该开发区享受国家级经济技术开发和国家高新技术产业园区双重优惠政策，目前已经集聚了一大批竞争力强、知名度高、科技领先的企业，逐步形成了电子信息、生物医药、汽车和装备制造四大主导产业。该开发区工业用水量大，且水质要求高。但是，北京市的水资源短缺严重，近几年人均水资源占有量已降至 100m³ 左右，远低于国际公认的人均 1000m³ 的缺水警戒线，从而导致北京市工业用自来水价格高达 9～9.5 元/m³，这一矛盾在一定程度上促进了再生水工程的建设。

经济技术开发区再生水利用情况如表 4.12 所示。经济技术开发区再生水主要用于工业，工业用再生水占全区再生水利用量比例超过 96%。2021 年，经济技术开发区再生水用量为 1342 万 m³，占全市再生水利用量的 19.4%。

表 4.12　北京经济技术开发区再生水利用情况

再生水利用量及利用比例	2018 年	2019 年	2020 年	2021 年
工业/万 m³	1236	1188	1259	1311
服务业/万 m³	6	8	6	7
园林绿化/万 m³	42	33	21	23
合计/万 m³	1284	1230	1286	1342
工业用再生水占全区再生水用水比例/%	96.3	96.6	97.9	97.7
经济技术开发区工业再生水占全市工业再生水比例/%	19.3	19.4	21.7	19.4

1. 再生水水源

亦庄开发区的再生水水厂的进水包括开发区内的生活污水、工业废水和开发区外的城市污水处理厂出水。东区再生水厂和经开再生水厂采用的主体工艺一致，但东区再生水厂的水质水量更稳定，其中一个重要原因是其采用了长期稳定的进水水源——小红门污水处理厂的二级出水；而经开再生水厂的水源来自园区内污水处理厂出水。园区内污水处理厂将生活污水和工业废水混合接收并处理。

2. 再生水高标准处理工艺

开发区再生水厂采用的高标准处理工艺如图 4.1 所示。该工艺以微滤和反渗透"双膜"单元为核心，利用反渗透膜对水分子的选择性透过作用，生产 A1 级再生水。为了维持双膜系统的稳定运行，需要在核心处理单元前设置消毒、介质过滤、保安过滤器等预处理单元。其中，各个处理单元的核心功能如下：

（1）消毒预处理单元：通常采用氯消毒等灭活进水中的微生物，以防控微生物生长并分泌代谢产物而导致的反渗透膜生物污堵。

（2）介质过滤预处理单元（自清洗过滤器）：通常采用活性炭、石英砂等作为过滤介质，对水中的颗粒物、部分溶解性有机物进行去除，防止这些污染物对后续微滤膜和反渗透膜的污堵。

（3）微滤（超滤）单元：通常采用中空纤维微滤（超滤）膜，截留水中的细微颗粒物，防止其对反渗透膜的污堵。

（4）保安过滤器单元：通常设置在反渗透单元之前，防止较大的颗粒物（通常粒径为5μm以上）进入反渗透单元，对反渗透膜造成不可逆损伤。

（5）反渗透单元：利用反渗透膜的选择透过性，理论上可截留水中除水分子外的其余物质，从而生产纯水（A1级再生水）。

为了防控膜污堵、维持双膜工艺的稳定运行，上述各个处理单元需要投加大量化学药剂。消毒预处理单元需要投加氯（通常是次氯酸钠）作为消毒剂，微滤单元需要采用次氯酸钠、柠檬酸、氢氧化钠等药剂进行化学清洗，在反渗透单元之前需要投加还原剂（防止反渗透膜氧化损伤）、阻垢剂（防止结垢）、非氧化性抑菌剂（防止生物污堵），反渗透膜需要采用氢氧化钠、柠檬酸等进行化学清洗。

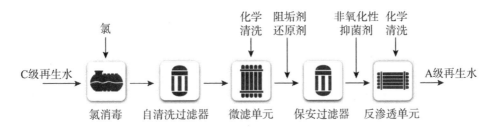

图4.1 传统微（超）滤—反渗透"双膜"工艺流程图

3. 再生水水质

开发区再生水厂双膜工艺的进出水水质如表4.13所示。经过反渗透处理后，产水的总有机碳（TOC）达到0.3mg/L，浊度低于0.5NTU，TDS为97mg/L，总硬度为18.5mg/L（0.185mmol/L），碱度为25.8mg/L（0.258mmol/L）。上述指标均达到国家《工业锅炉水质》（GB/T 1576—2018）对锅炉水水质的高标准要求，满足了开发区各个企业对工业用水水源的需求。

4. 工业园区再生水利用经验

根据经济技术开发区的再生水利用案例，工业园区再生水利用体系建设需考虑以下问题（李旭等，2022）：

（1）集中供水与分散供水的选择。根据工业园区再生水用户的集中分散程度决定供水模式。集中供应的优点是具有规模效应，再生处理设施的建设和运行成本较低，水质稳定，但具有管网建设费用高、输送距离长等缺点。若工业园区内统一规划，划分功能区，同类型工业企业集中布局，则适合集中供应。

（2）再生水处理工艺选择。调查园区工业企业的再生水利用途径，根据水质要求，选取再生水处理工艺，如混凝—沉淀—过滤、微滤/超滤（MF/UF）工艺、MBR工艺、反渗透（RO）工艺等，保证再生水水质达标及供水可靠。

（3）水源选择。水源包括工业园区内的生活污水、工业废水和工业园区外的城市污水处理厂出水。新建或节水改造工业园区建议采用"双水源"设计，保障再生水厂进水水质稳定。将城市建成区无法利用的污水，尤其是生活污水，调配到开发区，与开发区的本地污水共同成为开发区的再生水水源，以保证开发区再生水来源充足。工业园区建议统筹建设或升级改造污水收集管网，实现工业废水和生活污水的分别接收和处理，防止工业污水影响污水厂出水水质，进而影响再生水厂处理效果。

表 4.13　反渗透工艺进水与产水水质（第三方检测结果）

水质指标	工艺进水	产水
COD_{Cr}/（mg/L）	15	<4
BOD_5/（mg/L）	2.3	<0.5
TOC/（mg/L）	5.8	0.3
SS/（mg/L）	<5	<1
氨氮/（mg/L）	0.74	0.25
总氮/（mg/L）	8.37	2.56
总磷/（mg/L）	0.14	<0.01
TDS/（mg/L）	758	97
pH 值	7.84	7.38
浊度/NTU	<0.5	<0.5
总硬度（以 $CaCO_3$ 计）/（mg/L）	342	18.5
碱度（以 $CaCO_3$ 计）/（mg/L）	206	25.8
游离氯/（mg/L）	1.72	1.44
氟化物/（mg/L）	0.141	<0.006

第 5 章　再生水空调冷却利用

空调冷却用水是北京市的重要用水途径之一。水冷式空调具有制冷效率高、耗电量小等特点，但存在耗水量大等问题。在办公、商场类公共建筑中，水冷式中央空调设计工况下的耗水量可占建筑总用水量的 30%～50% 和 48%～60%（唐毅等，2014）。目前，北京市空调冷却用水以自来水为主，再生水较少用作空调冷却用水，再生水用作空调冷却用水的潜力巨大。

根据《北京市统计年鉴 2022》，2021 年北京市办公楼竣工面积 142.9 万 m^2，商业、营业用房及其他房屋竣工面积 859.9 万 m^2。根据《实用供热空调设计手册（第二版）》（陆耀庆，2008），每 1 万 m^2 的商场和办公楼（以办公室计）分别需要配备 1500～2800kW 和 900～1600kW 的制冷量，相应需要循环水量 330～616m^3/h 和 198～352m^3/h（以压缩式制冷机计）。《建筑给水排水设计标准》（GB 50015—2019）中规定，循环冷却水建筑物空调循环冷却水补水量按照循环水量的 1%～2% 确定。若 80% 新建建筑使用水冷空调，80% 水冷空调使用再生水，按照制冷季节为 5—9 月，综合运行时间按每天 12h 计算，每年可以新节约水资源 319.3 万～1147.8 万 m^3。

为缓解北京市水资源短缺情况，落实国家和北京市节水政策，保障再生水在空调冷却领域的安全、稳定、高效利用，北京市市场监督管理局印发《2022 年北京市地方标准制修订项目计划（第二批）》，要求制定针对空调冷却用户的再生水利用指南。

本章内容围绕再生水空调冷却利用，对北京市地方标准《再生水利用指南　第 2 部分：空调冷却》（DB11/T 1767.2—2022）的主要内容进行解读，并介绍再生水空调冷却利用的典型案例。

5.1　标准编制主要思路与特点

《再生水利用指南　第 2 部分：空调冷却》（DB11/T 1767.2—2022）为《再生水利用指南》系列地方标准的第 2 部分，该标准于 2022 年 12 月 27 日发布，2023 年

4月1日实施。

该标准具有以下特点：

（1）标准编制过程中充分考虑了北京市再生水空调冷却面临的实际问题与管理需求，注重与北京市已有的再生水空调冷却利用实践经验相结合。

（2）提出了全流程水质安全保障概念，从再生水水源、输配、处理、利用、排放和管理等多个再生水利用环节给出了专业性指导意见和规范。

（3）标准为再生水空调冷却利用提供了专业性指导意见和规范，将与现有水质标准形成互补，具有科学性、引领性和实用性。

5.2　标准的主要内容

该标准规定了再生水用于空调冷却的总体原则、水质与深度处理、系统设计、运行管理、应急管理等指南。

标准第4章　总体原则

标准第4章规定了再生水空调冷却利用总体原则，包括利用场所、空调系统类型和安全保障措施等内容。

> **标准条款：**
>
> 4.1　除明确规定不应使用的场所（如幼儿园、养老院、医院等）外，空调冷却用水宜优先使用再生水。

条款释义：

标准条款4.1对再生水空调冷却利用的场所进行了总体规定。

《国家节水行动方案》（发改环资规〔2019〕695号）提出"重点抓好污水再生利用设施建设与改造，城市生态景观、工业生产、城市绿化、道路清扫、车辆冲洗和建筑施工等，应当优先使用再生水，提升再生水利用水平，鼓励构建城镇良性水循环系统。"《北京市节水行动实施方案》在全面建设节水型社会方面提出的要求，北京市应积极加强再生水、雨水等非常规水的多元、梯级和安全利用，因地制宜完善再生水管网及加水站点、雨水集蓄利用等基础设施。

《托儿所、幼儿园建筑设计规范》（JGJ 39—2016）中规定托儿所、幼儿园不应设置中水系统。《老年人照料设施建筑设计标准》（JGJ 450—2018）中规定非传统水源可用于老年人照料设施的室外绿化及道路浇洒，不应进入室内老年人可触及的生活区域。

幼儿、老年人和病人抵抗力较差，属于易感人群。水冷空调使用过程中会产生气溶胶，可能通过吸入暴露等途径与人体发生直接接触，如果管理水平不能确保，再生水使用会对人体健康产生危害。

标准条款：

4.2 再生水可用于循环冷冻水系统、间冷开式循环冷却水系统和间接蒸发式循环冷却水系统，不可用于直接蒸发式循环冷却水系统。

条款释义：

标准条款 4.2 对再生水空调冷却利用的空调系统类型进行了总体规定。

空调冷却系统根据水的用途可分为冷冻水（循环冷冻水）和冷却水。循环冷却水可以根据是否与外界接触分为开式系统和闭式系统（间冷闭式循环冷却水系统）。其中开式系统可分为间冷开式循环冷却水系统、直流式冷却水系统、直接蒸发式循环冷却水系统和间接蒸发式循环冷却水系统。

其中直流式冷却水系统中冷却水只经过一次换热，水资源用量大，系统只适用于水源水量特别充足的地区，例如靠近江、河、湖泊、海等地方，不适宜北京市自然条件；间冷闭式系统造价高，一般用于工业企业，这部分内容在《再生水利用指南　第 1 部分：工业》（DB11/T 1767—2020）涉及；直接蒸发式循环冷却水系统利用循环水直接冷却空气同时加湿空气，会产生大量的气溶胶，利用过程中存在风险。

在空调冷却使用过程中会产生气溶胶等，可能通过吸入暴露等途径与人体发生直接接触，对人体健康产生危害，因此不宜使用再生水。

标准条款：

4.3 供需双方依法通过协议的方式，明确再生水供水水质、水量和水压等要求。

条款释义：

标准条款 4.3 规定了供水企业和用户签订供水协议的一般要求。

《北京市排水和再生水管理办法》第二十六条规定：再生水供水企业供水应当与用户签订合同，供水水质、水压应当符合国家和本市的相关标准，不得擅自间断供水或者停止供水。

对于有明确水质水量要求的用户，应与供水企业签订供水协议，明确水质、水量和水价要求，根据水质要求确定监测项目，参考国家标准或北京市地方标准，明确监测内容，定期监测，以保证再生水的水质水量稳定。该条款保障再生水规范利用、避免纠纷。

标准条款：

4.4 在使用再生水的空调系统的显著位置设置"再生水"标识。

标准条款 4.4 规定了再生水用于空调冷却标识要求。

北京市政府在 1987 年提出的《北京市中水设施建设管理试行办法》中第 5 条规定，"中水管道、水箱等设备外部应涂成浅绿色。中水管道、水箱等严禁与自来水管道、水箱直接连接。"据此，再生水供水管路、水箱、阀门、井盖等设备外部应涂成浅绿色，在显著位置设置"非饮用水""再生水"等警示标识，以防误饮、误用、误接，并定期巡视和检查。

中国环境科学学会发布的团体标准《水回用评价指南：再生水分级与标识》（T/CSES 07—2020）中规定，再生水储存和输配系统中，所有的管道、组件和附属设施都需在显著位置进行明确和统一标识。应在再生水管道的外壁清楚标识"再生水"或"再生水 reclaimed water"等字样以及相应的再生水等级（A、B 或 C），以区别饮用水管道。应在再生水管道的外壁清楚标识流动方向，方向标志用于标识再生水管道中的水流方向，一般用箭头表示，箭头大小应与管道直径匹配，应在再生水管道的外壁涂上有关标准规定的标志颜色。在再生水管道经过的每一区域至少标识一次，每隔一定长度标识一次；可标识于再生水管道与设备连接处、非焊接接头处、阀门两侧以及其他需要标识的位置。应在闸门井井盖铸上"再生水"或"再生水 reclaimed water"等字样。因此，应根据再生水利用具体用途设置再生水警示和提示标识，再生水警示和提示标识的设置可采用涂刷或标牌等方式。

标准条款：

4.5 建立完善的再生水水质监测系统、日常管理系统，并制定水质异常、串接等突发事件的全过程应急措施。

条款释义：

标准条款 4.5 规定了再生水用户水质监测、日常管理和安全保障的一般要求。

再生水用户可能受到水质异常、突发事件等影响，为有效地应对水质异常或突发事件可能对再生水水量和水质造成的影响（例如进水水质异常、处理单元失效、设施故障、极端气候条件、自然灾害、管道错接、疾病暴发等），再生水供水企业和用户应制定全过程的水质异常和突发事件预警，针对不同的水质异常情形和突发事件采取应对措施。

标准第 5 章 水质与深度处理

为保障再生水安全利用，标准第 5 章规定了再生水水源、水质及其限值、重点关注水质指标和当再生水水质不满足空调冷却利用水质要求时，可采取的对策等内容。

标准条款：

5.1 选用以生活污水或不含重金属、有毒有害工业废水的城市污水为水源的再生水。

条款释义：

标准条款 5.1 规定了再生水水源选择要求，以保障再生水的安全利用。

再生水水源对再生水水质具有重要影响。工业废水中含有较多有毒有害污染物，对人体健康及水生态的慢性致毒致害情况较复杂。住房和城乡建设部发布的《城镇污水再生利用技术指南（试行）》指出，"城镇污水再生利用必须保证再生水水源水质水量的可靠、稳定与安全，水源宜优先选用生活污水或不包含重污染废水在内的城市污水。"因此，再生水水源宜选用生活污水，或不含重金属、有毒有害工业废水的城市污水。

标准条款：

5.2 可根据 GB/T 29044 的水质要求，并考虑防止结垢、腐蚀以及控制微生物风险等实际需求，确定补充水和循环水水质指标及限值。补充水水质指标及限值见表 A.1。

条款释义：

标准条款 5.2 规定了再生水水质及其限值。

再生水水质应达到《采暖空调系统水质》（GB/T 29044—2012）等相关标准的要求方可使用。GB/T 29044—2012 规定了再生水用于集中空调间接供冷开式循环冷却水系统、循环冷冻水系统和间接蒸发式循环冷却水系统的水质要求。在实际应用过程中，可以根据冷却塔的结构形式、材质、工况、污垢热阻值、腐蚀率及所采用的水处理配方等因素和实际运行情况综合确定。标准编制组通过对相关企业空调冷却用水水质要求进行调研，结果显示，部分企业采用厂家推荐维保建议水质指标，也有部分企业参考 GB/T 29044—2012 和 GB/T 50050—2017 制定企业内部水质要求。

标准编制组对北京城市排水集团有限责任公司调研结果显示，目前该集团再生水水质执行《城镇污水处理厂水污染物排放标准》（DB11/ 890—2012）中 B 标准限值。DB11/ 890—2012 中 B 标准规定粪大肠菌群不应超过 1000MPN/L。《城市污水再生利用　工业用水水质》（GB/T 19923—2005）对再生水用于工业敞开式循环冷却水系统补充水粪大肠菌群数量做了规定，要求不大于 2000 个/L。综合考虑认为，再生水用于间冷开式循环水系统和间接蒸发式循环冷却水系统补充水时，粪大肠菌群不应超过 1000MPN/L。

嗜肺军团菌是一种具有致病性的军团菌，是引起军团菌病的主要菌型，应重点关注。《公共场所集中空调通风系统卫生规范》（WS 394—2012）规定了空调冷却水系统不得检出军团菌；北京市地方标准《集中空调通风系统卫生管理规范》（DB11/T 485—2020）也规定了集中空调通风系统的冷却水不应检出嗜肺军团菌。

标准条款：

5.3　用户应对再生水供水企业提供的水质进行全面评估，包括水质达标情况和水质波动情况等。宜特别关注电导率、钙硬度、总碱度和氯离子等水质指标，以及粪大肠菌群和嗜肺军团菌等微生物安全指标。

条款释义：

标准条款 5.3 规定了再生水用户宜重点关注的水质指标。

标准编制组对北京市部分再生水厂进行调研，结果显示，北京市再生水主要为城镇污水厂二级出水或二级出水深度处理后的再生水，需满足《城镇污水处理厂水污染物排放标准》（DB11/ 890—2012）的要求。对北京城市排水集团有限责任公司调研结果显示，目前该集团再生水水质执行 DB11/ 890—2012B 标准限值。

通过对比指标可以发现，达标再生水 pH 值、有机磷、COD_{Cr} 和氨氮等指标基本可以满足空调冷却水相关水质要求（表 5.1）。但是《城镇污水处理厂水污染物排放标准》对电导率、浊度、氯离子、总铁、钙硬度、总碱度、溶解氧、游离氯、异养菌总数和硫酸根离子等指标未做相应规定，这些指标可能不满足再生水空调冷却水质要求。

表 5.1 再生水空调冷却利用所涉及的相关水质标准对比

水质指标	《城镇污水处理厂水污染物排放标准》（DB11/890—2012）[①]		《采暖空调系统水质》（GB/T 29044—2012）					
			循环冷冻水系统		间接供冷开式循环冷却水系统		间接蒸发式循环冷却水系统	
	A 标准	B 标准	补充水	循环水	补充水	循环水	补充水	循环水
pH 值（25℃）	6～9	6～9	7.5～9.5	7.5～10	6.5～8.5	7.5～9.5	6.5～8.5	7.5～9.5
电导率（25℃）/（μS/cm）	—	—	≤600	≤2000	≤600	≤2300	≤400	≤800
浊度/NTU	—	—	≤5	≤10	≤10	≤20[②]	≤3	≤5
氯离子/（mg/L）	—	—	≤250	≤250	≤100	≤500	≤150	≤300
总铁/（mg/L）	—	—	≤0.3	≤1.0	≤0.3	≤1.0	≤0.3	≤1.0
钙硬度（以 $CaCO_3$ 计）/（mg/L）	—	—	≤300	≤300	≤120	—	≤100	≤200
总碱度（以 $CaCO_3$ 计）/（mg/L）	—	—	≤200	≤500	≤200	≤600	≤200	≤400
钙硬度+总碱度（以 $CaCO_3$ 计）/（mg/L）	—	—	—	—	—	≤1100	—	—
溶解氧/（mg/L）	—	—	—	≤0.1	—	—	—	—
有机磷（以 P 计）/（mg/L）	≤0.2（总磷）	≤0.3（总磷）	—	≤0.5	—	≤0.5	—	≤0.5
NH_3-N/（mg/L）	1.0（1.5[③]）	1.5（2.5[③]）	—	—	≤5.0	≤10.0	≤5.0	≤10.0
游离氯/（mg/L）	—	—	—	—	0.05～0.2（管网末梢）	0.05～1.0（循环回水总管处）	—	—
COD_{Cr}/（mg/L）	≤20	≤30	—	—	≤30	≤100	≤30	≤60
异养菌总数/（CFU/mL）	—	—	—	—	—	≤1×10⁵	—	≤1×10⁵
硫酸根离子（以 SO_4^{2-} 计）/（mg/L）	—	—	—	—	—	—	≤250	≤500

① 新（改、扩）建城镇污水处理厂基本控制项目排放限值。

② 当换热设备为板式、翅片管式、螺旋板式时，浊度应不大于 10mg/L。

③ 12 月 1 日至次年 3 月 31 日执行括号内的排放限值。

标准编制组通过对北京市部分污水处理厂出水水质进行分析，数据结果如表
5.2、表 5.3 所示。从表中可以看出，除电导率、氯离子、钙硬度和总碱度外，污水
厂出水水质可以达到空调冷却水质要求。其中电导率远高于循环冷冻水、集中空调
间接供冷开式循环冷却水系统和间接蒸发式循环冷却水系统补充水水质要求；钙硬
度高于集中空调间接供冷开式循环冷却水系统和间接蒸发式循环冷却水系统补充
水水质要求。氯离子和总碱度基本可以满足补充水水质要求限值。因此针对北京市
再生水水质情况，用户应重点关注电导率、钙硬度、总碱度和氯离子等水质指标，
保障再生水安全利用。

表 5.2　北京市部分污水处理厂出水水质

水质指标	2021 年 6 月高碑店最终出水	2019 年 9 月高碑店二级出水	2018 年 9 月清河 MBR 出水
pH 值（25℃）	—	7.65	7.5
电导率（25℃）/（μS/cm）	—	965	1046
浊度/NTU	—	—	0.35
氯离子/（mg/L）	114	124	—
总铁/（mg/L）		0.012	
钙硬度（以 $CaCO_3$ 计）/（mg/L）	232	212	
总碱度（以 $CaCO_3$ 计）/（mg/L）	156	205	
钙硬度+总碱度（以 $CaCO_3$ 计）/（mg/L）	346	417	
总磷/（mg/L）	0.057	—	
NH_3-N/（mg/L）	0.208	—	
COD_{Cr}/（mg/L）	16.6	—	
硫酸根离子（以 SO_4^{2-} 计）/（mg/L）	93.3	107	

标准条款：

5.4 当再生水水质不能满足用户空调冷却利用要求时，应对再生水进行深度处
理，宜选择技术先进、安全可靠、经济合理的工艺。

条款释义：

标准条款 5.4 针对再生水用户，规定了当再生水水质不满足空调冷却利用水质

要求时,可采取的对策。

当再生水不满足用户水质要求时,为保障再生水空调冷却安全利用,可对再生水进一步深度处理。再生水深度处理工艺设计方案宜根据再生水厂供给的再生水水质情况和水质要求制定,通过试验或借鉴已建工程的运行经验、综合技术经济比较,选择技术可靠、经济合理、先进的处理工艺;用户可自行处理或委托第三方或供水企业进行处理。

为了达到不同用途的水质要求,可将各种再生水深度处理技术进行有机结合。混凝沉淀技术可强化 SS、胶体颗粒、有机物、色度和总磷的去除,保障后续过滤单元处理效果;介质过滤可进一步过滤去除总磷,降低浊度,稳定、可靠,但水头损失较大;超滤/微滤可以有效去除悬浮物、细菌、胶体等;纳滤/反渗透/电渗析可以有效降低再生水电导率。目前,对北京市污水处理厂出水水样分析结果显示(表 5.3),电导率在(977±89)μS/cm 之间,远高出空调水系统补充水水质要求,应做重点处理。

表 5.3 2018—2022 年北京部分污水处理厂出水电导率

日期	污水厂	水样	电导率/(μS/cm)
2018 年 9 月	清河	MBR 出水	1046
2019 年 9 月	高碑店	二级出水	965
2021 年 11 月	高碑店	二沉出水	1041
2021 年 12 月	高碑店	二沉出水	1007
2022 年 1 月	高碑店	二沉出水	972
2022 年 2 月	高碑店	二沉出水	1033
2022 年 3 月	碧水再生水厂	二沉出水	804
2022 年 3 月	高碑店	二沉出水	1014
2022 年 4 月	小红门	二沉出水	1078
2022 年 6 月	高碑店	二沉出水	990
2022 年 7 月	高碑店	二沉出水	797

再生水用于集中空调间接供冷开式循环冷却水系统和间接蒸发式循环冷却水系统,使用过程中会产生气溶胶可能通过吸入暴露等途径与人体发生直接接触,引发健康风险。气溶胶来源包括空调冷却塔、冷热水系统、加湿器、温泉等。因此,需采用消毒技术保障再生水利用安全。《建筑给水排水与节水通用规范》(GB 55020—2021)中也规定了建筑再生水处理系统应设有消毒设施。

消毒技术大体可分为氯消毒技术、二氧化氯消毒技术、紫外线消毒技术和臭氧消毒技术四种。其中氯消毒技术成熟，成本低，具有广谱的微生物灭活效果，余氯具有持续杀菌作用，剂量控制灵活可变。使用液氯消毒应注意储存与运输安全；氯消毒对病原性原虫灭活效果差，可考虑采用联合消毒方式提高病原性原虫灭活效果，降低卤代消毒副产物生成量。

二氧化氯可以现场制备，具有优良的广谱微生物灭活效果和氧化作用。使用氯酸钠和盐酸制备二氧化氯时应注意储存与运输安全；也应注意使用二氧化氯消毒会产生亚氯酸、氯酸等消毒副产物。

紫外线消毒不使用化学药品，具有广谱的微生物灭活效果；接触时间短，基本上不产生消毒副产物。但是紫外线不具有持续消毒效果，输配宜额外采取投加次氯酸钠等措施，防止病原微生物的复活和再生长；水中 SS 及紫外灯管表面的积垢易降低紫外线消毒效率；紫外灯管寿命一般为一年，会产生含重金属的废弃灯管，需采取相应的安全处置措施。

臭氧可以现场制备，具有广谱的微生物灭活效果；同时兼有去除色度、嗅味和部分有毒有害有机物的作用。但是臭氧不具有持续消毒效果，输配时宜额外采取投加次氯酸钠等措施，防止病原微生物的复活和再生长。臭氧具有强氧化性，与臭氧接触的相关设施应采用耐氧化材料；臭氧有毒，气味难闻，必须设置尾气破坏装置，并采取防止臭氧泄漏的措施；宜采用后置生物过滤技术（如生物活性炭过滤）去除臭氧氧化的中间产物（醛类物质等）。

《城镇污水再生利用工程设计规范》（GB 50335—2016）中规定了消毒工艺的设计规范：

《城镇污水再生利用工程设计规范》（GB 50335—2016）：

5.12.1　再生水应进行消毒处理。消毒方法可采用氯消毒、二氧化氯消毒、紫外线消毒、臭氧消毒，也可采用紫外线与氯消毒或臭氧与氯消毒的组合方法。

5.12.3　消毒设施和有关构筑物的设计，应符合现行国家标准《室外给水设计规范》（GB 50013—2018）及《室外排水设计规范》（GB 50014—2021）的有关规定。

标准第 6 章　系统设计

标准第 6 章针对前期调研发现的再生水利用过程中健康风险和误接误用风险，规定了冷却塔设置、再生水管道、标识和备用水源设置等相关要求。

标准条款：

6.1 冷却塔应设置在远离人员聚集区域、建筑物新风取风口或自然通风口的位置，不应设置在新风口的上风向。

条款释义：

考虑到再生水利用的健康风险，标准条款 6.1 规定了冷却塔设置应符合的要求。

再生水空调冷却利用时，冷却塔会产生气溶胶随空气飘散。为减小冷却塔气溶胶飘散对人群健康的影响，冷却塔应设置在远离人员聚集区域、建筑物新风取风口或自然通风口，不应设置在新风口的上风向。

《公共场所集中空调通风系统卫生规范》（WS 394—2012）中规定开放式冷却塔设置的要求：

《公共场所集中空调通风系统卫生规范》（WS 394—2012）：

3.12 集中空调系统开放式冷却塔应符合下列要求：

a）开放式冷却塔的设置应远离人员聚集区域、建筑物新风取风口或自然通风口，不应设置在新风口的上风向，宜设置冷却水系统持续消毒装置；

b）开放式冷却塔应设置有效的除雾器和加注消毒剂的入口；

c）开放式冷却塔水池内侧应平滑，排水口应设在塔池的底部。

北京市地方标准《集中空调通风系统卫生管理规范》（DB11/T 485—2020）中也对冷却塔设置做出了相应规定：

《集中空调通风系统卫生管理规范》（DB11/T 485—2020）：

4.4.1 冷却塔的设置应远离人员聚集区域、建筑物新风口和自然通风口，远离高温和有毒有害气体。

标准条款：

6.2 再生水输配管网采用独立系统，不应与生活饮用水管道等连接。

条款释义：

标准条款 6.2 为避免误用误接，对人体健康造成损害，保障用水设施安全，对再生水管网设计做了规定。

《城市污水再生利用技术政策》明确要求，再生水和饮用水管道之间不允许出现交叉连接。依据《建筑中水设计标准》（GB 50336—2018），中水供水系统与生活饮用水给水系统应分别独立设置，中水管道严禁与生活饮用水给水管道连接。

标准条款：

6.3　再生水室内供水管道可采用塑料管、钢塑复合管或其他具有可靠防腐性能的给水管材，不应采用非镀锌钢管。

条款释义：

标准条款 6.3 规定了再生水管道管材选择要求。

标准编制组通过调研和专家咨询等途径，对空调系统循环冷冻水和循环冷却水管道材质进行了解，目前循环冷冻水和循环冷却水管道材质并无差别。目前主要使用材质有三种：镀锌钢管、衬塑钢管和不锈钢管。其中镀锌钢管用途最广、成本较低；不锈钢管耐腐蚀性能较好，但成本较高；衬塑钢管一般用于大管径、大水量、远距离输水。

在实际调研过程中，京东方使用不锈钢管；国贸大厦 A 座使用镀锌钢管，目前逐渐更换为衬塑钢管。再生水用户在实际应用过程中，可根据实际情况综合考虑成本、用途、使用周期、管道规模等情况合理选择管材。

标准条款：

6.4　再生水管道的阀门设置应方便事故检修及放空排水，并设置锁具或专门开启工具。宜在阀门间管段低洼处设置泄水阀。

条款释义：

标准条款 6.4 规定了再生水管道阀门设置要求。

《城镇污水再生利用工程设计规范》（GB 50335—2016）规定了再生水管道阀门设置要求。为防止再生水长期滞留于管网中时出现水质恶化现象，在管网建设时应考虑管道泄水口，或设置跨越装置。输配水管道低洼处及阀门间管段低处，宜根据工程的需要设置泄（排）水阀井。再生水管道的阀门设置应方便事故检修隔断及放空排水的需要。

标准编制组对国贸大厦 A 座调研显示，再生水会将管材中金属离子溶出，对管网造成腐蚀，影响再生水水质。更换检修时，需要对管内再生水排空。

《海绵城市雨水控制与利用工程设计规范》（DB11 685—2021）中规定了非常规水源雨水供水管道应采取防止误用、误接、误饮的措施：

《海绵城市雨水控制与利用工程设计规范》（DB11 685—2021）：

3.0.14 雨水供水管道上不得装取水龙头，并应采取下列防止误接、误用、误饮的措施：

2 当设有取水口时，应设锁具或专门开启工具。

再生水管网及设施应按照规定设置再生水标识，但相关标识虽能防止认识且看到文字的人误饮误用，但光线较弱，以及儿童、盲人和文盲人群难以辨识，所以应在阀门等处设置锁闭装置或配置专用开启工具。

标准条款：

6.5 再生水管道和储存等设备外部采用浅绿色，在显著位置设置"再生水"耐久标识。再生水管道埋地、暗敷时设置连续耐久标志带。

条款释义：

考虑到再生水空调冷却利用可能存在的误接误用风险，标准条款 6.5 规定了再生水输配系统的标识。

《建筑中水设计标准》（GB 50336—2018）规定了中水供水管道标识要求：

《建筑中水设计标准》（GB 50336—2018）：

8.1.5 中水管道应采取下列防止误接、误用、误饮的措施：

1 中水管网中所有组件和附属设施的显著位置应配置"中水"耐久标识，中水管道应涂成浅绿色，埋地暗敷管道应设置连续耐久标识带。

北京市政府在 1987 年提出的《北京市中水设施建设管理试行办法》第 5 条规定，"中水管道、水箱等设备外部应涂成浅绿色。中水管道、水箱等严禁与自来水管道、水箱直接连接。"因此，再生水供水管路、水箱、阀门、井盖等设备外部应涂成浅绿色，在显著位置设置"非饮用水""再生水"等警示标识，以防误饮、误用、误接，并定期巡视和检查。

中国环境科学学会发布的团体标准《水回用评价指南：再生水分级与标识》（T/CSES 07—2020）中规定了再生水储存和输配系统中标识要求。再生水储存和输配系统中所有的管道、组件和附属设施都需在显著位置进行明确和统一标识。应在再生水管道的外壁清楚标识"再生水"或"再生水 reclaimed water"等字样以及相应的再生水等级（A、B 或 C），以区别饮用水管道。应在再生水管道的外壁清楚标识流动方向，方向标志用于标识再生水管道中的水流方向，一般用箭头表示，箭头大小应与管道直径匹配。应在再生水管道的外壁涂上有关标准规定的标志颜色。在再生水管道经过的每一区域至少标识一次，每隔一定长度标识一次；可标识于再生水管道与设备连接处、非焊接接头处、阀门两侧以及其他需要标识的位置。应在闸门井井盖铸上"再生水"或"再生水 reclaimed water"等字样。应根据再生水利用具体用途设置的再生水警示和提示标识，再生水警示和提示标识的设置可采用涂刷或标牌的方式。

> **标准条款：**
>
> 6.6　用户应设置备用水源（如自来水、自建设施供水等）。备用水源应设置空气隔断等防倒流措施，补水管设置应符合 GB 55020 中相关规定。

条款释义：

标准条款 6.6 考虑到再生水系统水质水量无法保障的情形，为避免影响空调冷却系统正常运行，对备用水源设置等内容做了规定。

住房和城乡建设部发布的《城镇污水再生利用技术指南（试行）》中规定特定用户应设有备用水源或应急供水方案。当再生水水源可靠性不能保证时，用户宜设置备用水源。备用水源应水质水量稳定，可以使用自来水或者自建设施水源。

自来水管道应设置防倒流装置（如空气隔断），防止再生水对自来水管网造成污染。《建筑给水排水与节水通用规范》（GB 55020—2021）中规定了补水管的相应设置要求：

> **《建筑给水排水与节水通用规范》（GB 55020—2021）：**
>
> 3.2.8　从生活饮用水管网向消防、中水和雨水回用等其他非生活饮用水贮水池（箱）充水或补水时，补水管应从水池（箱）上部或顶部接入，其出水口最低点高出溢流边缘的空气间隙不应小于 150mm，中水和雨水回用水池且不得小于进水管管径的 2.5 倍，补水管严禁采用淹没式浮球阀补水。

标准第 7 章　运行管理

标准第 7 章针对再生水利用过程中的运行管理风险，规定了空调冷却系统监测和运行管理要求，再生水空调冷却用户应建立完善的再生水水量水质监测系统，包括进水系统、处理系统、用水系统和排水系统等。

标准条款:

7.1 监测

7.1.1 用户宜按照 GB/T 29044 中的相关规定确定取样点。监测项目、监测频率和检测方法见表 A.1。

7.1.2 用户宜采用在线监测的方式监测 pH、电导率等指标。

7.1.3 循环冷却水浓缩倍数宜大于等于 3,可根据 DB11/T 1770 中相关规定计算循环冷却水浓缩倍数。

条款释义:

标准条款 7.1.1～7.1.3 规定了再生水水质和运行管理指标的监测方法、监测频率和检测方法。

用户应对再生水进行再生水水质水量监测。国家标准《空调通风系统运行管理标准》(GB 50365—2019)对空调冷却系统卫生要求做出了规定:

《空调通风系统运行管理标准》(GB 50365—2019):

4.3.4 空调冷却水和冷凝水的水质应进行定期检测和分析。当水质不符合国家现行相关标准的规定时,应采取相应措施改善空调水系统的水质。

《采暖空调系统水质》(GB/T 29044—2012)中规定了空调冷却系统取样点选择、取样要求和检测频率。

《城镇污水处理厂水污染物排放标准》(DB11 890—2012)中规定了粪大肠杆菌应按照《粪大肠菌群的测定 多管发酵法和滤膜法》(HJ 347—2007)进行检测,目前《水质 粪大肠菌群的测定 滤膜法》(HJ 347.1—2018)和《水质 粪大肠菌群的测定 多管发酵法》(HJ 347.2—2018)替代了该标准。《公共场所集中空调通风系统卫生规范》(WS 394—2012)规定了军团菌的检测方法。检测方法、操作方法和监测频率应符合《公共场所集中空调通风系统卫生规范》中表 A.1 的规定。

《循环冷却水节水技术规范》(GB/T 31329—2014)中规定了应对循环冷却水采取适当的技术和方法对循环冷却水进行处理,再生水用作循环冷却水补充水时,循环冷却水的浓缩倍数不应低于 3。用户可参考《民用冷却塔节水管理规范》(DB11/T 1770—2020),根据水中氯离子浓度计算浓缩倍数。氯离子含量监测按《工业循环冷却水和锅炉用水中氯离子的测定》(GB/T 15453—2018)执行。

标准条款：

7.1.4　再生水使用后，排入城镇下水道的用户，应排入污水管网或合流管网，其排水水质应符合 GB/T 31962 的要求；直接向地表水体排放污水的用户，其排水水质应符合 DB11/ 307 的要求。

条款释义：

标准条款 7.1.4 规定了使用再生水的用户排水的相关要求。

北京市直接向地表水体排放污水的用户，其水污染物的监测项目应执行《水污染物综合排放标准》（DB11/ 307—2013）的规定。其监测频次、采样时间等要求，按国家和地方有关污染源检测技术规范的规定执行。控制项目及检测方法应符合《水污染物综合排放标准》的规定。

污水排入城镇下水道的用户，其水污染物的监测项目应执行《污水排入城镇下水道水质标准》（GB/T 31962—2015）。采样频率和采样方式（瞬时样或混合样）可由城镇排水监测部门根据排水户类别和排水量确定。样品的保存和管理按《水质　样品的保存和管理技术规定》（HJ 493—2009）执行，控制项目及检验方法应符合《污水排入城镇下水道水质标准》的规定。

《北京市水污染防治条例》第三十九条规定，任何单位和个人不得向雨水收集口、雨水管道排放或者倾倒污水、污物和垃圾等废弃物。因此，空调循环冷却水不得排入雨水管道。

标准条款：

7.2　日常管理与安全保障

7.2.1　制定检修维护制度，定期对再生水设施进行巡查、维护、养护。

7.2.2　定期清理再生水输配、储存设施，并采取措施（如投加抑菌剂或消毒等），防止再生水输配和储存过程中水质劣化。

7.2.3　宜重点关注并评价再生水的化学稳定性、生物稳定性，以应对空调冷却系统结垢、腐蚀和微生物生长风险，具体评价指标和应对措施可参考 DB11/T 1767 中相关内容。

条款释义：

标准条款 7.2.1～7.2.3 针对再生水利用过程中可能存在的管理风险，规定了再生水用户日常管理与安全保障内容。

《北京市排水和再生水管理办法》中规定了再生水设施运行单位的责任：

《北京市排水和再生水管理办法》：

第十三条　排水和再生水设施运营单位应当具备必要的人员、技术和设备条件，并履行以下职责：

（一）建立健全各项管理制度，保证设施正常运行；

（二）制定年度养护计划，并按照计划对设施进行巡查、养护、维护；

（三）完好保存设施建设资料和巡查、养护、维护记录等档案，逐步实现档案的信息化管理；

（四）对运行操作人员进行专业技能和安全生产教育培训；

（五）落实安全管理制度，遵守各项安全操作规程，进入排水和再生水设施有限空间实施作业的，应当采取有效的安全防护措施。

《建筑中水运行管理规范》（DB11/T 348—2022）中5.3规定了日常管理等内容：

《建筑中水运行管理规范》（DB11/T 348—2022）：

5.3.1　应由具有相应专业能力的人员承担中水设施的运行管理和维护保养。

5.3.2　管理制度包括：

a）岗位责任制：应建立各部门、人员岗位责任制，明确运行管理的部门、主管领导、主管人员、操作人员、化验人员和维修人员等；

b）工艺操作规程：应有中水工艺系统流程图，各岗位的安全操作规程，系统启动与停运等运行操作规程，并应悬挂在现场明显位置；

c）巡检与记录制度：运行期间，应有巡视路线图和巡视要求，并应明示于中水处理站内明显位置。应有设备运行、水质检测、交接班记录和中水设施年报表，见表D.1和表D.2；

d）设备和器材管理制度：应有维修保养手册，各项设备安全管理与日常维护保养方法，大、中、小修内容和设备档案记录，药品和备品备件的进货、保管、使用要求和记录；

e）危险化学品管理制度：对于次氯酸钠、臭氧等危险化学品，应有购置、储存、使用管理办法，且应符合国家和北京市相关规定。应有危险化学品的危险性警示标识、使用说明、预防措施和应急处理措施，并应悬挂在现场明显位置。

用户还应定期开展职工培训工作，包括安全操作规程、安全防护措施、日常工作内容等，提高员工的安全意识，保障员工在生产过程中的安全与健康。主要负责人和安全生产管理人员应参加安全资格培训，并取得执业资格证书。安全教育培训包括安全生产文件、安全管理制度、安全操作规程、防护知识、典型事故案例等。在设备大修、重点项目检修或重大危险性作业时，安全管理部门应督促指导作业前的安全教育，制定安全防护预案和对策。

用户应按时进行工程设备的检查工作，对工程设备进行定期保养维护，及时清理设备中的外来杂物，保持设备的安全、完整。发现设备出现问题时，应及时进行修理维护，以保障设备安全正常的持续运行。

再生水用作冷却用水时，宜重点关注冷却系统的结垢、腐蚀和微生物生长风险。冷却系统的结垢和微生物生长产生的生物膜可能会降低循环冷却系统热传递效率，堵塞热交换器，或堵塞冷却塔布水器。微生物分泌的酸性或腐蚀性的副产物也会引起管壁腐蚀。微生物生长产生的生物膜覆盖于管壁表面，将影响缓蚀剂与管壁的接触，会形成垢下腐蚀。冷却系统管网和设备的结垢、腐蚀会影响冷却系统的安全稳定运行，结垢、腐蚀严重时需更换管材和设备，增加运行成本。

（1）冷却系统结垢、腐蚀风险。通过化学稳定性评价，可评价再生水的结垢潜势和腐蚀潜势。结垢风险大时，可采取的应对措施包括投加合适的阻垢剂、调节冷却系统浓缩倍数。腐蚀风险大时，可采取的应对措施包括投加合适的缓蚀剂、采用抗腐蚀管材等。在冷却系统中，阻垢剂和缓蚀剂常复配成阻垢缓蚀剂一起使用。

（2）微生物生长风险。可通过评价可同化有机碳（AOC）等生物稳定性指标进行评估。防止微生物生长的措施包括投加合适的抑菌剂、去除可同化有机碳等方法。

《再生水利用指南 第 1 部分：工业》（DB11/T 1767—2020）中规定了再生水化学稳定性指标、不同管网材料宜选取的化学稳定性评价指标、再生水生物稳定性评价指标和可以采取的对应措施。

再生水在输配和储存过程中，由于再生水中有机物（包括可同化有机碳）的含量一般高于饮用水，这些有机物一方面可以作为微生物生长的营养物质，另一方面还会加快水中余氯的消耗，会产生水质劣化、病原微生物滋生等问题，宜通过定期清理、投加抑菌剂或采用消毒措施等方式防止问题产生。

国家标准《空调通风系统运行管理标准》（GB 50365—2019）也对空调冷却系统卫生要求做出了规定：

《空调通风系统运行管理标准》（GB 50365—2019）：

4.3.11　冷却塔应保持清洁，应定期监测和清洗，且应进行过滤、缓蚀、阻垢、杀菌和灭藻等水处理工作。

标准条款：

7.2.4 自建再生水深度处理设施的运行维护人员应依据法律法规，由市节水管理部门培训并考核合格后，持证上岗。

7.2.5 建立健全再生水利用档案管理制度，所有程序和过程进行全面准确的记录、备份和归档。

条款释义：

标准条款 7.2.4 和 7.2.5 针对再生水利用过程中可能存在的管理风险，规定了再生水设施运营人员管理和档案管理要求。

《北京市中水设施建设管理试行办法》第八条规定了中水设施的管理人员必须经过专门培训，并经市节水管理部门考核，领取合格证后，方可从事管理工作。

再生水供水企业和用户宜建立健全水质档案管理制度，完善水质检测和监控原始记录、汇总表、检测报告、统计表等各类记录等档案资料的管理。宜定期检查记录、报告和资料的管理情况，对破损的资料及时修补、复制或做其他技术处理。宜对水质检测方法、水质化验原始记录、水质分析化验汇总、仪器设备使用台账及需要保密的技术资料等进行归档。

再生水供水企业和用户水质管理中的所有程序和过程宜进行全面准确的记录、备份和归档。保证取样记录、化验记录、数据分析报告及相关的水质管理资料的准确完整、字迹清晰、真实有效。记录、备份和归档材料宜做到妥善保管、存放有序、查找方便；装订材料应符合存放要求，达到实用、整洁、美观的效果。

标准第 8 章 应急管理

为保障再生水空调冷却安全利用，降低意外事件造成的影响，标准第 8 章规定了再生水空调冷却利用的应急管理内容。

标准条款：

8.1 供水企业和用户宜建立沟通联动机制，并针对传染病暴发、串接、水质异常等可能存在的事故和风险制定并及时启动应急预案。

8.2 供水企业应急预案至少包括对紧急事件的界定、应急预案的启动程序、相关部门和人员的职责、与相关部门和机构及用户的联络、停产安排、不符合标准的再生水的处置方法等。

8.3 用户应急预案至少包括应急预案的启动程序、事故风险分析、相关部门和人员的职责、处置措施等，处置措施中应明确备用水源等重要事项。

条款释义：

标准条款 8.1～8.3 规定了风险防范要求。

再生水系统运行过程中，会面临意外事件，如不能妥善处置，会对人员财产造成损失。制定应急预案有利于做出及时的应急响应，降低事故后果。同时，制定应急预案也有利于提高风险防范意识。

住房和城乡建设部发布的《城镇污水再生利用技术指南（试行）》中规定，用户应分析可能存在的事故及风险，包括水质波动、极端气候条件、处理单元失效、管道错接、疾病暴发等，制定针对重大事故和突发事件的应急预案，建立相应的应急管理体系，并按规定定期开展培训和演练。

应急预案至少要包括对紧急事件的界定、应急预案的启动程序、相关部门和人员的职责、与相关部门和机构及用户的联络、停产安排、不符合标准的再生水的处置方法等。除系统运行过程中可能遇到的故障外，还应准备应对极端天气、自然灾害等紧急情况以及爆管、泄漏等事故的应急方案。应准备应急预案文件，对紧急情况下可能发生的风险以及应对措施的有效性进行评估；对应急预案文件进行定期评估及更新；设立应急避难场所；设立紧急情况下的通知程序和机制。用户宜设立专职安全生产管理人员，应规定公司、部门和班组三级安全检查的要求和检查频率。污水再生处理设施运营单位应制定详细的检修维护制度并配备专业的技术人员，当再生水生产过程中发生爆管、泄漏等突发性事故时，能够及时进行事故的排除和设备抢修。

再生水水质、水量、水温无法保障时，应及时启用备用水源，保障空调冷却系统正常运行。除水质水量外，水温也是再生水空调冷却系统稳定运行的重要影响因素之一。该标准的编制组在对国贸大厦 A 座的调研过程中发现再生水水温会影响空调冷却系统稳定运行。国贸大厦 A 座采用以"A/O—MBR—臭氧活性炭"为核心的处理工艺，经过 MBR 过程处理后的再生水温度约为 31℃，北京市自来水温度在 20℃左右。再生水温度过高影响空调冷却塔散热功能，降低水温可以提高冷却塔制冷效率。在 2020 年 8 月，北京市经历高温高湿天气，水分难以蒸发。受再生水水温较高影响，难以保障空调制冷机组稳定运行。对此国贸大厦运维团队采用加大排污水量，启用自来水补水，降低循环冷却水水温来维持空调机组正常运行。

标准条款：

8.4　因突发事件和工程施工、设备维修等原因需要停止供水时，供水企业提前通知用户。

条款释义：

标准条款 8.4 结合前期调研，规定了供水企业和用户应建立沟通联动机制。

《北京市排水和再生水管理办法》第二十六条规定，再生水供水企业供水应当与用户签订合同，供水水质、水压应当符合国家和北京市的相关标准，不得擅自间断供水或者停止供水。因工程施工、设备维修等原因需要停止向用户供水的，应当提前 24h 通知用户。发生灾害或者事故、突发事件的，再生水供水企业应当及时组织抢修，并通知再生水用户，报告水行政主管部门。

标准编制组对于国贸大厦 A 座调研结果发现，国贸大厦再生水反渗透处理系统发生过严重污堵事故，事故调查结果显示是写字楼进行管道清洗除垢工作时，未通知水处理部门，大量铁锈进入污水再生水处理系统，造成反渗透膜严重无机污堵。因此，供水企业与用户建立沟通联动机制十分必要。

5.3 再生水空调冷却利用案例

5.3.1 京东方 8.5 代线空调冷却系统

1. 基本情况

北京市京东方 8.5 代液晶面板生产线位于北京市亦庄经济技术开发区。京东方生产线水源主要为经过反渗透处理后的高品质再生水厂，再生水在厂区内经过反渗透进一步处理后使用。厂区外再生水管道采用球墨铸铁管，厂内采用碳钢管道输配。再生水除用于空调冷却水系统外，也用于新风系统制冷、加湿用水、生产用水、厂区道路清扫、绿地灌溉等多个用途。

2. 循环冷冻水

循环冷冻水循环水量为 7000m³/h，水质控制指标采用厂家推荐维保建议水质指标。循环冷冻水系统采用再生水和 RO 系统浓水补水，比例为 4：1，优先使用 RO 系统浓水。循环冷冻水根据循环水中药剂浓度自动投加阻垢缓蚀剂。

水质控制指标采用厂家推荐维保建议水质指标。循环冷冻水检测 pH 值、电导率、钙硬度、总碱度、氯离子、总铁、浊度、细菌总数共 8 项指标，其检测结果符合 GB 29044—2012 要求。循环冷冻水补充水检测 pH 值、电导率、钙硬度、总碱度、氯离子和总铁共 6 项指标，其检测结果符合 GB 29044—2012 要求。

3. 循环冷却水

目前京东方空调冷却系统包括三座横流式冷却塔和一座逆流式冷却塔，均位于楼顶。空调冷却水循环水量约为 7500m³/h，浓缩倍数可以达到 10，浓缩倍数根据补充水与循环水电导率比值计算。

水质控制指标采用厂家推荐维保建议水质指标。循环冷却水检测 pH 值、电导率、总碱度、氯离子、总铁、浊度、游离氯、细菌总数共 8 项指标。循环冷却水补充水检测 pH 值、电导率、钙硬度、总碱度、氯离子、总铁共 6 项指标。

循环冷却水系统采用再生水和 RO 系统浓水补水，比例为 4：1，优先使用 RO 系统浓水。夏季补水量为 2200m³/h，冬季约为 600m³/h。

循环冷却水投加阻垢剂（磷酸+氯化锌）、缓蚀剂（氢氧化钠、苯并三唑）、抑菌剂（三氯异氰尿酸），其中阻垢剂、缓蚀剂根据循环水中药剂浓度自动投加，抑菌剂根据微生物浓度人工投加。

4. 运行管理

循环冷冻水、循环冷却水每周进行水质分析，每月提交分析报告，每季度请专业第三方提供检测报告。pH 值、电导率等指标实现在线监测。

空调系统维护厂家每日清洗冷却塔盆，每月完成整体清理。空调换热器根据换热效率对空调换热器进行除垢。

公司具有明确的运行管理制度，包括系统点检、维护，人员管理制度以及设备耗材管理制度等。其中系统点检、维护制度包括水质维护、水质测试、药品及加药系统管理、每日点检、冷却塔清洗和现场管理等内容。

5.3.2　北京国贸大厦 A 座空调冷却系统

1. 基本情况

国贸大厦 A 座位于北京市朝阳区建外街道中国国际贸易中心西南角，于 2010 年 8 月 30 日投入使用。国贸大厦 A 座内包含商业、酒店、写字楼等。主楼共有地上 81 层，高 330m，总建筑面积达 30 万 m²。国贸大厦设有自建再生水处理设施，位于地下四层。国贸大厦 A 座空调冷却塔位于购物中心顶楼，为逆流式冷却塔。

2. 再生水利用情况

国贸大厦 A 座再生水处理设施水源为建筑内全部生活污水（冲厕、洗浴、餐饮等），日产再生水约 700m³（设计处理能力 800m³/d），处理后再生水用于冲厕（400m³/d）、绿地灌溉（约 150m³/d）、空调冷却（约 150m³/d）等途径。

国贸大厦 A 座污水平板膜处理系统以 "A/O-MBR-臭氧活性炭" 工艺为核心。餐饮污水经隔油池后,通过旋流除油池进行破乳处理。通过水力旋流器改变污水水力流态,使细小的乳化油逐渐凝聚成大油滴从而被分离去除。该单元油脂去除率可达 80% 以上。污水经调节池混合后进入 A/O 生物处理系统,通过氨化、硝化和反硝化作用实现污水 TN 去除。A/O 池出水进入核心处理单元 MBR 平板膜反应器,通过膜分离实现污泥和再生水的高精度分离,过滤精度达到 0.1μm,该工艺对 COD 的去除率高于 98%。工作人员 2～3 个月对 MBR 膜进行一次在线清洗,1 年进行 1 次离线清洗(图 5.1)。目前所采用的膜组件已正常运行 6.5 年,超过设计使用年限 5 年,尚未出现明显功能下降问题。MBR 池出水进入臭氧活性炭系统,通过臭氧杀灭水中病毒、细菌等病原微生物,同时实现再生水的脱色脱臭。通过活性炭吸附进一步降低再生水中 SS、TN、TP 浓度。再生水经次氯酸钠消毒后用于冲厕、绿地灌溉、空调冷却等用途。

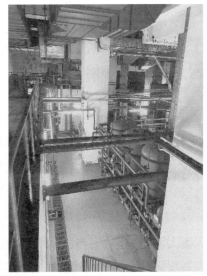

图 5.1　国贸大厦 A 座再生水处理设施

国贸大厦 A 座还设有纯水处理设施,以 MBR 出水为原水,采用反渗透工艺,生产的再生水用于补充空调循环冷却水(图 5.2)。目前,国贸大厦使用的自来水全部经软化处理,产生的污水经 MBR 处理后,电导率仍低于北京市自来水。自 2018 年以来,国贸大厦 A 座尝试使用不经反渗透处理的再生水补充空调循环冷却水。目前空调系统运行稳定,未发现明显由再生水使用导致的问题。且由于再生水电导率、钙硬度低,空调冷却系统结垢明显减轻。

图 5.2 国贸大厦 A 座反渗透系统

3. 空调循环冷却水系统

目前国贸大厦 A 座空调冷却系统全天运行，白天负责建筑空调制冷，夜晚使用谷电制冰，降低运行成本，平衡用水负荷。目前空调冷却水补充水量峰值为 700m³/d，2022 年 7 月补水 13000m³，日均补水 300～400m³/d。国贸大厦 A 座再生水产量不能完全满足空调冷却需求，2022 年 7 月补水量约为 5000m³。自来水作为备用水源补充空调循环冷却水，保障空调冷却系统稳定运行。

空调循环冷却水、循环冷冻水水质指标参照《采暖空调系统水质》（GB/T 29044—2012）执行，空调循环冷却水全水质分析频率为一年四次。

4. 运行管理与应急管理

国贸大厦 A 座针对再生水利用制定了完善的运行管理规章制度，包括人员职责、巡查检修维护制度、培训制度、档案管理制度和应急预案等内容。

国贸大厦针对可能发生的风险，制定了应急预案，预案内容包括人员职责、通报制度、应急程序、档案记录、安全保障措施等。

第 6 章　再生水市政杂用

市政杂用是冲厕、车辆冲洗、城市绿化、道路清扫等用途的统称，是北京市再生水的重要利用途径之一。2021 年北京市再生水用量达 12 亿 m^3，其中市政杂用量超过 2400 万 m^3，占再生水总用量的 2%。各用途的用水量（占比）为：冲厕 1574 万 m^3（64.7%）、城市绿化 525 万 m^3（21.6%）、道路清扫 291 万 m^3（12.0%）、建筑施工 27 万 m^3（1.1%）、车辆冲洗 16 万 m^3（0.7%）。随着再生水管网的不断完善，北京市再生水市政杂用利用率将会得到进一步提升。

为保障再生水在市政杂用领域的安全、高效利用，促进节水减排，北京市决定编制《再生水利用指南 第 3 部分：市政杂用》（DB11/T 1767.3—2022）。本章围绕再生水市政杂用，对北京市地方标准 DB11/T 1767.3—2022 的主要内容进行解读，并介绍北京市再生水市政杂用的典型案例。

6.1　标准制定的思路与特点

DB11/T 1767.3—2022 为《再生水利用指南》系列地方标准的第 3 部分，该标准于 2022 年 12 月 27 日发布，2023 年 4 月 1 日实施。

该标准针对再生水市政杂用过程中的潜在风险及其产生场景，提出了从供（水质与深度处理）、输（输配与储存）、用（监测、用户安全保障）、管（日常管理、应急管理）四个方面协同保障再生水利用安全的总体思路，是首部面向用户的再生水市政杂用标准。该标准主要特点如下：

（1）提出了全流程水质安全保障的理念，从水源、输配、处理、利用、监测、管理等全流程多环节提供了专业性指导意见和规范。

（2）针对不同市政杂用途径用水场景差异大的特点，在不同章节对再生水用于冲厕、车辆冲洗、城市绿化和道路清扫的用水管理和安全保障措施提供了专门的指导意见和规范。

6.2　标准的主要内容

DB11/T 1767.3—2022 提出了再生水市政杂用的总体原则、水质与深度处理、输配与储存、监测、安全保障、日常管理、应急管理的指南，适用于再生水的市政杂用，包括冲厕、车辆冲洗、城市绿化、道路清扫等。

标准第 4 章　总体原则

标准第 4 章规定了再生水市政杂用的总体原则，包括再生水利用场所及供水、用水双方的协商原则等。

> **标准条款：**
>
> 4.1　除明确规定不应使用的场所（如医院、幼儿园、养老院等）外，再生水输配管网覆盖范围内的市政杂用应使用再生水。

条款释义：

标准条款 4.1 规定了再生水市政杂用的场所。

北京市将再生水纳入水资源统一配置，实行地表水、地下水、再生水等联合调度、统一配置，并出台了一系列法规促进再生水在市政杂用方面的利用。

依据《北京市排水和再生水管理办法》第二十五条规定，"再生水供水区域内的施工、洗车、降尘、园林绿化、道路清扫和其他市政杂用用水应当使用再生水"。依据《北京市节约用水办法》第三十条规定，"鼓励绿化使用再生水和雨水，逐步减少使用自来水"。依据《北京市节约用水办法》第三十三条规定，"提供洗车服务的用户应当建设循环用水设施；再生水输配水管线覆盖地区内的，应当使用再生水"。依据《城镇排水与污水处理条例》第三十七条规定，"国家鼓励城镇污水处理再生利用，工业生产、城市绿化、道路清扫、车辆冲洗、建筑施工以及生态景观等，应当优先使用再生水"。

依据《北京市节水行动实施方案》在全面建设节水型社会方面提出的要求，生态环境、市政杂用优先使用再生水、雨洪水。再生水可直接用于市政杂用，或作为市政杂用水源经处理后使用。依据《北京市节水行动实施方案》在非常规水挖潜方面提出的要求，"洗车、高尔夫球场等优先利用再生水、雨水等非常规水源""园林绿化用水逐步退出自来水及地下水灌溉""施工单位充分考虑非常规水利用""住宅小区、单位内部的景观环境用水和其他市政杂用用水，应当使用再生水或者雨水，不得使用自来水"。

《老年人照料设施建筑设计标准》（JGJ 450—2018）规定，"非传统水源可用于室外绿化及道路浇洒，但不应进入建筑内老年人可触及的生活区域。"《托儿所、幼儿园建筑设计规范》（JGJ 39—2016）规定，"托儿所、幼儿园不应设置中水系统。"考虑到这些区域内的人员免疫力较低，相对于成年人其健康风险更高，因此该标准中规定再生水不应用于托儿所、幼儿园和养老院的冲厕。

标准条款：

4.2 供需双方依法通过协议的方式，明确再生水供水水质、水量和水压等要求。

条款释义：

标准条款 4.2 规定了供水企业和用户签订供水协议的一般要求。

依据《城市污水再生利用政策》第 5.3 条规定，"再生水供水单位应以合同或协议的形式与再生水用户，就再生水供给的水质、水量、水压及其稳定性、供水事故的应急处理和损失赔偿责任、再生水的计量、收费等具体事项，做出明确的约定"。依据《北京市排水和再生水管理办法》第二十六条规定，"再生水供水企业应当与用户签订合同，供水水质、水压应当符合国家和本市的相关标准，不得擅自间断供水或者停止供水"。依据《北京市节约用水办法》第十三条规定，"供水单位应当与用户签订供用水合同，明确双方权利义务"。因此，该标准规定再生水供水企业与用户签订协议，明确水质、水量和水压等要求，再生水供水企业根据协议要求保障送达用户端的再生水水质安全和水量稳定。

上文用户端，指的是用户的再生水计量总表处。早在 1987 年出台的《北京市中水设施建设建设管理施行办法》中便规定了"建筑面积 2 万 m^2 以上的旅馆、饭店、公寓，建筑面积 3 万 m^2 以上的机关、科研单位、大专院校和大型文化、体育等建筑，以及按规划应配套建设中水设施的住宅小区、集中建筑区等应配套建设中水设施"。所以很多建筑都是先按规划修建了再生水管道，后期再生水市政管网延伸到时才与再生水供水企业连通。用户再生水计量总表前的市政管网部分由供水企业负责维护与检修，所以供水企业有义务保障这一输配阶段的再生水水质安全。

标准第 5 章 水质与深度处理

标准第 5 章规定了再生水市政杂用的水质与深度处理要求，包括再生水水源、水质、用户评估及深度处理要求等。

标准条款：

5.1 选用以生活污水，或不含重金属、有毒有害工业废水的城市污水为水源的再生水。

条款释义：

为保障再生水安全利用，标准条款5.1规定了再生水水源选择要求。

工业废水中含有较多有毒有害污染物，对人类身体健康及水生态的慢性致毒致害情况较复杂。依据住房和城乡建设部发布的《城镇污水再生利用技术指南（试行）》，"城镇污水再生利用必须保证再生水水源水质水量的可靠、稳定与安全，水源宜优先选用生活污水或不包含重污染景观环境废水在内的城市污水"。根据住房和城乡建设部与科技部联合制定的《城市污水再生利用政策》，"重金属、有毒有害物质超标的污水不允许作为再生水水源"。《城市污水再生利用 城市杂用水水质》（GB/T 18920—2020）中提出"用于再生水厂的水源宜优先选用生活污水，或不含重污染、有毒有害工业废水的城市污水"。《城镇污水再生利用工程设计规范》（GB 50335—2016）和《建筑中水设计标准》（GB 50336—2018）中也提出"严禁以放射性废水、重金属及有毒有害物质超标的污水作为再生水水源"。因此，再生水水源宜选用生活污水，或不含重金属、有毒有害工业废水的城市污水。

标准条款：

5.2 再生水水质应满足GB/T 18920的要求。当用户有更高水质要求时，可根据实际情况确定再生水水质。

5.3 水质基本控制项目及限值见表A.1，选择控制项目及限值见表A.2。

条款释义：

标准条款5.2和5.3规定了再生水水质及其限值。

国家发展和改革委员会联合九部门印发《关于推进污水资源化利用的指导意见》中明确提出，污水再生利用应按用定质、按质管控。《北京市排水和再生水管理办法》第二十条提出，污水处理运营单位应当按照规定定期检测进出水水质，检测项目应当符合国家规范、规程要求。

目前，与市政杂用水质相关的标准有《城市污水再生利用 城市杂用水水质》（GB/T 18920—2020）、《城市污水再生利用 绿地灌溉水质》（GB/T 25499—2010）、《城市绿地再生水灌溉技术规范》（DB11/T 672—2023）等。《城市污水再生利用 城市杂用水水质》包含了冲厕、车辆冲洗、绿地灌溉、道路清扫、消防、建筑施工等

6 种利用途径，GB/T 25499—2010、DB11/T 672—2023 均只针对绿地灌溉一种途径，该标准规定再生水供水企业提供的再生水应至少满足 GB/T 18920—2020 的基本要求。用户在确定水质标准时，在参考 GB/T 18920—2020 的基础上，应综合考虑用水途径的自身特点和安全要求。

标准条款：

5.4 用户应对再生水供水企业提供的水质进行全面评估，包括水质达标情况和水质波动情况等。宜根据不同市政杂用用途特点，选择重点关注指标进行重点分析。重点关注指标见表 B.1。

条款释义：

标准条款 5.4 规定了再生水用户应重点关注的水质指标。

目前，北京市主要采用集中式再生水利用系统，集中处理后的再生水经再生水管网输送到用户端。北京城市排水集团运营的再生水厂执行《城镇污水处理厂水污染物排放标准》（DB11/ 890—2012）中的 B 级标准，该排放标准与《城市污水再生利用 城市杂用水水质》（GB/T 18920—2020）水质要求的对比见表 6.1。

表 6.1　水质标准对比

项　　目	《城市污水再生利用 城市杂用水水质》（GB/T 18920—2020）		《城镇污水处理厂水污染物排放标准》（DB11/ 890—2012）B 级标准
	冲厕、车辆冲洗	城市绿化、道路清扫	
pH 值	≤6.0～9.0	≤6.0～9.0	≤6.0～9.0
色度/度	≤15	≤30	≤15
嗅	无不快感	无不快感	—
浊度/NTU	≤5	≤10	—
BOD_5/（mg/L）	≤10	≤10	≤6
氨氮/（mg/L）	≤5	≤8	≤1.5（2.5）
阴离子表面活性剂/（mg/L）	≤0.5	≤0.5	—
铁/（mg/L）	≤0.3	—	—
锰/（mg/L）	≤0.1	—	—
溶解性总固体/（mg/L）	≤1000	≤1000	—
溶解氧/（mg/L）	≥2	≥2	—

续表

项　目	《城市污水再生利用 城市杂用水水质》（GB/T 18920—2020）		《城镇污水处理厂水污染物排放标准》（DB11/ 890—2012）B 级标准
	冲厕、车辆冲洗	城市绿化、道路清扫	
总氯/（mg/L）	出厂≥1.0 管网末端≥0.2	出厂≥1.0 管网末端≥0.2	—
大肠埃希氏菌/（MPN/100mL 或 CFU/100mL）	不应检出	不应检出	≥1000①

注　"—"表示对此项无要求。

① DB11/ 890—2012 B 级排放标准中对应的此项为粪大肠菌群数小于 1000MPN/L。

可以看出，DB11/ 890—2012 B 级标准中绝大多数控制项目的限值严于 GB/T 18920—2020。GB/T 18920—2020 中要求大肠埃希氏菌不得检出，DB11/ 890—2012 B 级标准要求粪大肠菌群小于 1000MPN/L。相关研究表明，同一水样中大肠埃希氏菌指标与粪大肠菌群指标处于同一数量级。所以，DB11/ 890—2012 B 级标准中的微生物指标不能满足 GB/T 18920—2020 的要求。

对北京市 58 座污水处理厂 2019—2020 年出水 COD_{Cr}、BOD_5、氨氮等指标的月均值以及市辖区 11 家再生水厂 2020—2021 年出水粪大肠菌群数指标的月均值（数据来源：北京城市排水集团数据公示网站）进行了统计。统计结果如图 6.1～图 6.4 所示。

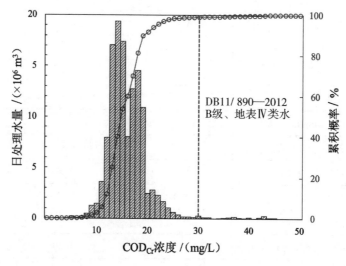

图 6.1　北京市污水处理厂出水 COD_{Cr} 月均值统计（2019—2020 年）

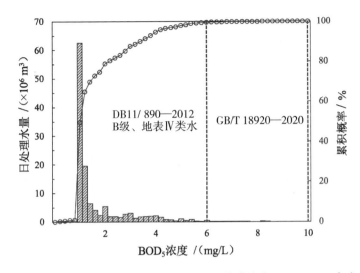

图 6.2 北京市污水处理厂出水 BOD$_5$ 月均值统计（2019—2020 年）

由图 6.1 可以看出，99.06%情况下出水 COD$_{Cr}$ 可以达到 DB11/ 890—2012 B 级标准，并达到地表水Ⅳ类水水质要求。由图 6.2 可以看出，99.46%情况下出水 BOD$_5$ 可以满足 DB11/ 890—2012 B 级标准的要求，出水 BOD$_5$ 完全满足 GB/T 18920—2020 的要求。

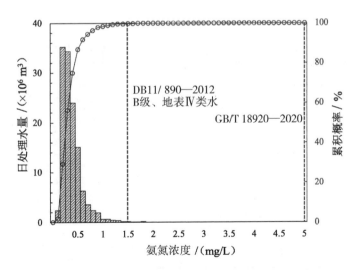

图 6.3 北京市污水处理厂出水氨氮月均值统计（2019—2020 年）

由图 6.3 可以看出，99.78%情况下出水氨氮可以满足 DB11/ 890—2012 B 级标准的要求，出水氨氮完全满足 GB/T 18920—2020 的要求。由图 6.4 可以看出，虽然出水粪大肠菌群数完全满足 DB11/ 890—2012 B 级标准的要求，但仅有 75%情况下出水未检出粪大肠菌群。

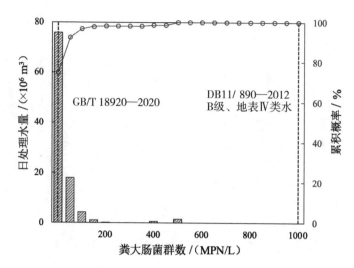

图 6.4　北京市市辖区再生水厂出水粪大肠菌群月均值统计（2019—2021 年）

综上所述，北京市再生水厂出水基本满足 GB/T 18920—2020 的要求；粪大肠菌群/大肠埃希氏菌指标值得重点关注。

在市政杂用的不同途径中，再生水与人体、环境和设备均有不同程度的接触。不同利用途径应关注的问题及重点关注水质指标见表 6.2。

表 6.2　再生水市政杂用重点关注指标

利用途径	需关注的问题	重点关注指标
冲厕	影响感官	嗅、色度、浊度
	人体暴露	总氯、大肠埃希氏菌
	系统结垢	浊度
车辆冲洗	影响感官	嗅、色度、浊度
	人体暴露	总氯、大肠埃希氏菌
城市绿化	影响感官	嗅、色度、浊度
	人体暴露	总氯、大肠埃希氏菌
	植物影响	TDS、氯化物
道路清扫	影响感官	嗅、色度、浊度
	人体暴露	总氯、大肠埃希氏菌
	水箱腐蚀	TDS

1. 嗅、色度、浊度/悬浮颗粒物

嗅、色度、浊度直接影响公众对再生水的感官感受，关系到公众对再生水的接受程度。同时，这三项指标也是用于简便、直观判断再生水水质的重要指标，因此，在市政杂用不同途径中嗅、色度、浊度/悬浮颗粒物均应受到重点关注。高浊度再生水用于冲厕时会引发冲厕系统结垢，用于车辆冲洗时会形成水渍，因此在《城市污水再生利用 城市杂用水水质》（GB/T 18920—2020）中，冲厕和车辆冲洗对于浊度/悬浮颗粒物的限值要求严于其他途径。

2. 微生物指标（粪大肠菌群/大肠埃希氏菌等）

市政杂用涉及人口众多，公众暴露于再生水利用区域的场景多、频率高、暴露时间长。例如，手工洗车的高压水枪、绿地灌溉的喷灌装置以及道路清扫车水枪等设备在运行时均会产生再生水水雾，再生水中的病原微生物可能通过呼吸吸入和皮肤接触等途径侵入人体。《城市污水再生利用 城市杂用水水质》对大肠埃希氏菌指标要求十分严格，因此粪大肠菌群尤其是大肠埃希氏菌等微生物指标应受到重点关注。

3. 总氯

总氯（即余氯，《城市污水再生利用 城市杂用水水质》2020 修订版中用总氯的表述代替余氯）是保障再生水中对微生物具有持续消灭能力的指标，可以间接用于判断再生水中微生物含量。在用于绿地灌溉时，过量的总氯不利于植物的生长，应低于 2.5mg/L。

4. TDS

TDS 粗略反映了水中无机盐的含量，再生水中无机盐浓度一般高于自来水。再生水用于绿地灌溉时，过量的 Na^+、Cl^- 等会对植物造成毒害，甚至会引起土壤盐碱化，因此 TDS 指标应受到重点关注。

标准条款：

5.5 当再生水水质不能满足用户直接利用要求时，应对再生水进行深度处理，宜选择技术先进、安全 可靠、经济合理的工艺。

条款释义：

标准条款 5.5 针对再生水用户，规定了当再生水水质不满足市政杂用水质要求时，可采取的对策。

在一个集中式再生水厂的供水覆盖范围内，各市政杂用途径的用户接收的为同一水质的再生水。对水质要求更高的用户，当再生水厂供给的再生水不满足其水质要求时，需对再生水进行深度处理以保障用水安全。

根据《北京市排水和再生水管理办法》第二十七条规定，"有特殊水质要求的，再生水用户应当根据再生水水质特点，制定相应的使用规程，采取必要的水质处理与维护措施，保证再生水使用安全"。市政杂用用户群体复杂，其对再生水进行深度处理的能力也存在较大差异。对于不具备再生水深度处理能力的用户，建议在与供水企业签订供水协议时明确指出需要供水企业重点控制的指标与限值。对于具备再生水深度处理能力的用户，可自行对再生水进行深度处理。深度处理工艺设计方案宜根据再生水水质情况，用户的水质要求制定，通过试验或借鉴已建工程的运行经验，制定技术先进、可靠、经济合理、因地制宜的处理方案。不同深度处理工艺的功能与特点详见 3.3 节。

标准第 6 章　输配与储存

标准第 6 章规定了再生水输配与储存的要求，包括再生水管道的设计形式、管材选择以及标识、识别色的设置等。

> **标准条款：**
> 6.1　再生水管道采用独立系统，不应与自来水管道、自建设施供水系统连接。用户宜根据实际需求设置再生水储存设施（如再生水二次供水水箱）。

条款释义：

标准条款 6.1 规定了再生水管道设计要求，以避免误用误接，对人体健康造成损害，保障用水设施安全。

再生水管道与饮用水管道的交叉连接所导致的再生水误饮是再生水市政杂用过程中一类重要安全问题。《城市污水再生利用技术政策》中明确要求，再生水和饮用水管道之间不允许出现交叉连接。依据《建筑中水设计标准》（GB 50336—2018），中水供水系统与生活饮用水给水系统应分别独立设置，中水管道严禁与生活饮用水给水管道连接。《城市污水再生利用　城市杂用水水质》（GB/T 18920—2020）第 6.1.2 条规定，再生水管道不应与饮用水管道、设施直接连接。

依据《城镇污水再生利用技术指南（试行）》，考虑到生产与使用的时间差异，城镇污水再生利用需考虑再生水储存，根据目的不同分为运行性储存和后备储存。储存设施可以是封闭式或敞开式，取决于再生水的用途、储存规模和位置、可能受到污染的风险大小及储存成本。对于运行性储存，要求采用封闭式储存池或配水池。

对于季节性储存或紧急储存，宜用敞开式储存池。

目前北京市再生水市政杂用中，设置水箱等储存设施的主要为高层建筑的冲厕用水。再生水输配管网中的水压一般为 10m 水头左右，在不进行加压操作的情况下只能保证约四层楼的用水压力。所以对于高层建筑会进行二次供水，在地下层设置水箱，再根据不同高度的楼层所需要的水压分别采用不同扬程的水泵进行配水。

标准条款：

6.2　再生水管道可采用塑料管、钢塑复合管或其他具有可靠防腐性能的给水管材，不应采用非镀锌钢管。

6.3　再生水管道的阀门设置应方便事故检修及放空排水，宜在阀门间管段低洼处设置泄水阀。

条款释义：

标准条款 6.2 和 6.3 规定了再生水管网管材和阀门设计选择要求。

依据《城镇污水再生利用工程设计规范》（GB 50335—2016），再生水输配水管道平面和竖向布置，应按城镇相关专项规划确定，应符合现行国家标准《城市工程管线综合规划规范》（GB 50289—2016）的有关规定。再生水管道水力计算、管道敷设及附属设施设置的要求等，应符合现行国家标准《室外给水设计规范》（GB 50013—2018）的有关规定。管道的埋设深度应根据竖向布置、管材性能、冻土深度、外部荷载、抗浮要求及与其他管道交叉等因素确定。露天管道应有调节伸缩设施及保证管道整体稳定的措施，严寒及寒冷地区应采取防冻措施。应采取措施避免再生水管道与饮用水管道的交叉连接，遵循与饮用水及污水管道分隔的原则。再生水管道与给水管道、排水管道平行埋设时，其水平净距不得小于 0.5m。交叉埋设时，再生水管道应位于给水管道的下面、排水管道的上面，其净距均不得小于 0.5m。

输配水管道管材的选择应根据水量、水压、外部荷载、地质情况、施工维护等条件，经技术经济比较确定。可采用塑料管、钢管及球墨铸铁管等，采用钢管及球墨铸铁管时应进行管道防腐。管道不应穿过毒物污染及腐蚀性地段，不能避开时，应采取有效防护措施。常见再生水管材特性及选择建议见表 6.3。

依据 GB 50335—2016，为防止再生水长期滞留于管网中时出现水质恶化现象，在管网建设时应考虑管道泄水口，或设置跨越装置。输配水管道低洼处及阀门间管段低处，宜根据工程的需要设置泄（排）水阀井。再生水管道的阀门设置应方便事故检修隔断及放空排水的需要。

表6.3　常见再生水管材特性及选择建议

管材	抗腐蚀性	水质适应性	机械性能	应用情况
球墨铸铁管	需内外防腐	水泥内衬不适合低pH值、低碱度水和软水，环氧树脂涂层可提高其水质适应性	承压能力强，韧性好、施工维修方便	广泛应用于饮用水和再生水的输配，水泥内衬成本较低、环氧树脂涂层成本较高，适合DN300～DN1200的管道
钢管	需内外防腐	环氧树脂涂层可提高其水质适应性	机械性能好、施工维修方便	用于大口径输水管道，局部施工较复杂，价格相对较低，适合DN600以下的管道
预应力钢筒混凝土管	抗腐蚀性较强	水泥砂浆与水接触，不适合低pH值、低碱度水及软水	承压能力强，抗震性能好、施工方便	一种新型的刚性管材，抢修、维护比较困难，适合DN1200以下的管道
高密度聚乙烯管	耐腐蚀	水质适应范围广	重量轻、易施工	新型管材，价格较高、适合DN300以下的管道
玻璃钢夹砂管	耐腐蚀	水质适应范围广	相对较轻，拉伸强度低于钢管、高于球墨管和混凝土管	适用于大口径输水管道
硬聚氯乙烯管	耐腐蚀	水质适应范围广	重量轻、施工连接方便、强度相对较低	常用的输水管材，不适合承压大的施工环境，易脆，适合DN300以下的管道

标准条款：

6.4　再生水管道和储存等设备外部采用浅绿色，再生水管道埋地、暗敷时设置连续耐久标志带。

6.5　再生水管道取水接口处和储存设施设置锁具或专门开启工具，并设置"再生水"耐久标识。

条款释义：

考虑到可能存在的误接误用风险，标准条款6.4和6.5规定了再生水输配系统的标识和安全保障措施要求。

除管道串接外，再生水输配与储存环节另一个重要的安全隐患是公众在不知情的情况下将再生水误饮误用或用于他用。因此，有必要将再生水管道、设备与自来水管道、设备等进行区分，具体措施包括识别色、标识以及专门开启工具等。

目前，诸多法规和标准对再生水管道、设备的识别色进行了规定，主要包括浅（淡）绿色和天酞蓝色两种，尚未形成统一的标准，为再生水输配和利用设施的统一管理造成了困难。表 6.4 和表 6.5 分别列举了规定采用浅（淡）绿色和天酞蓝色识别色的法规和标准。

表 6.4　规定采用浅（淡）绿色识别色的法规和标准

发布年份	法规或标准名称
1987	《北京市中水设施建设管理试行办法》
1995	《城市中水设施管理暂行办法》
2003	《青岛市城市再生水利用管理办法》
2003	《大连市城市中水设施建设管理办法》
2004	《昆明市城市中水设施建设管理办法》
2012	《包头市再生水管理办法》
2013	《石家庄市节约用水办法》
2014	《天津市再生水管网运行、维护及安全技术规程》（DB 29 225—2014）
2018	《建筑中水设计标准》（GB 50336—2018）
2021	《建筑给水排水与节水通用规范》（GB 55020—2021）
2022	《再生水输配系统运行、维护及安全技术规程》（T/CUWA 30051—2022）

表 6.5　规定采用天酞蓝色识别色的法规和标准

发布年份	法规或标准名称
2002	《城市污水处理厂管道和设备色标》（CJ/T 158—2002）
2020	《城市污水再生利用　城市杂用水水质》（GB/T 18920—2020）
2020	《水回用指南　再生水分级与标识》（T/CSES 07—2020）

1987 年，北京市出台的《北京市中水设施建设管理试行办法》最早提出"中水管道、水箱等设备外部应涂成浅绿色"的要求。1995 年，建设部（现住房和城乡建设部）出台的《城市中水设施管理暂行办法》中也采用了浅绿色作为再生水管道的识别色。此后，各城市出台的相关法规对再生水管道识别色的要求均与《城市中水设施管理暂行办法》保持协调一致。

《建筑给水排水与节水通用规范》规定中水管道采用淡绿色（G02）作为识别色。淡绿色（G02）是《漆膜颜色标准》（GB/T 3181—2008）中规定的标准漆色之一。由于浅绿色与淡绿色两种颜色无明显视觉差异，可将其视为同一类识别色，统一对应于《漆膜颜色标准》中的 G02。

　　建设部（现住房和城乡建设部）2002 年发布的行业标准《城市污水处理厂管道和设备色标》（CJ/T 158—2002）中首次规定城市污水处理厂内的回用水管道采用天酞蓝色作为识别色。此后，《城市污水再生利用 城市杂用水水质》（GB/T 18920—2020）和《水回用导则 再生水分级》（T/CSES 07—2020）等标准引用了《城市污水处理厂管道和设备色标》对回用水管道识别色的要求，并将其适用范围进行了扩大，规定整个再生水输配系统内再生水管道均采用天酞蓝色作为识别色。

　　再生水管道采用浅绿色识别色的要求最早来源于《北京市中水设施建设管理试行办法》和《城市中水设施管理暂行办法》；采用天酞蓝色识别色的要求最早来源于《城市污水处理厂管道和设备色标》。《城市中水设施管理暂行办法》《城市污水处理厂管道和设备色标》均由建设部（现住房和城乡建设部）发布，两项文件的适用范围是不同的，在当时并无冲突。《城市中水设施管理暂行办法》主要针对建筑中水系统，而《城市污水处理厂管道和设备色标》则适用于城市污水处理厂厂区内部的管道和设备。这两项文件的发布也体现了当时以分散式再生水利用系统为主的再生水利用格局。

　　随着城市污水处理厂提标改造和再生水市政管网不断完善，集中式再生水利用系统迅速发展。不同单位在制定集中式再生水利用系统的相关标准时所引用的文件有所不同。比如《天津市再生水管网运行、维护及安全技术规程》（DB29-225—2014）与《城市中水设施管理暂行办法》保持一致，采用淡绿色作为再生水管道识别色。而《城市污水再生利用 城市杂用水水质》则引用《城市污水处理厂管道和设备色标》，将原本适用于污水处理厂厂区内部的再生水管道识别色标准扩大到了市政输配管网和用户端。因此，便形成了目前再生水管道识别色标准不统一的现状。

　　基于以下两点考虑：①法规效力高于标准；②集中式再生水利用系统与分散式再生水利用系统中再生水管道识别色应保持统一。因此，北京市地方标准《再生水利用指南》系列以国家法规《城市中水设施管理暂行办法》和北京法规《北京市中水设施建设管理试行办法》为依据，与《建筑中水设计标准》（GB 50336—2018）、《建筑给水排水与节水通用规范》（GB 55020—2021）等强制性国家标准相协调，采用浅绿色（G02）作为再生水管道的识别色。

标准第 7 章　监测

　　标准第 7 章规定了再生水监测要求，包括供水企业和用户的水质监测以及再生水用于绿地灌溉时对绿地的监测等内容。

标准条款：

7.1 再生水供水企业应建立完善的水质水量监测系统，按照供水协议的要求进行水质监测，并及时向用户提供水质信息。

条款释义：

标准条款 7.1 规定了再生水供水企业水质水量监测的要求。

再生水供水企业应根据供水协议保障到达用户端的再生水的水质安全和水量稳定，水质水量监测是其中重要的一个环节。供水企业应建立完善的水质水量监测系统，并及时向用户提供水质信息。供水企业的监测项目应包括《城市污水再生利用 城市杂用水水质》（GB/T 18920—2020）的基本控制项目和供水协议中的所有水质指标。检测方法和频率也应满足《城市污水再生利用 城市杂用水水质》的要求。

北京城市排水集团设有专门水质信息公开网站，公开其运营的污水处理厂/再生水厂出水水质监测值，包括日均值与月均值。

标准条款：

7.2 用户宜根据实际需求进行水质监测，主要监测项目、监测频率和检测方法见表 C.1。

条款释义：

标准 7.2 规定了用户进行再生水水质监测的一般要求。

再生水供水企业的水质监测点大多设在再生水处理设施总出水口（清水池）处，而再生水到达用户端之前还要经历一段距离的管网输送。理论上讲，在供水企业处监测到的水质指标值不能真实反应用户所接收的再生水水质。作为再生水的使用方，用户应留意水中容易识别的水质指标，如嗅味、色度、悬浮性颗粒物等，通过指标变化来判断再生水水质情况，当某一指标出现异常时，及时联系再生水供水企业，查明原因，避免事故发生。考虑到市政杂用用户复杂，情况各异所以推荐有条件的用户自行建立水质监测系统，有针对性地监测相应途径的关键水质指标，以保障再生水的安全利用。

用户建立水质监测系统时，可根据再生水利用模式选择最合理有效的监测取样点。对于采用集中式再生水利用系统的区域，再生水经再生水管网输送至用户管网，对于冲厕这一途径，让每个用户单独去进行水质监测并不现实，所以建议由小区物业在再生水市政管网接入小区的总表处设立监测点，从而对整个小区的再生水水质进行统一监测。

标准条款:

7.3　再生水用于城市绿化时,用户宜监测植物生长状况和土壤残留。监测项目、监测频率和检测方法见 DB11/T 672。

条款释义:

标准条款 7.3 规定了再生水用于城市绿化时,用户进行再生水水质监测的一般要求。

再生水用于绿地灌溉时,应关注再生水对植物生长和土壤质量的影响。建议通过对植物生长状况和土壤质量进行监测来评估再生水的影响。土壤监测的项目、频率及方法可参照《城市绿地再生水灌溉技术规范》(DB11/T 672—2023)。

标准第 8 章　用户安全保障

市政杂用的潜在风险类别可分为三类:人体健康风险、植物毒害风险以及设备损坏风险,具体见表 6.6。该标准第 8 章规定了再生水用于冲厕、车辆冲洗、城市绿化、道路清扫等场景时的用户安全保障措施。

表 6.6　再生水市政杂用不同途径存在的风险

使用途径	潜在风险	风险产生场景
冲厕	人体健康风险 (再生水污染自来水管网)	自来水管道与再生水管道错接
		水箱内再生水进入自来水管道
车辆冲洗	人体健康风险	工作人员近距离接触再生水
城市绿化	人体健康风险	公众吸入灌溉设施产生的水雾
		公众误饮误用再生水
	影响植物生长状况	再生水含盐量高于植物耐盐性
道路清扫	人体健康风险	公众吸入清扫作业时产生的水雾
	清扫车辆水箱腐蚀	水箱长时间与再生水接触发生电化学腐蚀

(1)冲厕。

标准条款:

8.1.1　利用再生水的便器水箱不应同时设置自来水进水管。

8.1.2　当再生水二次供水水箱设有自来水补水管时,补水管从水箱上部或顶部接入,其出水口最低点 高出溢流边缘的空气间隙不小于 150mm。补水管不应采用淹没式浮球阀补水。

条款释义：

标准条款 8.1.1 和 8.1.2 规定了再生水用于冲厕时系统设计的要求。

目前采用再生水进行冲厕的建筑内，再生水管道系统采用独立系统，其设计方式与自来水管道系统设计类似。对低层用户采用直接供水，充分利用市政管网水压，对中高层用户采用二次供水，即再生水先进入储存设备，如水箱或水池，再通过水泵二次加压将再生水输送至用户。这种设计形式往往不考虑备用水源，当再生水厂遇到检修等情况需要停止供水时，用户也会经历停水。这种设计中便器水箱只与再生水管道连接，有些用户私自对自来水管道进行改造，将自来水管道也接入便器水箱。当便器水箱同时连接再生水进水管和自来水进水管时，存在极高的再生水倒流进入自来水管网的风险，所以上述情况被严格禁止。

对不能停水要求比较高的用户，通常自行对管道系统进行改造，比如取消直接供水，再生水进水直接进入储存设施，在储存设施中设置自来水补水管，当再生水停水时，可以启用自来水来保障冲厕用水需求。在这种情况下应采取措施防止再生水通过自来水补水管进入自来水管网造成污染。比如在自来水补水管口最低点与溢流水位之间设置至少 150mm 的空气隔断，具体设置示例见图 6.5。

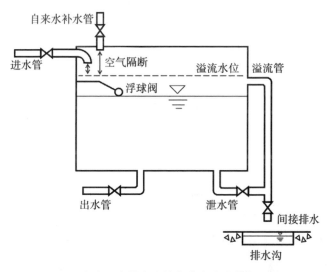

图 6.5　再生水二次供水水箱自来水补水管道设置示例

标准条款：

8.1.3　长时间不使用便器时，应采取措施（如将水箱中的水排空、向水箱内投加消毒剂等）防止微生物滋生。

条款释义：

标准条款 8.1.3 规定了再生水用于冲厕时用户可采取的安全保障措施。

再生水中的有机物可以为冲厕系统尤其是水箱中的微生物提供碳源，当便器长时间闲置时，水箱中易产生微生物滋生的现象，甚至会形成生物膜滋养一些原生动物和后生动物，产生冲厕系统堵塞和人体健康风险。所以长时间不使用便器时应关闭便器进水阀门，将便器排空，或向水箱内投加消毒剂。

（2）车辆冲洗。

标准条款：

8.2.1　宜采用非直接接触式的洗车方式（如隧道式洗车机等）。

8.2.2　采用龙门式洗车机洗车、手动洗车等方式时，工作人员宜采取安全防护措施（如佩戴口罩等）。

条款释义：

标准条款 8.2.1 和 8.2.2 规定了再生水用于洗车时用户可采取的安全保障措施。

洗车过程中存在一系列再生水喷洒的动作，是人体暴露风险高的途径之一。吴乾元等（2013）研究了再生水用于洗车时，手工洗车和龙门式洗车机洗车两种洗车方式对典型人群的暴露剂量特征，发现洗车工作人员的再生水日暴露量远高于车主。而对于洗车工人，采用手工洗车时的再生水日暴露量为采用龙门式洗车机洗车时的 5 倍以上（表6.7）。

表 6.7　再生水用于手工洗车和龙门式洗车机洗车的暴露剂量

洗车方式与典型人群	手工洗车		龙门式洗车机洗车		
	清洗工	车主	冲浮土工	洗车机操作工	车主
再生水日暴露量/（mL/d）	15.5	0.11～0.15	3.1	2.5	0.12～0.16

因此，建议采用机械自动化操作的隧道式洗车机洗车。当采用龙门式洗车机洗车或手工洗车时，应采取有效措施减少再生水的吸入暴露，如佩戴口罩等。

（3）城市绿化。

标准条款：

8.3.1　应在再生水灌溉区域内设置明确的提示标识。

条款释义：

标准条款 8.3.1 规定了再生水用于城市绿化时的标识要求。

目前北京市绝大多数使用再生水灌溉的公园对再生水的管理较为粗放，"再生水"标识设置严重不到位。游客在不知情的情况下使用再生水洗手、洗脸甚至误饮的事件时有发生，存在极大的安全隐患。所以，公园对于游客可以接触到再生水的管理应予以足够的重视，确保再生水使用区域内的警示标识能够对游客起到提示效果，并安排专门人员对灌溉设施进行管理。

标准条款：

8.3.2　宜将灌溉作业安排在公众暴露少的时间段并采用公众暴露风险低的灌溉方式（如微灌等）。

条款释义：

标准条款 8.3.2 规定了再生水用于城市绿化时可采取的安全保障措施。

北京市委生态文明建设委员会印发的《北京市节水行动实施方案》中要求，推进园林绿化精细化用水管理，因地制宜建设微灌、喷灌等高效节水灌溉设施。目前常用的灌溉方式包括滴灌、喷灌、微灌、人工灌溉（管灌）等。滴灌是节水效率极高的一种灌溉方式，但再生水中 TDS 高于自来水，难溶盐析出极易堵塞滴灌设备。此外，滴灌系统中水利条件稳定，微生物消耗再生水中有机物，易生成生物膜，进一步加重滴灌系统的堵塞。北京市各公园绿地的灌溉经验也验证了上述论点，故再生水灌溉不推荐使用滴灌。微灌是通过管道系统与安装在末级管道上的灌水器，将水和作物生长所需的养分以较小的流量，均匀、准确地直接输送到作物根部附近土壤的一种灌溉方式，采用该方法人体暴露风险低，安全性较高。微灌和喷灌均是较为自动化的灌溉方式，可以和湿度传感器等一系列传感器配套组成智能化灌溉系统，将是未来灌溉系统的发展趋势。

标准条款：

8.3.3　宜考虑再生水中溶解性总固体含量对植物的影响，可根据再生水中溶解性总固体含量选择具有相应耐盐性的植物种类。常见植物推荐见 DB11/T 672。

条款释义：

标准条款 8.3.3 规定了再生水用于城市绿化时的植物选择要求。

再生水用于绿地灌溉时不仅要考虑对公众及从业人员的健康影响，还应考虑其对植物、土壤以及地下水的影响。再生水规划用于绿地灌溉前，宜对绿地的土壤全盐量、氯化物、pH 值、重金属等指标进行调查和评价，科学确定灌溉水量、灌溉频率、灌溉方式和植物种类。灌溉水量和灌溉方式可根据《城镇绿地养护管理规范》（DB11/T 213—2022）的要求，结合北京市的气候和土壤条件以及所种植的植物种类进行确定。在确定植物种类时应充分考虑不同植物的耐盐性，具体见表 6.8。

表 6.8　常见园林植物的耐盐性

耐盐性	植　物　种　类
较弱	玉兰、棣棠、紫薇、油松
中等	银杏、白皮松、雪松、竹类等
较强	乔木：杨树、柳树、白蜡、栾树、法桐、泡桐、椿树、国槐、桧柏、马褂木、杜仲等 灌木：碧桃、珍珠梅、黄刺玫、迎春、连翘、丁香、女贞、小檗、海棠、锦带、海州常山、月季、玫瑰、金银木、扶芳藤、卫矛、猬实、太平花、紫叶李、黄杨、沙地柏、火炬树等
	草坪地被：冷季型、暖季型草坪草及地被植物 年生花卉：彩叶草、孔雀草、万寿菊、马齿苋等 宿根花卉：萱草、鸢尾、景天等 藤本：地锦、紫藤等

（4）道路清扫

标准条款：

8.4.1　利用再生水的道路清扫车辆应设置明确的提示标识。

8.4.2　采取措施防止清扫车辆水箱腐蚀（如使用防腐涂料等）。

8.4.3　宜将道路清扫作业安排在公众暴露少的时间段。

条款释义：

标准条款 8.4.1～8.4.3 规定了再生水用于道路清扫时的日常管理要求。

再生水用于道路清扫时，一般采用清扫车作业的方式进行。在作业过程中，水中的微生物、有毒有害污染物在随空气运动的过程中，会因为水的逐渐雾化，形成气溶胶被人体吸入。所以一方面清扫车应设置再生水标识以起到提醒公众的作用，另一方面清扫作业应尽量避开人群，如选在人员暴露少的时段进行。此外，由于清扫车水箱长时间与再生水接触，再生水中的无机盐等与水箱金属表面发生原电池反应，对水箱造成电化学腐蚀。所以应对水箱进行必要的防腐操作，比如用防腐涂料进行处理。

标准第 9 章 日常管理

标准第 9 章规定了再生水利用的日常管理要求。

标准条款：

9.1 建立健全各项管理制度，保证再生水设施正常运行。

9.2 制定检修维护制度，定期对再生水设施进行巡查和维护，密切关注嗅味、色度、浊度等指标，发现问题及时联系供水企业。

9.3 自建再生水深度处理设施的运行维护人员应依据法律法规，由市节水管理部门培训并考核合格后，持证上岗。

9.4 建立健全再生水利用档案管理制度，所有程序和过程进行全面准确的记录、备份和归档。

条款释义：

标准条款 9.1～9.4 规定了再生水用户管理制度建立、人员培训、巡检职责、档案管理等内容。

《北京市排水和再生水管理办法》第四条规定，排水和再生水设施运营单位应当依法履行维护管理职责，保证设施安全正常运行，及时处置排水和再生水突发事件。第十三条规定，排水和再生水设施运营单位应当具备必要的人员、技术和设备条件，并履行以下职责：（一）建立健全各项管理制度，保证设施正常运行；（二）制定年度养护计划，并按照计划对设施进行巡查、养护、维护；（三）完好保存设施建设资料和巡查、养护、维护记录等档案，逐步实现档案的信息化管理；（四）对运行操作人员进行专业技能和安全生产教育培训；（五）落实安全管理制度，遵守各项安全操作规程，进入排水和再生水设施有限空间实施作业的，应当采取有效的安全防护措施。

《北京市中水设施建设管理试行办法》第八条规定了中水设施的管理人员必须经过专门培训，并经市节水办公室考核，领取合格证后，方可从事管理工作。《建筑中水运行管理规范》（DB11/T 348—2022）中规定了日常管理等内容。

《建筑中水运行管理规范》（ DB11/T 348—2022 ）：

5.3.1 应由具有相应专业能力的人员承担中水设施的运行管理和维护保养。

5.3.2 管理制度包括：

a）岗位责任制：应建立各部门、人员岗位责任制，明确运行管理的部门、主管领导、主管人员、操作人员、化验人员和维修人员等；

b）工艺操作规程：应有中水工艺系统流程图，各岗位的安全操作规程，系统启动与停运等运行操作规程，并应悬挂在现场明显位置；

c）巡检与记录制度：运行期间，应有巡视路线图和巡视要求，并应明示于中水处理站内明显位置。应有设备运行、水质检测、交接班记录和中水设施年报表，见表 D.1 和表 D.2；

d）设备和器材管理制度：应有维修保养手册，各项设备安全管理与日常维护保养方法，大、中、小修内容和设备档案记录，药品和备品备件的进货、保管、使用要求和记录；

e）危险化学品管理制度：对于次氯酸钠、臭氧等危险化学品，应有购置、储存、使用管理办法，且应符合国家和北京市相关规定。应有危险化学品的危险性警示标识、使用说明、预防措施和应急处理措施，并应悬挂在现场明显位置。

宜建立健全水质档案管理制度，完善各类档案资料的管理。各类档案资料包括项目审批文件、工艺说明书、管网图纸、水质监测记录、水平衡测试报告、设备设施维护运行记录、应急预案等。宜定期检查记录、报告和资料的管理情况，对破损的资料及时修补、复制或做其他技术处理。宜对水质检测方法、水质化验原始记录、水质分析化验汇总、仪器设备使用台账及需要保密的技术资料等进行归档。水质管理中的所有程序和过程宜进行全面准确的记录、备份和归档。保证取样记录、化验记录、数据分析报告及相关的水质管理资料的准确完整、字迹清晰、真实有效。记录、备份和归档材料宜做到妥善保管、存放有序、查找方便；装订材料应符合存放要求，达到实用、整洁、美观的效果。

标准第 10 章 应急管理

标准第 10 章规定了再生水利用的应急管理要求，包括供水企业与用户双方的沟通联动机制和应急预案等内容。

标准条款：

10.1 供水企业和用户宜建立沟通联动机制，并针对传染病暴发、串接、水质异常等可能存在的事故和风险制定并及时启动应急预案。

10.2 供水企业应急预案至少包括对紧急事件的界定、应急预案的启动程序、相关部门和人员的职责、与相关部门和机构及用户的联络、停产安排、不符合标准的再生水的处置方法等。

10.3 用户应急预案至少包括应急预案的启动程序、事故风险分析、相关部门和人员的职责、处置措施等，处置措施中应明确备用水源等重要事项。

10.4 因突发事件和工程施工、设备维修等原因需要停止供水时，供水企业提前通知用户。

条款释义：

标准条款10.1～10.4规定了再生水利用的应急管理要求。

依据《北京市排水和再生水管理办法》，因工程施工、设备维修等原因需要停止向用户供水的，应当提前24h通知用户。发生灾害或者事故、突发事件的，再生水供水企业应当及时组织抢修并通知再生水用户，报告水行政主管部门。

依据住房和城乡建设部发布的《城镇污水再生利用技术指南（试行）》，用户应制定针对重大事故和突发事件的应急预案，建立相应的应急管理体系，并按规定定期开展培训和演练。应急预案至少要包括对紧急事件的界定、应急预案的启动程序、相关部门和人员的职责、与相关部门和机构及用户的联络、停产安排、不符合标准的再生水的储存和处置方法等。除系统运行过程中可能遇到的故障外，还应准备应对极端天气、自然灾害等紧急情况以及爆管、泄漏等事故的应急方案。应准备应急预案文件，对紧急情况下可能发生的风险以及应对措施的有效性进行评估；对应急预案文件进行定期评估及更新；设立应急避难场所；设立紧急情况下的通知程序和机制。

依据《城镇污水再生利用技术指南（试行）》，特定用户应设有备用水源或应急供水方案。因此，当再生水水源可靠性不能保证时，再生水供水企业和用户宜设置备用水源或应急供水方案。

6.3 再生水市政杂用案例

6.3.1 月福汽车装饰等再生水利用

1. 再生水利用概况

月福汽车装饰大屯路店、奥运村店、德天汇通汽车服务中心3家洗车单位均采用再生水洗车。其中，月福汽车装饰奥运村店、德天汇通汽车服务中心位于清河再生水厂管网覆盖范围内，直接通过再生水管网接取再生水，月福汽车装饰大屯路店不在再生水管网覆盖范围内，委托北京城市排水集团使用水车输送再生水（图6.6）。月福汽车装饰大屯路店、奥运村店均采用机器洗车方式，德天汇通汽车服务中心采用人工洗车方式。

图6.6　水车向月福汽车装饰大屯路店输送再生水

2. 再生水水质

3家洗车单位均使用清河再生水厂生产的再生水，具体水质指标见表6.9。

表6.9　清河再生水厂出水水质

项　　目	再生水厂出水水质	《城市污水再生利用 城市杂用水水质》（GB/T 18920—2020）车辆冲洗用水
pH 值	7～8	6.0～9.0
SS/（mg/L）	2.5	—
色度/度	3	15
浊度/NTU	4.5	5
BOD_5/（mg/L）	1	10
TP/（mg/L）	0.15	—
氨氮/（mg/L）	0.35	5
TN/（mg/L）	10	—
粪大肠菌群数/（个/L）	4	—

可以看出，清河再生水厂再生水水质基本满足车辆冲洗的要求，粪大肠菌群、大肠埃希氏菌等指标值得重点关注，工作人员在洗车过程中应采取措施减少再生水气溶胶的吸入。

3. 再生水处理系统

月福汽车装饰大屯路店自建一套洗车废水收集处理系统，采用"混凝沉淀—介质过滤—氯消毒"的处理工艺，工艺流程见图6.7。

4. 洗车工艺

（1）机械洗车。月福汽车装饰大屯路店、奥运村店均采用机械洗车工艺，洗车机为隧道洗车机。该工艺主要包括两个环节：洗车机清洗（图6.8）和人工擦车（图6.9）。洗车机清洗主要在封闭空间内完成，再生水对洗车工人的暴露量较小，两个店内的相关负责工作人员未采取严格的保护措施。人工擦车过程主要由洗车工人手工擦除经过洗车机清洗后残留在车辆表面的水分，该过程存在擦车工人与再生水的皮肤接触。不同洗车店对于工作人员的要求不同，大屯路店擦车工人穿戴了口罩、手套等防护装备，奥运村店擦车工人未穿戴防护装备。

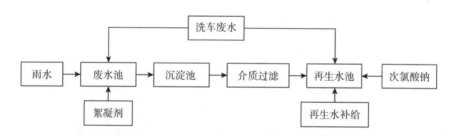

图 6.7 月福汽车装饰大屯路店洗车废水处理循环工艺流程

（a）月福汽车装饰大屯路店　　　　　　　　（b）奥运村店

图 6.8 隧道洗车机

（a）月福汽车装饰大屯路店　　　　　　　　（b）奥运村店

图 6.9　人工擦车

（2）手工洗车。德天汇通汽车服务中心采用手工洗车工艺（图 6.10）。手工洗车包括表面灰尘冲刷、喷洒清洗剂并擦洗、泡沫冲刷、车身水擦净等工序。其中，表面灰尘冲刷和泡沫冲刷工序均需要洗车工人手持高压水枪对车辆进行冲洗，工人与再生水水雾接触十分密切。

图 6.10　德天汇通汽车服务中心手工洗车

6.3.2　海淀区再生水道路清扫

1. 再生水利用概况

海淀环境工程有限公司是海淀区市政服务集团的子公司，负责经营海淀区 255 条道路的环卫作业，作业面积超 2000 万 m²。目前，在 13 个设有再生水取水点的区域采用再生水进行道路清扫作业，包括清河地区 6 个（清河污水处理厂）、田村地区 2 个（吴家村污水处理厂）、山后地区 5 个（永丰再生水厂），再生水用量约 550m³/d。

2. 再生水取水形式

道路清扫作业所使用的再生水全部取自再生水管线上的取水点。取水点有两种设置形式：一种是再生水水井（图6.11），另一种是再生水加水机（图6.12）。

图6.11　再生水水井　　　　　　　图6.12　再生水加水机

再生水水井井盖设有安全防护锁芯，工作人员取水时使用专用钥匙开启井盖开关，然后使用专用工具进行取水操作。加水机位于路面上，工作人员取水时使用加水卡登录用户账号并输入密码，然后进行取水操作。

3. 再生水水质

海淀环境工程有限公司所使用的再生水均来自清河再生水厂，北京城市排水集团中水分公司会定期在网上发布包括清河再生水厂在内的一系列再生水厂的水质监测数据。

4. 安全保障措施

在人体健康安全保障方面，海淀环境工程有限公司将清扫作业安排在夜间（0：00—7：00）和白天（9：00—17：00）两个时间段，以避开早晚高峰，减小再生水喷洒作业对市民的影响。

在设备使用安全方面，海淀环境工程有限公司使用的清扫车等作业车辆水箱内部均采取防锈或防腐蚀措施，以延长车辆使用年限。

5. 日常管理

海淀环境工程有限公司制定了《加水点使用管理规定》，每年对驾驶员及辅助人员进行专业培训。培训内容包括：①必须按指定地点上水，上水时应关闭发动机，防止扰民。②上水过程应有专人看守，防止再生水外溢，接好接口、轻开水闸、逐步开大。③上水后水闸关严，盖好井盖，禁止将工具、水管存放井内。④发现水闸有损坏或不能使用应及时报修等。

6.3.3　来福士中心再生水利用

1. 再生水利用概况

北京来福士中心位于东城区，共 4 栋建筑（2 栋酒店、1 栋商场、1 栋写字楼），除冲厕废水和餐饮废水外的全部生活污水（主要为酒店洗漱、洗浴废水）均收集进入污水池。污水池部分出水进入再生水处理系统，再生水处理能力约 $50m^3/d$，超出处理能力的污水经溢流口进入市政排水管网。所生产的再生水主要用于商场内冲厕和建筑周边绿地灌溉。所述两种途径的总用水量约 $120m^3/d$，通常情况下需补充自来水约 $70m^3/d$ 以满足用水需求。

2. 再生水处理系统

来福士采用"格栅—接触氧化—絮凝沉淀—石英砂过滤—活性炭过滤—消毒"的再生水处理工艺流程，具体见图 6.13。

污水来水中含有一定量的大颗粒悬浮物和漂浮物，为防止其对调节池中的污水泵及后续处理设备产生危害，在污水进入调节池之前先经过一道细格栅，经过细格栅粗滤的污水进入调节池。

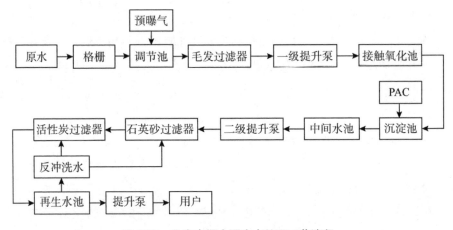

图 6.13　北京来福士再生水处理工艺流程

由于杂排水排放的波动性大，废水水质水量的变化对废水处理设备，特别是生物处理设备正常发挥其净化功能是不利的，甚至还可能遭到破坏。为此设调节池，用以进行水量的调节和水质的均和，降低后续处理工序的负荷。同时调节池设置预曝气系统，通过预曝气可以防止调节池中细小悬浮物沉淀，还可以去除部分 COD，减轻后续好氧生物处理的负荷。

调节池中的水用一级提升泵提升至后续处理设备，污水虽然经过了格栅的粗滤，但仍然含有一些毛发等细小纤维，为了防止毛发缭绕一级提升泵的叶轮，给一级提升泵造成危害，在一级提升泵前加装毛发过滤器（图 6.14），用以去除水中的毛发及细小纤维。

污水经一级提升泵提升后进入接触氧化池（图 6.15）。接触氧化池为该处理系统的主要设施。由于杂排水浓度不高，好氧生化池采用有机负荷较低的好氧生物接触氧化池，主要利用池中存在的好氧微生物及自氧型细菌（硝化菌）对有机污染物进行降解。池内设置半软性弹性填料，有利于微生物的生长，半软性填料具有传质效率高，有机物去除率高、节能、不易堵塞、耐腐蚀，耐老化，安装方便等优点。曝气采用喷射式水下曝气机进行曝气，喷射式水下曝气机产生气泡细而多、溶氧率高，噪声低，安装简单，维护容易。

污水从接触氧化池出来后，进入沉淀池。沉淀水中的颗粒物及微生物新陈代谢产物。沉淀后出水进入中间水池，中间水池为二级提升泵的泵前水池，主要用于储存接触氧化池出水。接触氧化池出水含有大量的 SS，要通过过滤进行去除。污水经二级提升泵提升后进入石英砂过滤器（图 6.16）和活性炭过滤器（图 6.17），经过石英砂和活性炭过滤除去细小颗粒后出水已基本满足回用标准，在进入回用水池之前先投加消毒剂进行消毒（图 6.18），消毒后通过管道混合气混合，使消毒剂与污水充分接触，达到最好的消毒效果后进入中水回用水池。

污水在经过石英砂过滤器和活性炭过滤器时，由于滤料不断截污，滤层孔隙逐渐减小，水流阻力不断增大，为保证出水水质，需对滤料进行反冲洗。反冲洗水由反冲泵供给，冲洗废水由排水沟排入集水坑，用排污泵排入化粪池或排入市政排水管道。

图6.14 毛发过滤器

图6.15 接触氧化池

图 6.16 石英砂过滤器

图 6.17 活性炭过滤器

图 6.18 次氯酸钠消毒装置

3. 再生水水质

北京来福士委托北京新捷房地产开发有限公司进行再生水水质检测,并出具检测报告,检测频率为半年一次,水质执行标准为《城市污水再生利用 城市杂用水水质》(GB/T 18920—2020)。来福士再生水水质见表6.10。

表 6.10　来福士再生水水质

水 质 指 标	再生水出水	《城市污水再生利用 城市杂用水水质》(GB/T 18920—2020)	
		冲厕	城市绿化
pH 值	7.45	6.0～9.0	6.0～9.0
色度/度	≤5	≤15	≤30
嗅	无不快感	无不快感	无不快感
浊度/NTU	≤0.5	≤5	≤10
五日生化需氧量/(mg/L)	≤1.3	≤10	≤10
氨氮/(mg/L)	≤0.06	≤5	≤8
阴离子表面活性剂/(mg/L)	≤0.05	≤0.5	≤0.5
铁/(mg/L)	≤0.03	≤0.3	—
锰/(mg/L)	≤0.01	≤0.1	—
溶解性总固体/(mg/L)	≤270	≤1000	≤1000
溶解氧/(mg/L)	≥6.79	≥2	≥2
总氯/(mg/L)	2.0	出厂≥1.0 管网末端≥0.2	出厂≥1.0 管网末端≥0.2
大肠埃希氏菌/(MPN/100mL 或 CFU/100mL)	—	不应检出	不应检出

注　1. "—"表示对此项无要求。
　　2. 来福士再生水水质检测报告中不含大肠埃希氏菌项目。

4. 再生水处理成本

再生水处理成本主要由两部分构成：支付给维保公司的维保费用（约 225 元/d）和设备运行中的电费（约 43 元/d）。系统处理能力按 $50m^3/d$ 算，吨水处理成本约 5.4 元/m^3。

5. 日常管理

来福士中心针对再生水处理系统制定了以下日常管理制度：

（1）生活水泵房内水取得二次供水卫生许可证，生活水操作人员必须取得员工健康证方可上岗。

（2）严格执行岗位操作规程：

1）岗位应张贴安全操作规程。

2）泵旋转的部件未加防护罩。

3）增加安全警示标志。

4）应急照明并保证完好。

（3）地沟应加盖板。

（4）安装电保护器，对满电保护器每月检查。

（5）消防泵房每月试运转 1 次。

（6）定期对阀门管道进行维护保养，发现异常情况及时上报。

（7）消防器材齐全有效，摆放整齐，定期检查，室内严禁堆放杂物，保持通道畅通。

（8）制定爆管、停水应急预案，并进行应急演练。

（9）水池/坑清洗需严格按照受限空间作业管理规定进行作业。

6. 应急管理

来福士中心针对再生水处理系统制定了应急管理制度：如遇突发事件（如：火灾、漏电等），以及其他灾害险情等，水泵房值班人员应做好以下工作：

（1）坚守岗位，严密监视水泵房内各项仪表指示。

（2）如水泵房内发生火灾，当机立断，先按操作规程切断受灾区域电源，再进行火灾扑救，同时报告上级领导。

（3）如水泵房内发生漫水或焊管，先按应急流程关闭相应阀门。

（4）同时立即将情况报告领导，保持通信联络的畅通。

（5）听从上级领导的统一指挥，及时进行现场实情查明，并根据情况及时抢修，或保护现场等候上级的处置命令。

（6）组织抢修，尽快恢复供水。

6.3.4 国贸大厦A座再生水利用

1. 再生水利用概况

国贸大厦A座位于朝阳区，是中国国际贸易中心建筑群中的重要建筑，内包含国贸商城北区西段、北京国贸大酒店、写字楼等。对建筑内全部生活污水（冲厕、洗浴、餐饮等）进行回收处理再利用，日产再生水约 $700m^3$（设计处理能力 $800m^3/d$），处理后再生水用于冲厕（$400m^3/d$）、绿地灌溉（$150m^3/d$）、空调冷却（$150m^3/d$）等途径。

2. 再生水处理工艺

国贸大厦A座采用以"A/O—MBR—臭氧活性炭"为核心的处理工艺，具体见图 6.19。

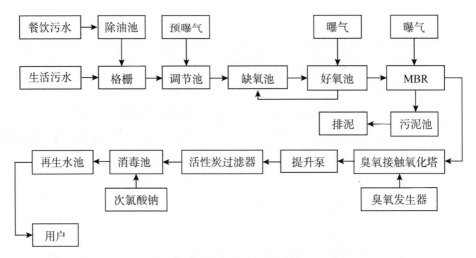

图 6.19　国贸大厦A座再生水处理工艺流程

餐饮污水经隔油池后乳化油含量依然较高，采用旋流除油池进行破乳处理。通过水力旋流器改变污水水力流态，使细小的乳化油逐渐凝聚成大油滴从而被分离去除。该单元油脂去除率可达80%以上。污水经调节池混合后进入 A/O 生物处理系统，通过氨化、硝化和反硝化作用实现污水 TN 去除。A/O 池出水进入核心处理单元 MBR 平板膜反应器，通过膜分离实现污泥和再生水的高精度分离，过滤精度达到 $0.1\mu m$。

该工艺对 COD 的去除率高于98%。工作人员2~3个月对 MBR 膜进行一次在线清洗，一年进行一次离线清洗。目前所采用的膜组件已正常运行 6.5 年，超过设计使用年限（5 年），尚未出现明显功能下降问题。MBR 池出水进入臭氧活性炭系统（图 6.20），通过臭氧杀灭水中病毒、细菌与致病微生物，同时实现再生水的脱色脱臭。通过活性炭吸附进一步降低再生水中 SS、TN、TP 浓度。

图 6.20 国贸大厦 A 座再生水处理装置（臭氧发生器）

3. 再生水水质

国贸大厦委托北京罗维测试科技有限公司进行再生水水质监测，监测项目包含《城市污水再生利用 城市杂用水水质》（GB/T 18920—2020）中要求的全部水质控制项目，监测频率为每季度一次。国贸大厦 A 座再生水水质见表 6.11。

4. 安全保障措施

国贸大厦 A 座内再生水管道设计时采用镀锌钢管以防止锈蚀，但因使用年限较久仍会出现锈蚀问题，目前正将锈蚀管道替换为衬塑镀锌钢管，以进一步加强其抗腐蚀能力。

国贸大厦 A 座内明装再生水管道标有 GW（Grey Water）的标识。

国贸大厦 A 座将自来水作为备用水源，再生水清水池内设自来水补水管。当出现水质不稳定、有客人反映冲厕水颜色味道异常时，会停止再生水供水，启用自来水供水，并对主要处理单元（MBR 池）进行检查。

5. 日常管理

国贸大厦 A 座针对再生水处理设施建立了巡检、维护制度并设置系统运行记录表。主要巡检内容如图 6.21 所示，巡检频率为 2 次/d。对于设施管理与维护人员培训采用传统的师父带徒弟形式，在实践中提高专业能力。

表 6.11　国贸大厦 A 座再生水水质

项　目	再生水出水	《城市污水再生利用 城市杂用水水质》（GB/T 18920—2020）	
		冲厕	城市绿化
pH 值	7.1	6.0～9.0	6.0～9.0
色度/度	≤5	≤15	≤30
嗅	无不快感	无不快感	无不快感
浊度/NTU	≤0.5	≤5	≤10
五日生化需氧量/（mg/L）	≤5.5	≤10	≤10
氨氮/（mg/L）	≤0.25	≤5	≤8
阴离子表面活性剂/（mg/L）	≤0.40	≤0.5	≤0.5
铁/（mg/L）	≤0.016	≤0.3	—
锰/（mg/L）	≤0.021	≤0.1	—
溶解性总固体/（mg/L）	≤282	≤1000	≤1000
溶解氧/（mg/L）	≥8.26	≥2	≥2
总氯/（mg/L）	0.34	出厂≥1.0 管网末端≥0.2	出厂≥1.0 管网末端≥0.2
大肠埃希氏菌/（MPN/100mL 或 CFU/100mL）	未检出	不应检出	不应检出

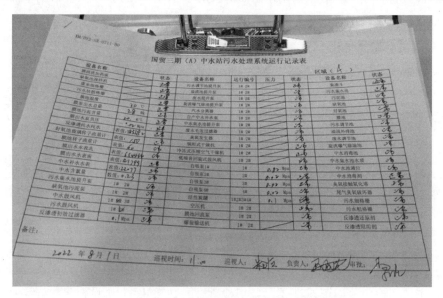

图 6.21　国贸大厦 A 座再生水处理系统运行记录表

第 7 章　再生水景观环境利用

　　景观环境利用是北京市再生水的主要用途之一。2021 年，北京市再生水利用量为 12 亿 m³，其中用于补给城市景观河道、湖泊及湿地等途径的再生水为 11.07 亿 m³，用水比例高达 92% 以上（北京市水务局，2021）。由于北京市计划在 2035 年再现京城水系，恢复历史河湖景观，并逐步以再生水替代南水北调用于景观环境，因此，未来再生水景观环境利用需求将持续增加。

　　为保障再生水在景观环境领域的安全、稳定、高效利用，北京市编制了《再生水利用指南 第 4 部分：景观环境》（DB11/T 1767.4—2020）。本章围绕再生水景观环境利用，对北京市地方标准《再生水利用指南 第 4 部分：景观环境》的主要内容进行解读，并介绍北京市景观环境利用的典型案例。

7.1　标准编制的主要思路与特点

　　《再生水利用指南 第 4 部分：景观环境》为《再生水利用指南》系列地方标准的第 4 部分，该标准于 2021 年 12 月 28 日发布，2022 年 4 月 1 日实施。

　　该标准基于北京市再生水水源特征及景观环境的长效管理新要求，重点回答再生水景观环境利用中的水质水量要求、深度处理、水质水量监测、水质维系、日常管理、风险管控、应急处理处置等问题，是首部针对用户的再生水景观环境利用标准。

　　（1）明确了再生水景观环境利用途径，并在各章节对不同利用途径的再生水水质水量要求、深度处理工艺等进行了规定。

　　（2）提出了再生水景观环境的全过程长效管理模式，从水质水量监测、污染物浓度控制、水力调控、水体生态维系、风险管控等方面为再生水景观环境利用的用水管理、运行维护提供技术指南。

　　该标准首次为再生水景观环境终端用户提供了专业性指导意见和规范。该标准和已有的国家再生水水质标准、设计规范和技术指南形成互补，共同构成再生水景观环境利用标准体系。标准的应用将促进北京市景观环境利用，提升行业管理水平。

7.2 标准的主要内容

《再生水利用指南 第4部分：景观环境》（DB11/T 1767.4—2021）规定了再生水景观环境利用的一般要求、水质水量要求、再生水深度处理、管理要求和应急管理。适用于再生水补给城市水系以及公园、住宅小区和单位内部的景观水体、景观湿地等。该标准的主要内容如下。

标准第4章 一般要求

标准第4章规定了再生水景观环境利用的一般要求，包括再生水在景观环境中的优先利用和安全利用原则，水质水量要求、深度处理和应急管理的一般要求。

标准条款：

4.1 城市水系以及公园、住宅小区和单位内部的景观水体、景观湿地应利用雨水和再生水，不应取用自来水。

条款释义：

标准条款4.1规定了再生水在景观环境中的优先利用原则。

依据《北京市节水行动实施方案》在全面建设节水型社会方面提出的要求，生态环境、市政杂用优先使用再生水、雨水。

依据《北京市节水行动实施方案》在非常规水挖潜方面提出的要求，住宅小区、单位内部的景观环境用水和其他市政杂用用水，应当使用再生水或者雨水，不得使用自来水。

标准条款：

4.2 再生水水源宜选用生活污水，或不含重金属、有毒有害景观环境废水的城市污水。

条款释义：

标准条款4.2规定了再生水水源要求。

再生水是以污水为水源，根据对生活污水、工业废水水质的调研情况，工业废水中含有较多有毒有害污染物，对人体健康及水生态的慢性致毒致害情况较复杂。

依据住房和城乡建设部发布的《城镇污水再生利用技术指南（试行）》，"城镇污水再生利用必须保证再生水水源水质水量的可靠、稳定与安全，水源宜优先选用生活污水或不包含重污染景观环境废水在内的城市污水。"因此再生水水源宜选用生活污水，或不含重金属、有毒有害景观环境废水的城市污水。

标准条款：

4.3 使用再生水的景观水体和景观湿地，应在显著位置设置再生水警示标识。

4.4 景观环境利用的再生水不应用于饮用、生活洗涤、游泳等可能与人体全身性接触的活动。

4.5 再生水受纳水体和湿地中的水生动植物不应被食用和售卖。

条款释义：

标准条款4.3～4.5规定了再生水标识及使用范围要求。

由于再生水与天然水源水尚存差异性，部分污染物浓度较高，为保证再生水景观环境利用的安全、可靠，应设置警示标识，并在人体接触程度等方面有明确界定。

依据《城市污水再生利用 景观环境用水水质》（GB/T 18921—2019）中安全要求6.1～6.3，"使用再生水的景观水体和景观湿地，应在显著位置设置再生水标识及说明。""使用再生水的景观水体和景观湿地中的水生动植物不应被食用。""使用再生水的景观环境用水，不应用于饮用、生活洗涤及可能与人体有全身性直接接触的活动。"

依据住房和城乡建设部发布的《城镇污水再生利用技术指南（试行）》，"除紧急情况外，禁止再生水用于人体直接接触用水（如洗浴液、游泳池用水等）、食品加工过程、医疗或医药品加工过程和洗衣业。"

标准条款：

4.6 再生水水质应达到GB/T 18921等相关标准的基本要求。

条款释义：

标准条款4.6规定了再生水景观环境利用的一般水质要求。

依据《城市污水再生利用 景观环境用水水质》（GB/T 18921—2019）的规定，再生水用作景观环境用水水源时，基本控制项目及指标限值应满足该标准的水质要求。

标准条款:

4.7　再生水供水企业和用户应签订供水协议,明确再生水的水质水量要求,供水企业根据协议保证再生水的水质水量稳定。

条款释义:

标准条款 4.7 规定了供水企业和用户签订供水协议的一般要求。

对于有明确水质水量要求的用户,宜与供水企业签订供水协议,明确水量和水质要求,根据水质要求确定监测项目,参考国家标准或北京市地方标准,明确监测内容,定期监测,以保证再生水的水质水量稳定。

标准条款:

4.8　再生水用户有更高水质要求时,应对再生水进行深度处理,保障再生水利用的可靠性和稳定性。

条款释义:

标准条款 4.8 规定了用户对再生水进行深度处理的一般要求。

再生水用户有更高水质要求时,应对再生水进行深度处理,保障再生水利用的可靠性和稳定性。

根据调研结果,北京市再生水主要为城镇污水厂二级出水或二级出水深度处理后的再生水,需达到《城镇污水处理厂水污染物排放标准》(DB11/ 890—2012)和《水污染物综合排放标准》(DB11/ 307—2013)的要求,基本满足《城市污水再生利用　景观环境用水水质》(GB/T 18921—2019)中河道类、湖泊类景观环境用水要求。但对于总氮指标来说,若再生水执行北京市地方排放 B 标准,只能满足河道类景观水体及景观湿地的总氮限值,不能利用于湖泊类、水景类景观水体。此外,娱乐性水景类中的粪大肠菌群限值为 3 个/L,远低于《城镇污水处理厂水污染物排放标准》中要求的粪大肠菌群 500 个/L(A 标准)和 1000 个/L(B 标准)的水质要求。因此,对于水质要求更高的景观环境,当再生水厂供给的再生水不满足景观环境水质要求时,可自行补充深度处理达到其水质要求。

标准条款:

4.9　用户应制定全过程的水质异常和突发事件预警、管理及应急措施,保障再生水利用安全。

条款释义：

标准条款 4.9 规定了再生水用户应急管理的一般要求。

再生水用户可能受到水质异常、突发事件等影响，为有效地应对水质异常或突发事件可能对再生水水量和水质造成影响（例如进水水质异常、处理单元失效、设施故障、极端气候条件、自然灾害、管道错接、疾病暴发等），用户应制定全过程的水质异常和突发事件预警，针对不同的水质异常情形和突发事件，采取相应的应对措施。

标准第5章 水质水量要求

标准第 5 章规定了再生水在不同景观环境利用途径中的水质水量要求，及重点关注指标，包括卫生学类指标、感官类指标、营养盐类指标、盐分指标等。

标准条款：

5.1 水质要求

5.1.1 用户宜根据 GB/T 18921、GB 3838 以及北京市水功能区划、景观水体水力条件、水生生物用水需求等实际情况，确定再生水的水质要求。

条款释义：

标准条款 5.1.1 规定了再生水景观环境利用时的水质要求。

再生水用作景观环境用水水源时，基本控制项目及指标限值应满足《城市污水再生利用 景观环境用水水质》（GB/T 18921—2019）的水质要求。然而，再生水景观环境利用途径和情景不同，对水质的要求也有较大差异，仅让再生水达到《城市污水再生利用 景观环境用水水质》要求，可能存在生态健康风险。

国家发展和改革委员会联合九部门印发《关于推进污水资源化利用的指导意见》中明确提出，污水再生利用应按用定质、按质管控。该标准为北京市地方标准，需在满足《城市污水再生利用 景观环境用水水质》基本水质要求的基础上，考虑北京市用水需求和特征。

根据前期调研结果，将北京市再生水景观环境分为景观水体和景观湿地两大类。其中，景观水体按照功能类型分为观赏性和娱乐性，按照水体类型分为河道类、湖泊类和水景类（瀑布、喷泉、池塘等）。对于湖泊类、水景类等景观环境，可能存在水体流动差、水力停留时间长、自身水质相对较差等问题，而且市内较多景观水体及景观环境属于地表水范畴，还应根据《地表水环境质量标准》（GB 3838—2002）和北京市水功能区划、水力条件、水生生物用水需求等确定相应的水质要求。

因此，宜根据景观水体的具体情况确定再生水水质要求。

标准条款：

5.1.2 宜重点关注粪大肠菌群、余氯等卫生学类指标，浊度、嗅味、色度等感官类指标，总氮、总磷等营养盐类指标，盐分等无机盐类指标。

条款释义：

标准条款 5.1.2 规定了再生水景观环境利用时宜重点关注的水质指标。

在充分考虑北京市用水需求和水体特征的基础上，以再生水按用定质为原则，再生水景观环境利用中宜重点关注粪大肠菌群、余氯等卫生学类指标，浊度、嗅味、色度等感官类指标，总氮、总磷等营养盐类指标，盐分等无机盐类指标。

病原微生物可通过呼吸吸入、皮肤接触等途径引发人体健康风险，大肠菌群为常用的病原微生物指示指标。余氯含量对于控制病原微生物的再生长非常重要。为保障再生水的安全，宜把粪大肠菌群、余氯等卫生学类指标设为重点关注指标。

景观水体具有观赏和娱乐功能，再生水用于这些用途时需重点关注其感官效果，为保障景观功能，宜把浊度、嗅味、色度等感官类指标设为重点关注指标。

氮、磷等营养盐类指标是引起景观水体富营养化、水华暴发的主要原因，因此宜把总氮、总磷设为重点关注指标。

盐分等无机盐类指标为水生生物生长的限制因子之一，水生生物对盐分有一定的适应范围和耐受极限，对于水生生物种类丰富的景观环境，宜把盐分等无机盐类指标设为重点关注指标。

标准条款：

5.1.3 粪大肠菌群、余氯等卫生学指标的水质要求宜根据再生水的景观环境用途、人群暴露情况等确定。

条款释义：

标准条款 5.1.3 规定了粪大肠菌群、余氯等卫生学指标的水质要求确定方法。

卫生学类指标应至少满足《城市污水再生利用 景观环境用水水质》（GB/T 18921—2019）的水质要求（表 7.1）。然而，病原微生物可通过呼吸吸入、皮肤接触等途径引发人体健康风险，从控制风险的角度来看，再生水中的病原微生物浓度应该降到越低越好，但必须考虑经济问题。因此还应根据景观环境用途和人群暴露情况等因素确定卫生学类指标的水质要求。此外，在确定余氯水质要求时，还应综合考虑其可能对水生生物及人体带来的风险。

表 7.1 卫生学类指标水质要求

水质指标	观赏性景观水体			娱乐性景观水体			景观湿地
	河道类	湖泊类	水景类	河道类	湖泊类	水景类	
粪大肠菌群 /（个/L）	1000	1000	1000	1000	1000	3	1000
余氯/（mg/L）	—	—	—	—	—	0.05～0.1	—

标准条款：

5.1.4 浊度、嗅味、色度等感官类指标的水质要求应结合公众感官感受等确定。

条款释义：

标准条款 5.1.4 规定了浊度、嗅味、色度等感官类指标的水质要求确定方法。

为保障景观功能，感官类指标应至少满足《城市污水再生利用 景观环境用水水质》（GB/T 18921—2019）的水质要求（表 7.2）。景观环境的感官质量即公众对水体质量的总体感觉和判断，因此感官类指标的水质要求还应结合公众感官感受确定。

表 7.2 感官类指标水质要求

水质指标	观赏性景观水体			娱乐性景观水体			景观湿地
	河道类	湖泊类	水景类	河道类	湖泊类	水景类	
基本要求	无漂浮物，无令人不愉快的嗅味						
浊度/NTU	10	5	5	10	5	5	10
色度/度	20	20	20	20	20	20	20

标准条款：

5.1.5 对于具备地表水环境功能的景观水体，总氮、总磷等营养盐类指标的水质要求宜根据 GB 3838 中相应的水质标准确定。

5.1.6 对于易发生水华的景观水体，若相关标准的氮磷限值无法满足水华控制要求时，宜根据环境条件（温度、光照等）、生态条件（水生植物、水生动物等）和水华藻类生长特性等确定氮磷浓度要求。

条款释义：

标准条款 5.1.5 和 5.1.6 规定了总氮、总磷等营养盐类指标的水质要求确定方法。

营养盐类指标基本水质要求可依据《城市污水再生利用 景观环境用水水质》（GB/T 18921—2019）确定。然而，由于再生水排入的景观水体及景观湿地属于地表水范畴，尚具有地表水环境功能，还应结合《地表水环境质量标准》（GB 3838—2002）考虑再生水景观环境利用的水质要求。上述标准关于营养盐类指标的水质要求如表 7.3 所示。

根据前期调研结果，北京市内 94.3% 的再生水处理水量可达到地表Ⅲ类化学需氧量标准，96.4% 的水量可达到地表Ⅲ类生化需氧量标准，98.4% 的水量可达到地表Ⅲ类氨氮标准，因此北京市再生水中化学需氧量、生化需氧量、氨氮等指标已基本达到再生水景观环境的地表水Ⅲ类水体环境功能，可满足再生水的景观环境利用，因此该标准仅对总氮、总磷等指标提相应的水质要求。

表 7.3 营养盐类指标水质要求

水质指标	《城市污水再生利用 景观环境用水水质》（GB/T 18921—2019）			《地表水环境质量标准》（GB 3838—2002）		
	观赏类	娱乐类	景观湿地	Ⅲ类	Ⅳ类	Ⅴ类
总磷 TP/（mg/L）	0.5（0.3）	0.5（0.3）	0.5（0.3）	0.2（0.05）	0.3（0.1）	0.4（0.2）
总氮 TN/（mg/L）	15（10）	15（10）	15	1	1.5	2

注 《城市污水再生利用 景观环境用水水质》（GB/T 18921—2019）中，括号内数值为湖泊、水景类景观环境用水水质限值；《地表水环境质量标准》（GB 3838—2002）中，括号内数值为湖、库的水质限值。

根据北京市再生水景观环境利用调研结果，北京市内以再生水为补水水源的景观环境一般为《地表水环境质量标准》（GB 3838—2002）中限定的Ⅲ～Ⅴ类水体，其中Ⅳ～Ⅴ类已属于水质相对较低、水体功能相对较弱的水体，特别是浅水型景观类水体，在夏季极易因水分蒸发、阳光充足和面源污染负荷输入等因素导致水体中氮磷浓度的积累和升高，易暴发水华。然而，《城市污水再生利用 景观环境用水水质》（GB/T 18921—2019）对氮磷浓度的限值则过于宽松，未考虑面源污染负荷输入和水分蒸发等因素造成的景观水体中氮磷浓度的积累和升高。因此，对于易发生水华的景观水体，相关标准的氮磷限值无法满足水华控制要求时，可基于水华藻类生长控制来确定氮磷水质要求，思路及方法包括以下几个方面（Song 等，2022）：

（1）根据水华暴发的藻密度限值，在藻类最大生长潜力研究的基础上，通过 Logistic 模型和 Monod 模型计算出景观水体（不流动或流动缓慢）的氮磷限值。

（2）构建景观水体氮磷浓度模型，综合考虑氮磷输入、输出和累积，在步骤（1）

的基础上，通过模型初步确定再生水（用于不流动或流动缓慢的景观水体）回用的氮磷水质要求。

（3）充分考虑景观水体环境特质、水体自净功能和水质保障措施（水生生物和人工湿地净化水质等），在步骤（2）的基础上确定再生水实际景观水体利用的氮磷水质要求。

标准条款：

5.1.7 对于景观湿地，盐分等无机盐类指标的水质要求宜根据湿地植物种类等因素确定。

条款释义：

标准条款 5.1.7 规定了盐分等无机盐类指标的水质要求。

依据住房和城乡建设部发布的《城镇污水再生利用技术指南（试行）》，"再生水用于自然和人工湿地时，用户应考虑盐度对湿地植物生长的影响，可选择耐盐植物或选择盐分低的再生水。"水生生物对盐分有一定的适应范围和耐受极限，景观湿地中的水生生物种类丰富，为保障再生水受纳环境中水生生物的正常生长，宜根据湿地植物种类等因素来确定再生水中盐分的水质要求。

标准条款：

5.1.8 宜关注内分泌干扰物（EDCs）和药品及个人护理品（PPCPs）等新兴微量污染物指标。水景类娱乐性景观水体还应重点关注总细菌数、军团菌等致病微生物指标。

条款释义：

标准条款 5.1.8 规定了再生水景观环境利用时宜关注的水质指标。

对于目前国际上比较关注的具有一定健康生态风险的内分泌干扰物（EDCs）、药品及个人护理品（PPCPs）等新兴微量污染物，鉴于我国研究现状，尚不对此类污染物指标规定水质要求，但纳入跟踪监测建议中，鼓励再生水用户根据实际情况跟踪监测这类污染物，以便积累相关数据资料，为未来标准的完善修订、地方标准的制定等提供依据。目前，我国再生水利用水质标准中，尚无微量有机污染物的水质标准，可参考《水回用指南 再生水中药品和个人护理品类微量污染物去除技术》（T/CSES42—2021）、《欧盟水回用水质标准》等。

水景类娱乐性景观水体与人体接触较多，用水要求严格。再生水中总细菌数的

90%以上为革兰氏阴性菌，其细胞壁上的毒素和微生物组分是再生水中诱导炎症反应的关键因子，因此，总细菌数可作为再生水中内毒素控制的关键指标。此外，军团菌等致病微生物也在景观水体中检出，由于军团菌易引起以发热和呼吸道症状为主的疾病，用户宜关注上述指标，军团菌的检测方法可依据《循环冷却水中军团菌的检测与计数》（HG/T 4323—2012）。

标准条款：

5.2　水量要求

5.2.1　用户宜根据景观环境功能、景观水体水力条件等因素确定再生水的水量要求。

5.2.2　宜根据 SL/Z 712 等相关标准的基本要求，或依据景观要求、管理经验等确定补水量。

5.2.3　宜根据季节性用水需求，结合运行状况和水体水质情况，及时调整补水量。

条款释义：

标准条款 5.2.1～5.2.3 确定了再生水景观环境利用的水量要求。

根据前期调研结果，确定再生水景观环境水量要求时，应收集景观水体和景观湿地所在区域的基本资料，包括相关规划、自然地理资料（地形地貌、水系图、景观环境特征等）、所在地可用水源情况（再生水供水量、降水量、水资源开发量等）、补水情况等确定再生水的水量要求。

由于再生水景观环境水量需求与水体水力条件密切相关，还应调研景观水体、景观湿地的水力停留时间、流动速度等水力条件。对于水力停留时间过长，流速过慢或存在死区和环流区等问题的景观水体，可通过增加补水量缩短水力停留时间以维持良好的感官效果。缩短水力停留时间对再生水供水的水量要求更高，因此，除满足基本生态环境需水量外，可根据水力停留时间、景观水体容积、流速等推算再生水需水量，确定水量要求。

《河湖生态环境需水计算规范》（SL/Z 712—2021）规定了生态环境需水量计算方法。宜根据景观环境的实际情况和生态环境功能，结合管理经验，科学合理地确定再生水补水量。

北京市一般每年 6 月开始进入汛期，6—9 月的降雨量约占全年的 85%，因此需要根据季节性用水需求，弹性确定再生水景观环境的再生水补水量，结合运行总结和监测分析，确定水量需求。

标准第 6 章 再生水深度处理

标准第 6 章规定了再生水的深度处理要求。由于景观环境用途不同，用户可能在个别指标对景观环境利用的再生水有更高水质要求，当再生水厂供给的再生水不满足景观环境水质要求时，可自行补充深度处理达到其水质要求。

标准条款：

6.1 根据实际情况，用户需要对再生水进行深度处理时，宜通过综合技术经济比较，选择技术可靠、经济合理的处理工艺。

6.2 再生水深度处理工艺详见附录 A。宜因地制宜，兼顾景观，优先选用人工湿地、植物塘等生态处理技术。

条款释义：

标准条款 6.1 和 6.2 规定了再生水的深度处理工艺。

再生水深度处理工艺设计方案宜根据再生水厂供给的再生水的水质情况，水质要求制定，通过试验或借鉴已建工程的运行经验、综合技术经济比较，选择技术可靠、经济合理的处理工艺。

再生水深度处理工艺参考了《城镇污水再生利用指南（试行）》《水回用指南 再生水分级与标识》。由于人工湿地、植物塘等生态处理技术兼具净化水质、景观功能等，可根据景观环境的实际情况，因地制宜，优先选用生态处理技术。目前，北京市内奥林匹克森林公园、圆明园等单位均采用了生态处理技术进一步净化水质，水质可达地表Ⅲ～Ⅳ类标准。

《城镇污水再生利用指南（试行）》第三章详细规定了深度处理技术，包括混凝沉淀、介质过滤（含生物过滤）、膜处理、氧化等单元处理技术及其组合技术。主要功能为进一步去除二级（强化）处理未能完全去除的水中有机污染物、总悬浮物、色度、嗅味和矿化物等。消毒是再生水生产环节的必备单元，可采用液氯、氯气、次氯酸盐、二氧化氯、紫外线、臭氧等技术或其组合技术。

《水回用指南 再生水分级与标识》（T/CSES 07—2020）中 4.1 条款中规定了再生水的 A、B 和 C 三个等级及各分级工艺的基本要求。其中 B1 等级再生水可用于观赏性景观环境用水（河道类、湖泊类、水景类），B1 等级再生水需在二级处理的基础上，增加三级处理单元，三级处理技术包括：混凝、沉淀、过滤、曝气生物滤池、反硝化滤池、人工湿地、膜（微滤、超滤）、臭氧、消毒等；A4 等级再生水可用于娱乐性景观环境用水（河道类、湖泊类、水景类），A4 等级再生水需在三级处理的基础上，增加四级处理单元，四级处理技术包括：纳滤、反渗透、高级氧化（臭氧/紫外线/双氧水）、活性炭吸附、生物活性炭、离子交换、消毒等。

主要单元技术功能和特点包括：混凝沉淀技术可强化总悬浮物、胶体颗粒、有机物、色度和总磷的去除，保障后续过滤单元处理效果。介质过滤可进一步过滤去除总悬浮物、总磷，稳定、可靠，但占地和水头损失较大。生物过滤可进一步去除氨氮或总氮以及部分有机污染物。臭氧技术可氧化去除色度、嗅味和部分有毒有害有机物，有效灭活细菌、病毒和原虫，但无持续消毒效果。人工湿地、植物塘等生态处理技术可进一步去除总氮、总磷，强化总悬浮物、胶体颗粒物、病原微生物等污染物的去除。消毒可有效灭活细菌、病毒，目前，常用的氯消毒方式虽然具有持续杀菌作用，且技术成熟，但易产生卤代消毒副产物。

为了达到不同用途的水质要求，可将各种再生水深度处理技术进行有机结合，推荐再生水深度处理工艺组合详见表 7.4。

表 7.4　再生水深度处理工艺选择

深度处理工艺	观赏性景观环境用水	娱乐性景观环境用水	景观湿地环境用水
进水→混凝沉淀→消毒	可选择		可选择
进水→介质过滤→消毒	可选择		可选择
进水→生物过滤→消毒	可选择		可选择
进水→植物塘→消毒	可选择		可选择
进水→人工湿地→消毒	可选择		可选择
进水→人工湿地→植物塘→消毒	可选择	可选择	
进水→臭氧→消毒		可选择	
进水→生物过滤→臭氧→消毒		可选择	
进水→介质过滤→臭氧→消毒		可选择	

标准条款：

6.3　再生水用于娱乐性水景类景观水体时，宜在再生水补水口设置消毒设施，保证水质安全。

6.4　消毒技术宜采用紫外线、臭氧等，可根据需求采用不同消毒组合工艺以提高消毒能力，控制消毒副产物生成。

条款释义：

标准条款 6.3 和 6.4 规定了消毒处理工艺要求。

根据调研结果，北京市再生水中的粪大肠菌群基本满足《城市污水再生利用 景观环境用水水质》（GB/T 18921—2019）中河道类、湖泊类景观环境用水要求。但娱乐性水景类中的粪大肠菌群限值为 3 个/L，远低于《城镇污水处理厂水污染物排放标准》（DB11/ 890—2012）中要求的 500 个/L（A 标准）和 1000 个/L（B 标准）的水质要求。因此，娱乐性水景类景观水体应重点关注病原微生物类指标，亟须在再生水补水口设置消毒设施来保证水质安全。

对于消毒技术的选择，由于氯消毒会产生余氯，虽然余氯含量对于控制病原微生物的再生长非常重要，但余氯不仅会引起嗅觉上的刺激，可能对鱼类等水生生物产生急性毒性，因此，再生水用作景观环境用水时，在保证消毒效果的同时应避免氯过度消毒。可采用非加氯的消毒方式，如臭氧或紫外线消毒技术，防止余氯及消毒副产物对人体的影响。由于病原微生物在消毒过程中易出现复生长等现象，建议采用组合消毒方式保障再生水的安全利用。

标准条款：

6.5 深度处理工艺运行中，在达到再生水水质要求的前提下，应避免过量投加化学药剂。

条款释义：

标准条款 6.5 规定了深度处理工艺中的药剂投加要求。再生水深度处理工艺运行中，可能需投加缓蚀剂、阻垢剂、杀菌剂、絮凝剂、清洗剂、预膜剂等化学药品，会有一定的排放量进入再生水中，对水生生物产生影响。因此，在达到再生水水质要求的前提下，应避免过量投加化学药剂，并考虑各类水处理药剂对环境的影响。

标准第 7 章 管理要求

标准第 7 章规定了再生水景观环境利用的管理要求，包括水质水量监测、水质维系、风险管控、日常管理等内容。

标准条款：

7.1 水质水量监测

7.1.1 再生水供水企业和用户宜定期监测再生水的水质和水量。

7.1.2 再生水供水企业水质水量监测点应设置在再生水厂总出水口、再生水补水口等。

7.1.3　用户水质水量监测点应设置在再生水补水口、景观环境地表水监测断面等。水体易发水华季节宜加设监测点。

条款释义：

标准条款 7.1.1～7.1.3 规定了供水企业和用户对再生水进行水质水量监测的一般要求。

宜设置定期监测点，并确定相应的水质监测指标和监测频率。当各单元发生水质异常、突发事件时，可依据监测点水质监测信息，及时查明原因、采取措施解决水质异常问题或应对突发事件。

依据《城市污水再生利用　景观环境用水水质》（GB/T 18921—2019），再生水供水企业宜在总出水口、再生水补水口设置监测点，建议采用在线监测系统，及时采集水样。用户宜在再生水补水口设置取样点，方便化验人员定期采集水样；对于有地表水监测断面的景观环境，应在监测断面上设置监测点，定期采样监测。在水体易发水华季节，宜在景观水体中加设监测点，及时预测水华动态。

标准条款：

7.1.4　水质水量主要监测项目和监测频率应符合相关标准，参见附录 B。

7.1.5　样品的保存和管理方法应符合相关标准，参见 HJ 493。

7.1.6　水质水量监测方法应符合相关标准，参见附录 C。

条款释义：

标准条款 7.1.4～7.1.6 规定了水质水量监测项目、监测频率及监测方法。

水质监测项目应包括《城市污水再生利用　景观环境用水水质》（GB/T 18921—2019）和景观环境地表水监测断面要求的基本控制项目，地表水监测断面的监测项目可根据《地表水环境质量标准》（GB 3838—2002）确定。此外，当用户和再生水厂供水协议中有其他水质要求时，也宜纳入进水水质监测项目。

水质水量主要监测项目的监测频率可根据《城市污水再生利用　景观环境用水水质》《地表水和污水监测技术规范》（HJ/T 91—2002）、《建筑中水运行管理规范》（DB11/T 348—2022）等标准确定。《城市污水再生利用　景观环境用水水质》中 7.2 规定了再生水的 pH 值、浊度、色度、五日生化需氧量、总氮、氨氮、总磷、余氯、粪大肠菌群指标监测频率；《地表水和污水监测技术规范》中 4.2 规定了地表水水质监测的采样频次和采样时间；具体水质水量主要监测项目与监测频率见表 7.5。

表7.5 水质水量主要监测项目与监测频率

项 目	再生水厂总出水口	再生水补水口①	景观环境水体
基本要求指标：无漂浮物、无令人不愉快的嗅和味	每日	每日	—
pH 值	每日	每日	每日
浊度	每日	每日	每日
色度/度	每周	每周	每周
五日生化需氧量（BOD₅）	每月	定期②	定期②
总磷（以 P 计）	每日	定期②	定期②
总氮（以 N 计）	每周	定期②	定期②
氨氮（以 N 计）	每日	定期②	定期②
粪大肠菌群	每日	每日	定期②
余氯	每日	每日	—
高锰酸盐指数	—	—	定期②
化学需氧量（COD）	每日	定期②	定期②
流量	每日	每日	—
水位	—	—	每周

① 补水期间监测。

② 定期监测项目，为每年至少一次。

为保证景观环境的景观功能，再生水供水企业和用户均应每日/周监测一次浊度、色度、嗅味等感官类指标。对于粪大肠菌群、余氯等卫生学类指标，在景观环境利用中存在人体健康风险，且在管网输配末端易出现水质不达标的情况，因此，应格外重视该类指标的水质监测，应每日在再生水厂总水口、再生水补水口取样监测来保障再生水的安全利用。对于五日生化需氧量、总磷、总氮、氨氮等指标，由于该类指标在再生水管道中的性质较稳定，水质在管网输配中不会出现较大的变化，因此，在再生水补水口及景观环境水体中定期监测即可。再生水厂总出水口、再生水补水口均应设置流量计等设备，每日监测再生水水量，景观环境水体应每周监测一次水位，及时掌握景观环境水体水情。

对于不能及时监测的水样，水样从容器的准备到添加保护剂等各环节的保存措施以及样品的标签设计、运输、接收和保证样品保存质量的通用技术应按《水质 样品的保存和管理技术规定》（HJ 493—2009）执行。

水质水量主要监测项目的监测频率可根据表 7.6 中列明的标准确定。

表7.6 水质水量监测方法

项 目	监测方法
pH值、浊度、色度、五日生化需氧量、总磷、总氮、氨氮、粪大肠菌群、余氯	参见 GB/T 18921—2019
高锰酸盐指数、化学需氧量	参见 GB 3838—2002
流量	参见 HJ/T 91—2002、HJ 91.1—2019
水位	参见 GB/T 50138—2010
浮游植物	参见 SL/T 733—2016
水生维管植物	参见 HJ 710.12—2016
底栖动物	参见 HJ 710.8—2014
鱼类	参见 HJ 710.7—2014

标准条款：

7.1.7 针对再生水深度处理工艺，宜在不同处理单元设置水质水量监测点。应根据用水水质要求，制定水质监测方案，明确监测指标、监测频率、监测方法等。

条款释义：

标准条款 7.1.7 规定了深度处理工艺的水质水量监测要求。

依据《城镇污水再生利用工程设计规范》（GB 50335—2016），"再生水厂进出水口与主要处理单元以及用户用水点应设置水样取样装置。"因此，该条款规定需对再生水进一步处理时，宜在不同处理单元设置水质水量监测点。并根据用水水质要求，制定水质监测方案，明确监测指标、监测频率、监测方法等。

标准条款：

7.1.8 宜根据需要，监测水体中浮游植物、水生维管植物、底栖动物、鱼类等生态类指标。

7.1.9 宜根据需要，监测再生水和水体、水生生物、底泥中的微量有毒有害污染物等指标。

7.1.10 宜对再生水受纳水体进行地下水和周围空气的监测，及时发现再生水景观环境利用中的问题。

条款释义：

标准条款 7.1.8 鼓励用户对景观环境中的浮游植物、水生维管植物、底栖动物、鱼类等生态类指标进行定期监测，及时掌握水生生物的群落结构等水生态特征。

标准条款 7.1.9 鼓励再生水供水企业和用户根据实际情况跟踪监测再生水和水体、水生生物、底泥中的微量有毒有害污染物。

内分泌干扰物（EDCs）、药品及个人护理品（PPCPs）等微量有毒有害污染物具有一定健康风险和生态环境风险，虽然我国现行标准不对此类污染物指标进行规定，但考虑到需防患于未然，降低环境风险，鼓励根据需要，监测上述指标，积累相关数据资料，为未来标准的修订、地方标准的制定等提供依据。

标准条款 7.1.10 鼓励再生水供水企业和用户对再生水受纳水体进行地下水和周围空气的监测。

根据《城市污水再生利用 景观环境用水水质》（GB/T 18921—2019），"以再生水作为景观环境用水时，宜对使用再生水的景观水体和景观湿地进行水体水质、底泥及周围空气、地下水的跟踪监测，及时发现再生水景观环境利用中的问题。"

标准条款：

7.2 水质维系

7.2.1 宜通过污染物浓度控制、水力调控、水体生态维系等措施保持水体水质稳定。

条款释义：

标准条款 7.2.1 规定了再生水景观环境水质维系的一般要求。

根据调研结果，北京市内较多景观环境具有水环境容量小、水体自净能力弱、易污染等特点，易出现水质恶化及水华暴发等问题。建议通过降低污染物浓度、水力调控、水体生态维系等措施维系水体水质。

降低污染物浓度即通过阻断外来污染源，减少水体中内源性污染物的释放等措施来实现；水力调控即通过缩短水力停留时间、水力循环等方式提高水体流动性和自净能力；水体生态修复即通过恢复水生植物及其共生生物体系，改善生态环境和景观环境，适用于低营养盐水平水体的水质长效保持。

标准条款：

7.2.2 对于水景类景观水体，蓄水池内的再生水不宜长期滞留。

7.2.3 对于河道类景观水体，宜在水体循环不畅的河段设置循环设备，增加水体流动性。

7.2.4 对于湖泊类景观水体，水力停留时间不宜过长。6—9月，水力停留时间不宜超过 10 天；冬春季或再生水补水实际总磷浓度低于水质要求时，可适当延长水力停留时间。

　　7.2.5　对于水力停留时间过长的湖泊类景观水体，宜采用循环处理等方式维系水体水质。

　　条款释义：

　　标准条款 7.2.2～7.2.5 规定了水景类、河道类及湖泊类景观水体的水质维系技术要求。

　　为避免水景类、河道类景观水体由于水力停留时间过长引起的生态环境风险，宜采用换水、设置循环设施等方式，增加水体流动性。

　　根据前期调研结果，目前，北京市内湖泊类景观水体的水动力条件普遍较差，存在水力停留时间过长、流速过慢等问题，导致营养盐输出慢，易在水体中积聚，导致藻类疯长，存在水华风险。目前，由于进一步降低再生水进水的污染物浓度负荷较为困难，水力调控是控制景观水体中藻类生物量的有效手段。缩短水力停留时间能有效增加水体混合层，破坏藻类等浮游植物繁殖和生存条件，从而降低水华发生概率。

　　该条款规定了水力停留时间的确定和调控方法。根据北京市气候条件调研结果，北京市 6—9 月的水温一般高于 20℃，在 7—8 月，地表水水温可达 25℃以上。前期研究成果表明，水温处于 20～30℃范围时，有利于水华藻类的快速生长。结合《城市污水再生利用 景观环境用水水质》（GB/T 18921—2019），"完全使用再生水，水体温度大于 25℃时，景观湖泊类水体水力停留时间不宜大于 10 天；水体温度不大于25℃或再生水补水实际总磷浓度低于表1限值时，水体水力停留时间可延长。"确定 6—9 月，水力停留时间不宜超过 10 天；冬春季或再生水补水实际总磷浓度低于水质要求时，可适当延长水力停留时间。

　　对于水力停留时间调控难度较大的景观环境，可通过采用循环净化设施维系水质，或加大补水量、抽水机抽水等措施缩短水体置换周期，提高水体自净能力。

　　标准条款：

　　7.2.6　应维持良好的水生态系统。对于水生态系统受损严重的景观水体，宜通过种植水生植物、投放水生动物等方式构建水生生物群落。

　　7.2.7　水生植物种植种类宜根据耐污性、季节性、综合利用性、经济价值等因素确定。宜选用北京土著物种、耐寒性水生植物，不得选用外来入侵物种。

　　7.2.8　可根据水体水质、植物净化能力和景观结构等配置水生植物。宜包含挺水植物、浮水植物、沉水植物等类型，以提高水生植物多样性。

7.2.9 应适时进行水生植物收割，预防水生植物的过度生长，维持适宜的生物量。

7.2.10 水生动物投放种类宜根据本地优势性、季节性、营养级等因素确定，不应选用外来入侵物种。

7.2.11 应严格控制景观水体和景观湿地中的生物种类和密度，防止生物暴发或死亡。

条款释义：

标准条款7.2.6～7.2.11规定了再生水景观水体生态维系的技术要求。

根据文献查阅和北京市景观水体实际调研结果，维持良好的水生态系统有助于水体水质的长期维系。从水生态系统角度考虑，水生植物是水生态环境中的初级生产者，复杂的物理、化学、生物过程可能同时发生在植物系统中，对维护水体生态系统稳定有非常关键的作用；水生动物可通过生态系统中食物链的捕食关系维持生态系统稳定，可选择一些以吞食藻类为生，而且能够抵抗或是降解藻毒素的生物来修复污染水体。因此，对于水生态系统受损严重的景观水体，宜通过种植水生植物、投放水生动物等方式构建水生生物群落。

但对于湖面面积较大、风浪扰动较大、污染较重等水体，可能并不具备生态修复条件，应通过水力调控、污染物浓度控制等措施维系水体水质，或待提高水体透明度后，再采用种植水生植物等生态措施维系水质。

水生植物种植种类宜优先选择耐污性强、抗寒、抗病、适应当地环境且不会造成生物入侵的物种，并兼顾美化景观、完善食物链等生态功能。鼓励种植具有经济价值和综合利用潜力的植物；按照挺水区、浮水区和沉水区分别进行多层次、多种类的植被配置，形成景观多样、结构稳定的植物群落，植物配置可参考下列内容：

（1）挺水区可栽植荷花、菖蒲、芦苇、花叶芦竹等。

（2）浮水区可栽植睡莲、荇菜等。

（3）沉水区植物宜栽植带状或丝状品种，如菹草、苦草、金鱼藻、穗花狐尾藻、黑藻等。

水生植物收割管控对水生态系统平衡、水质保障及水体景观维持具有重要作用。沉水植物过量生长可能占据上层生态位，引起水中缺氧、pH值升高等负效应，影响下层水生植物生长，占据其他水生动物活动空间，破坏生态链。适度收割也有利于移除污染物，有效削减氮磷负荷，避免二次污染。此外，水生植物生长高峰期，容易覆盖整个水面，造成春季杨柳絮沉积、夏秋季枯枝败叶残存，影响水面整洁，因此，适度收割有利于维持水体景观。北京地区植物收割管控的关键时间点为 5 月和 9 月，其余时间可根据植物的生长情况，在植物即将出露水面时进行部分割除，收割时尽量避免连根拔除、减少底泥扰动。

水生动物投放种类宜根据本地优势性、季节性、营养级等因素确定，不应选用外来入侵物种。适度的水生动物调控有利于水生态系统的稳定。水生植物种植初期应驱逐草食性鱼类，待植物生长稳定形成规模后再适度投放螺、蚌、黑鱼等水生动物，通过肉食性黑鱼的投放，抑制草食性鱼类的繁殖。后期随着自然繁育生长，可人工捕捞体型较大的鱼，并控制青鱼、鲤鱼、鲫鱼等底栖食性鱼类过度繁殖，减轻对浅水型水体的底泥扰动和对底栖动物的捕食。由于投放水生生物可能破坏景观环境原有生境，应严格控制再生水景观环境中的生物种类及密度，防止生物暴发或死亡。

标准条款：

7.2.12　对于污染较重的景观水体，宜采用原位治理、底泥疏浚等方式控制污染。

条款释义：

标准条款 7.2.12 规定了污染物浓度控制的技术要求。

对于污染较重的景观水体，宜先采用物理、化学及生物措施对水体进行原位或旁路治理，净化水质。可采用小型污水处理设备、生态沟渠、生态浮岛、移动式生物接触氧化、设置植被缓冲带等方式进一步控制水体污染。

还应注意水体的内源污染，内源治理技术主要包括底泥疏浚等方式，浅水型景观环境（水深大于 1m）可采用疏浚，深水景观环境可因地制宜地选择原位化学修复及原位生物修复等技术，保持河道底泥性质稳定或分解底泥污染物。防治过程中，应尽量减少二次污染。

标准条款：

7.2.13　鼓励将再生水景观水体作为非常规水源再利用于园林绿化、道路清洗、工业等用途，以提高对再生水景观水体水质的重视和保护，实现水质的长效管理。

条款释义：

标准条款 7.2.13 规定了再生水景观水体再利用的一般要求。

再生水进入景观环境后，可通过生态提质、自然调蓄和多元利用等方式，实现园林绿化、道路清洗、工业等再利用方式，从被动控制向主动利用转变，以打造城市新水源的方式，提高对再生水生态环境利用水体水质的重视和保护，保障再生水的安全利用。目前，圆明园、奥林匹克森林公园、陶然亭等公园均在再生水景观水体中抽水再利用于园区内的园林绿化、道路清洗，高碑店湖作为完全利用高碑店再生水厂出水的景观水体，也作为非常规水源再利用于中电国华电力北京热电分公司的直流冷却用水。

标准条款：

7.3　风险管控

7.3.1　应采取有效措施，管控再生水景观环境利用中的人体健康风险、水华风险和有毒有害污染物累积风险。

条款释义：

标准条款 7.3.1 规定了再生水景观环境利用风险管控的一般要求。

再生水景观环境利用虽可带来显著的环境效益，但利用过程若不采用有效的处理和管理保障措施，仍存在一定的潜在风险。因此，用户应采取有效措施，管控再生水景观环境利用中的人体健康风险、水华风险和有毒有害污染物累积风险。

再生水景观环境利用可能存在人体健康风险，危害人体健康的途径包括呼吸吸入和摄入。在用于喷泉、瀑布等水景类景观水体时可雾化成小液滴，水中的病原微生物、有毒有害物质等可能伴随着小液滴被人体所吸入，从而通过呼吸吸入引发潜在健康风险；再生水用于娱乐性景观水体（划船、钓鱼）时，可能由于不慎摄入，引发潜在健康风险。

再生水景观环境利用可能存在水华风险，再生水中含有一定浓度的氮磷等营养物质，其作为补充水源，存在藻类大量生长、水体富营养化的风险，不但会破坏水体的景观娱乐效果，也可产生藻毒素等有毒有害次生藻类代谢产物，甚至会出现水体恶臭、水生生物大量死亡的现象，破坏整个水生生态系统。

再生水景观环境利用可能存在有毒有害污染物累积风险，再生水中重金属、有毒有害污染物等在水体中转化和累积风险备受关注。研究表明，多年以再生水为补水水源的景观水体底泥中蓄积了多溴联苯醚、多氯联苯等有毒物质。此外，余氯等物质对水生动植物具有较强的急性毒性，可导致水中鱼类大量死亡；重金属、有毒有害污染物等也可在水生生物体内累积，具有慢性毒性风险。

标准条款：

7.3.2　观赏性景观水体和景观湿地应设置"再生水 请勿饮用""再生水 请勿接触"等标识，娱乐性景观水体应设置"再生水 请勿饮用""再生水 禁止游泳和洗浴"等标识。

7.3.3　再生水供水管路、水箱、阀门、井盖等设备外部应涂成浅绿色，在显著位置设置"非饮用水""再生水"等警示标识，以防误饮、误用、误接，并定期巡视和检查。

条款释义：

标准条款 7.3.2 和 7.3.3 规定了再生水景观环境利用时健康风险的管控措施。

依据住房和城乡建设部发布的《城镇污水再生利用技术指南（试行）》，"使用再生水的景观水体应在显著位置明确标识，禁止游泳和洗浴，禁止食用水体中的水生动、植物。"《城市污水再生利用　景观环境用水水质》（GB/T 18921—2019）中提出，"使用再生水的景观水体和景观湿地中的水生动、植物不应被食用。"因此，应在景观环境显著位置设置"再生水"标识，可按照《水回用指南　再生水分级与标识》（T/CSES 07—2020）执行，避免对人体和环境健康造成威胁。与再生水接触的工作人员应采取必要的防护措施，保证其身体健康不会受到不必要的影响。

依据北京市政府在 1987 年提出的《北京市中水设施建设管理试行办法》第 5 条，"中水管道、水箱等设备外部应涂成浅绿色。中水管道、水箱等严禁与自来水管道、水箱直接连接。"因此，再生水供水管路、水箱、阀门、井盖等设备外部应涂成浅绿色，在显著位置设置"非饮用水""再生水"等警示标识，以防误饮、误用、误接，并定期巡视和检查。

标准条款：

7.3.4　再生水用于湖泊类景观水体时，在易发水华季节，应提前做好水华监测、动态预测等相关工作，及时发布水华暴发预警，对于重点湖库水域，宜建立水华预测预警系统。

7.3.5　再生水景观环境水华暴发初期时，应采用物理打捞等措施及时消除水华，控制水华大面积暴发。

条款释义：

标准条款 7.3.4 和 7.3.5 规定了再生水景观环境利用时水华风险的管控措施。

再生水用于湖泊类景观水体时，由于流动性较差，在易发生水华的季节，应根据往年运行经验，提前做好水华监测、动态预测等相关工作，及时发布水华暴发预警。

可通过在水体循环不畅的河段安装喷泉，或用水泵抽水联通减少断头水体，增加水体流动性，预防水华。或通过增加水华易发区域的水生植物种植量，提高水体自净能力，降低水华风险。再生水景观环境水华暴发初期时，应及时对污染水体搅动增氧，清除漂浮水华，或使用抽水泵等物理措施将藻类打捞上岸处理，控制水华大面积暴发。

标准条款：

7.3.6 宜设置敏感指示性生物种，关注再生水中重金属和有毒有害污染物对水生生物的影响。敏感指示性生物种参见 HJ 831。

7.3.7 宜关注再生水对地下水水质的影响，必要时可采取适当措施，避免对地下水水源的影响。

条款释义：

标准条款 7.3.6 和 7.3.7 规定了再生水景观环境利用对周围环境的潜在影响和应对措施。

再生水中的重金属、有毒有害污染物可能在水生生物体内累积，具有慢性毒性风险。除严格控制再生水水质要求外，建议设置底栖动物、浮游动物等敏感指示性物种，可及时指示景观环境中的污染程度。根据调研结果，北京市内的景观水体下渗量较大，因此，需关注再生水对地下水水质的影响，必要时可采取适当措施，避免对地下水水源的影响。

标准条款：

7.4 日常管理

7.4.1 应建立再生水景观环境利用的管理规章制度，包括岗位责任制、水质水量监测制度、再生水深度处理工艺操作规程、设备运行巡检记录制度、设备和器材管理制度等。再生水设施运行管理规范参见 DB11/T 348。

7.4.2 宜定期巡查、监测景观环境中的水质水位情况、垃圾杂物、水生植物长势和病害等，及时清除、救治或捕捞水生动植物。

7.4.3 应对再生水深度处理设施和水体净化设施进行定期保养和维护维修。设施管理人员和操作人员应持证上岗。

7.4.4 应建立健全再生水利用档案管理制度，完善各类档案资料的管理，包括项目审批文件、维护管理制度、操作规程、应急预案、水质监测记录等。

7.4.5 所有程序和过程应进行全面准确的记录、备份和归档，建立对应的电子档案。保证档案资料的准确完整、字迹清晰、真实有效。

条款释义：

标准条款 7.4.1～7.4.5 规定了再生水景观环境利用时，用户职工培训、运行维护、档案管理的要求。《北京市排水和再生水管理办法》中规定了再生水设施运行单位的责任：

《北京市排水和再生水管理办法》：

第十三条　排水和再生水设施运营单位应当具备必要的人员、技术和设备条件，并履行以下职责：

（一）建立健全各项管理制度，保证设施正常运行；

（二）制定年度养护计划，并按照计划对设施进行巡查、养护、维护；

（三）完好保存设施建设资料和巡查、养护、维护记录等档案，逐步实现档案的信息化管理；

（四）对运行操作人员进行专业技能和安全生产教育培训；

（五）落实安全管理制度，遵守各项安全操作规程，进入排水和再生水设施有限空间实施作业的，应当采取有效的安全防护措施。

《建筑中水运行管理规范》（DB11/T 348—2022）中 5.3.1～5.3.2 规定了日常管理等内容。

《建筑中水运行管理规范》(DB11/T 348—2022)：

5.3.1 应由具有相应专业能力的人员承担中水设施的运行管理和维护保养。

5.3.2 管理制度包括：

a）岗位责任制：应建立各部门、人员岗位责任制，明确运行管理的部门、主管领导、主管人员、操作人员、化验人员和维修人员等；

b）工艺操作规程：应有中水工艺系统流程图，各岗位的安全操作规程，系统启动与停运等运行操作规程，并应悬挂在现场明显位置；

c）巡检与记录制度：运行期间，应有巡视路线图和巡视要求，并应明示于中水处理站内明显位置。应有设备运行、水质检测、交接班记录和中水设施年报表，见表 D.1 和表 D.2；

d）设备和器材管理制度：应有维修保养手册，各项设备安全管理与日常维护保养方法，大、中、小修内容和设备档案记录，药品和备品备件的进货、保管、使用要求和记录；

---

e）危险化学品管理制度：对于次氯酸钠、臭氧等危险化学品，应有购置、储存、使用管理办法，且应符合国家和北京市相关规定。应有危险化学品的危险性警示标识、使用说明、预防措施和应急处理措施，并应悬挂在现场明显位置。

用户应按时进行工程设备的检查工作，对工程设备进行定期保养维护，及时清理设备中的外来杂物，保持设备的安全、完整。发现设备出现问题时，应及时进行修理维护，以保障设备安全正常的持续运行。

宜建立健全水质档案管理制度，完善各类档案资料的管理。各类档案资料包括项目审批文件、工艺说明书、管网图纸、水质监测记录、水平衡测试报告、设备设施维护运行记录、应急预案等。宜定期检查记录、报告和资料的管理情况，对破损的资料及时修补、复制或做其他技术处理。宜对水质检测方法、水质化验原始记录、水质分析化验汇总、仪器设备使用台账及需要保密的技术资料等进行归档。

水质管理中的所有程序和过程宜进行全面准确的记录、备份和归档。保证取样记录、化验记录、数据分析报告及相关的水质管理资料的准确完整、字迹清晰、真实有效。记录、备份和归档材料宜做到妥善保管、存放有序、查找方便；装订材料应符合存放要求，达到实用、整洁、美观的效果。

标准第 8 章 应急管理

标准第 8 章规定了再生水景观环境利用的应急管理要求，包括制定应急预案、沟通联动等内容。

标准条款：

8.1 供水企业和用户应针对可能存在的事故和风险，包括水质恶化、极端气候条件、处理单元失效、管道错接、自然灾害、严重水华、疾病暴发等，制定应急预案。

8.2 用户应急预案内容包括组织机构、责任分工、应急事件处置程序、事故风险分析、处置措施等，处置措施中应明确备用水源等重要事项。

8.3 用户应与供水企业建立沟通联动机制，当再生水厂进行工艺调整、维修或发生事故时，应提前准备，应对水质波动。

8.4 当再生水水质恶化时，应启动应急预案，及时解决水质异常问题。娱乐性景观水体应暂停再生水补水和娱乐设施运营，直至水质恢复正常。

8.5 景观环境暴发严重水华时，可采用加大水循环处理、打捞等应急处理措施，并紧急上报上级管理部门，请求专业抢险队予以指导和救援。

条款释义：

标准条款 8.1～8.5 规定了再生水景观环境利用针对突发事件的应急管理措施。

依据住房和城乡建设部发布的《城镇污水再生利用技术指南（试行）》，用户应分析可能存在的事故及风险，包括水质波动、极端气候条件、处理单元失效、管道错接、自然灾害、严重水华、疾病暴发等，制定针对重大事故和突发事件的应急预案，建立相应的应急管理体系，并按规定定期开展培训和演练。

应急预案至少要包括对紧急事件的界定、相关部门和人员的职责、应急预案的启动程序、与相关部门和机构及管理部门的联络、停产安排、不符合标准的再生水的储存和处置方法等。除系统运行过程中可能遇到的故障外，还应准备应对极端天气、自然灾害等紧急情况以及爆管、泄漏等事故的应急方案。

应准备应急预案文件，对紧急情况下可能发生的风险以及应对措施的有效性进行评估；对应急预案文件进行定期评估及更新；设立应急避难场所；设立紧急情况下的通知程序和机制。

用户宜设立专职安全生产管理人员，应规定公司、部门和班组三级安全检查的要求和检查频率。

污水再生处理设施运营单位应制定详细的检修维护制度并配备专业的技术人员，当再生水生产过程中发生爆管泄漏等突发性事故时，能够及时进行事故的排除和设备抢修。

用户宜与再生水供水公司建立沟通联动机制。当供水水质水量波动较大、再生水厂进行工艺调整、维修或发生事故时，用户宜提前准备，制定应对预案及执行流程，应对水质波动。当用户进水水质波动较大时，管理部门宜及时联系再生水厂，查明原因，解决水质异常问题。

再生水用于娱乐性景观水体时，由于与人体接触较密切，因此，若有水中污染物超标的现象，应立即停止再生水补水，暂停娱乐设施活动，直至水质恢复正常。用户应设置备用水源或应急供水方案，维持水体环境恢复正常。

对于湖泊类景观水体，若景观环境暴发严重水华，本着对环境友好、生态安全的原则，根据水华动态预测、水华规模启动应急管理。科学选择加大水循环处理、打捞等应急处理措施。必要时可投加对水体二次污染风险较低的除藻剂，比如白屈菜红碱、芦竹碱和小檗碱等化感物质，并紧急上报上级管理部门，请求专业抢险队予以指导和救援。

7.3 再生水景观环境利用案例

7.3.1 北京市再生水景观环境利用概况

从 2003 年开始，随着再生水配套设施逐渐完善，北京市用于景观环境的再生水量逐年增加。根据再生水生产情况及景观环境现场调研，2021 年，北京市再生水景观环境利用量约 11 亿 m^3，全市利用再生水的河流约 56 条，如清河、温榆河、萧太后河等，湖泊湿地约 14 个，如奥林匹克森林公园、南海子、圆明园等（表 7.7）。

表 7.7　北京市主要再生水景观环境利用地点及其来源

再生水景观环境利用地点	再生水来源
奥林匹克森林公园	清河再生水厂
圆明园湖	清河再生水厂
大观园	高碑店污水处理厂
陶然亭湖	高碑店污水处理厂
龙潭湖	高碑店污水处理厂
朝阳公园湖	高碑店污水处理厂
团结湖	酒仙桥污水处理厂
南海子湿地	小红门污水处理厂
凉水河	小红门污水处理厂、卢沟桥污水处理厂、槐房再生水厂
清河	清河再生水厂
亮马河	酒仙桥污水处理厂
护城河	高碑店污水处理厂
通惠河	高碑店污水处理厂
玉带河	碧水再生水厂
坝河	北小河污水处理厂
萧太后河	定福庄再生水厂
温榆河	温榆河水资源利用工程

再生水可有效补充景观环境的生态环境需水量，缓解水体在非汛期的缺水难题。例如，通惠河、北运河以高碑店再生水厂出水为补水水源，解决了上游补水量不足等问题。南海子湿地有接近 2.4km^2 的水面，日蒸发量约 6 万 m^3，自 2010 年以来，除了极少量天然降水，用水均来自小红门再生水厂，对维护湿地的自然生态属

性具有重要意义。

再生水景观环境利用中的水质管理及运行维护非常重要。基于现场调研结果，北京市内部分水体自身水质较差，水体功能较弱，易出现水质恶化及水华暴发等问题。为保障再生水在景观环境中的安全利用，陶然亭湖、龙潭湖、圆明园、奥林匹克森林公园等景观环境管理单位从深度处理、水体维系、日常管理等方面采取了多种措施，有效维持了水体功能。

陶然亭湖水域面积为 16.2 万 m^2，以高碑店再生水厂出水及南护城河湖水为补水水源，其中再生水补给量超过 50%，虽然补水水质已达到《城市污水再生利用 景观环境用水水质》（GB/T 18921—2019）的水质要求，但由于陶然亭湖体较为封闭，流动性差，导致水体水华问题季节性发生。陶然亭湖通过运用湖水循环流动设施、生物滤池等来增强水体流动性（图 7.1 和图 7.2），同时辅以种植水生植物等生物调控技术来维系水体水质，保障再生水在景观环境中的安全利用。目前陶然亭湖可达地表Ⅳ类水质标准，满足北京市水功能区划要求的水体功能。

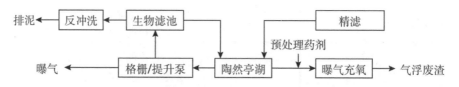

图 7.1　陶然亭湖循环净化处理系统工艺流程

图 7.2　陶然亭湖再生水进水口及生物滤池

龙潭湖总水域面积 37 万 m^2，以高碑店再生水厂出水及南护城河湖水为补水水源，其中西湖再生水补给量超过 80%，由于龙潭湖内源污染较重，导致部分水域的富营养化现象时有发生。龙潭湖自 2018 年开展了系列水生态修复工程，通过清淤削减底泥污染，并在重点区域安装气浮水循环装置提高水体流动性，辅以生态过滤坝、生态浮岛等措施维系水体水质（张瑞，2020）。目前，龙潭湖可达地表Ⅲ～Ⅳ类水质标准，具备较高的景观价值。

圆明园和奥林匹克森林公园作为几乎完全使用再生水的景观水体，在水体流动条件较差的情况下，水质仍能稳定达地表Ⅲ类水质标准，这得益于其采用了有效的管理保障措施，特作为典型案例论述和分析，详见 7.3.2 节和 10.2 节。

7.3.2 圆明园再生水景观环境利用

1. 圆明园再生利用情况

圆明园，中国清代大型皇家园林，坐落于北京西郊，占地 350 多 hm²，由绮春园、长春园和圆明园三个园组成。圆明园的现状开放水域面积 100 多万 m²，约占园区面积的 1/3。历史上圆明园的水源主要来自玉泉山，清代时这处水源十分充足。

由于北京地区水资源的严重短缺，城市河湖景观用水极度紧缺，圆明园原有的地表、地下水补充水源丧失，自 2007 年起，圆明园开始使用清河再生水作为补给水源。圆明园西北角的紫碧山房是全园最高点，从清河再生水厂输出的再生水通过管道从这里注入，再流向园内水系，圆明园现年补水量为 600 万～900 万 m³ 再生水，进水水质为地表准Ⅳ类水。

再生水的补充有效解决了水资源需求难题，但再生水中富含氮磷等营养物质，为了避免水体富营养化，圆明园持续开展水生态的治理与修复工作，通过种植水生植物，投放水生动物来营造水体生态系统，达到水质改善的目的。通过实行一系列管理保障措施，水系末端总氮、总磷去除率分别达到 90% 和 80%，圆明园水质稳定在地表Ⅲ类标准。

2. 再生水水质水量

圆明园再生水水源为清河再生水厂出水，清河再生水厂和圆明园管理处每年签订供水协议。

清河再生水工程采用清河厂的二级出水作为水源，一期采用"超滤膜+臭氧"工艺，二期采用"生物滤池+超滤膜+臭氧"工艺，2012 年 8 月投入运行三期工程，规模为 15 万 m³/d，采用"A²O+MBR"工艺，工艺流程如图 7.3 所示。

清河再生水厂三期出水水质达到北京市《城镇污水处理厂水污染物排放标准》（DB11/ 890—2012）中新（改、扩）建城镇污水处理厂的 B 标准要求，总磷、氨氮、五日生化需氧量等主要指标均优于地表水（河道）Ⅳ类标准限值，完全满足再生水的景观环境利用,水质如表 7.8 所示。

圆明园水系年再生水补水量约为 900 万 m³。再生水进水口设置在紫碧山房,进水口的水体流量约为 16115 m³/d,日常根据降雨量、蒸发量等用水需求调节再生水进水流量。图 7.4 为再生水进水口。

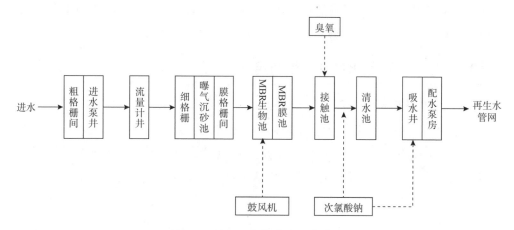

图 7.3 清河三期再生水工艺流程

表 7.8 清河再生水厂出水水质情况

项　　目	再生水水质	水质标准
pH 值	7～8	6～9
SS/(mg/L)	≤5	—
COD$_{Cr}$/(mg/L)	≤30	—
BOD$_5$/(mg/L)	≤6	6（10）
TP/(mg/L)	≤0.3	0.5（0.3）
NH$_3$-N/(mg/L)	≤1.5	3（5）
TN/(mg/L)	≤15	10（15）
粪大肠菌群/(个/L)	1000	1000（3*）
色度/度	15	20

注 1. 标准为《城市污水再生利用 景观环境用水水质》(GB/T 18921—2019)。
　　2. 括号内数值为湖泊类、水景类景观环境用水水质限值。
　　3. 括号内标*数值为娱乐性水景类景观环境用水水质限值。

3. 圆明园水系现状

圆明园现有水面面积约 121hm²,水深 0.8～1.8 m,目前再生水补水量能够维持其日常蒸发渗漏损失,基本无退水。再生水在西北侧的紫碧山房对圆明园进行补给，水流方向随地势自西北向东南方面分成两股水流流动，一条流经福海，另一条流经福海南边水系，最后汇入圆明园水系最低处的长春园，在长春园处有一处排水口，但经长期监测发现整个湖区的水量基本无外排。

图 7.4　圆明园水系再生水进水口

4. 再生水景观环境利用管理措施

圆明园管理处园林生态科为再生水景观环境利用的主要管理部门。为维系园内河湖水体的水质安全，管理部门在水质水量监测、水质维系、风险管控、日常管理等方面采取了相应措施。

（1）水质水量监测。圆明园管理处在紫碧山房、平湖秋月、福海、凤麟洲、翠鸟桥、如园、鉴碧亭等点位均设置了水质在线监测设备，水质指标包括水温、COD_{Cr}、COD_{Mn}、BOD_5、TOC、浊度、TSS 等，由北京市水务局统一管理，管理处工作人员也可在手机 App 上实时查看水质数据，水质在线监测设备见图 7.5。此外，圆明园管理处定期委托第三方监测各点位的总氮、总磷等水质指标，定期监测水体中水生植物、鱼类等生态类指标。

圆明园管理处在紫碧山房进水口设置了再生水流量系统及水量控制阀门，可实时监测进水量，并根据水位及时调整再生水进水阀门。目前，再生水补水量基本达到了园内的目标生态环境需水量，在夏季适当增加补水量，确保足够的交换水量，减小水华暴发风险；在冬季确保水体最低补水量，避免水生态修复区的水下森林冰下缺水死亡。

（2）水质维系。圆明园是中国清代大型皇家园林，具有极其特殊的历史文化价值，作为国家重点文物保护单位，园内不宜通过修建大型水质净化工程维系水体水质，水体流动性较差。此外，由于再生水氮磷含量偏高，园内河湖水环境在夏季高温时存在水华暴发风险。

图 7.5　再生水在线监测设备

　　为保障再生水在景观环境中的安全高效利用，圆明园在严格控制水体外源污染后，采取了水体生态修复等措施。构建了以沉水植物为主的水生态系统（图 7.6），利用植物吸收水中的氮、磷等营养盐，以收割水草的方式将多余营养移除出水体，同时沉水植物可通过化感效应、避光等方式抑制水华藻类生长，并为水生动物、微生物等提供栖息环境。通过建立高度有序的"草型清水状态"，保持水生态系统的长效稳定。

图 7.6　沉水植物生态修复区

沉水植物群落构建是水体生态修复关键技术之一。种植以苦草为主，黑藻、穗花狐尾藻、菹草、金鱼藻为辅的沉水植物，选种详见表 7.9。修复期沉水植物覆盖度一般要求不小于 60%，补水水质劣于地表水（河道）Ⅳ类标准限值时建议覆盖度不小于 80%。沉水植物种植期受底质、水深和季节影响最大，种植前应清理重污染底泥，方便沉水植物扎根。

表 7.9　沉水植物建议种植名单

物种名称	物种拉丁名	选择原因	建议种植时间
苦草	*Vallisneria natans*	氮、磷等营养盐吸收效率高，易收割打捞，生长稳定	春夏季
穗花狐尾藻	*Myriophyllum spicatum*	耐水深，耐污，适应范围广	春夏季
黑藻	*Hydrilla verticillata*	耐寒冷，对水域的富营养化有较强的适应能力	春夏季
菹草	*Potamogeton crispus*	秋季发芽，冬春季生长，可与其他植物形成季节演替	秋冬季或初春种植

在富营养水体条件下，以沉水植物为主的水生态系统受藻类竞争压力大，精心管控是保持水生态系统长效稳定的关键，包括植物收割管控、水位调控、鱼类调控等。据统计，每年圆明园水生植物清除量为 2000~3000t。在沉水植物生长期，约 2 名养护人员维护一块水面（3000~5000m²），每 20 天收割打捞沉水植物一次，收割时不得连根拔起；荷花、芦苇等为主的挺水植物在每年入冬前将水面的植被进行一次全面收割。

经过多年的水生态修复及精细化管理，圆明园湖水水质基本达到地表Ⅲ～Ⅳ类水标准，保持了再生水景观水体生态环境的优良水质和景观效果。

（3）风险管控。圆明园内的再生水的景观环境利用途径主要包括两类：①以观赏为主要使用功能的景观水体；②设有划船等娱乐设施的景观水体。为避免再生水景观环境利用中的生态环境风险，园内管理处出台了"圆明园水环境安全及水华防控方案"等管理制度，管控再生水景观环境利用中的人体健康风险、水华风险等。

为避免水华风险，园区管理处在循环不畅的水体安装喷泉对水体增氧，预防水华，并增加水华易发区域的水生植物种植量，增加水体自净能力。在易发水华季节，管理处每天对各水域进行日常巡检，掌握水华发生的第一手资料。暴发轻度水华时，及时利用游船等对污染水体搅动增氧，清除漂浮水华，或使用抽水泵将藻类抽上岸处理，控制水华大面积暴发。

为避免人体健康风险，园内景观水体旁设置了"请勿饮用""请勿接触""禁止清洗衣物""禁止游泳和洗浴""禁止钓鱼"等标识。由于园区内将再生水景观水体作为非常规水源再利用于园林绿化，因此园内多采用滴灌或微喷灌，灌溉时间也安排在游客暴露少的时间段。

（4）日常管理。圆明园管理处针对再生水的景观环境利用出台了系列制度，包括水体保洁标准、水生植物养护标准、水生动物养护标准、日常管理制度等。

水体保洁标准规定了水面（包括涵、桥、闸口等地）中的各种漂浮物、枯枝落叶、垃圾杂物及水草的处理处置办法。对委托的水体保洁合作公司的工作管理、日常培训、巡查内容、沟通机制、监督管理办法等作出了详细规定。

水生植物养护标准包括水草日常管理要求、病虫害管理、水草修理、枯枝落叶和水生植物彻底清打时间段等。实时监测水草生长情况，保证其水域景观效果，保证水生植物不影响游船正常行驶、游客正常游览及各项活动的正常开展。

水生动物养护标准如下：保洁人员不得擅自打捞水生动物，如需清理野杂鱼应上报科技办；水体中出现水生动物个别死亡现象时应及时打捞清理；发现水域内出现大量死鱼或外来水生动物应及时上报科技办。

5. 应急管理

圆明园管理处针对可能存在的事故和风险制定了应急方案。如园内水环境出现问题，相关管理部门应及时上报业务主管部门启动应急方案。

遇突发性暴雨，瞬时水量超过河湖承载量时，可打开七孔闸出水口，将多余水量放入万泉河河道，保证圆明园河湖堤坝安全。当再生水水质恶化时，可采用应急推水，开启七孔闸，借道万泉河将污染水体放出圆明园，重新注入净水。重度水华应紧急上报上级管理部门，请求专业抢险队予以指导和救援。

6. 社会经济效益

圆明园通过再生水补给不仅解决了补水资源短缺的问题，并且通过不断开展生态修复工作，维持和改善了水生态环境，提高了公园生物多样性。圆明园是再生水补给公园水环境应用上取得突破的一大范例，为北京市其他公园提供了再生水景观环境利用经验模式。

近年来，随着生态文明建设的战略地位不断提升，"绿水青山就是金山银山"的理念逐渐深入人心。一方面，圆明园管理处大力开展园林生态建设工作，持续推进水生态修复，加强园林绿化美化，开展野生动物保护与救治，为市民提供了更加优美的游园环境；另一方面，加大生态文明建设工作的宣传力度，设立宣传活动室，组建专业讲解团队，呼吁游客爱护生态环境，号召市民积极加入到生态文明建设的工作中，提升首都市民生态文明意识，为生态文明领域新消费做出积极贡献。

7.3.3 高碑店湖

1. 再生水利用概况

高碑店湖是位于北京市通州区的一座人工湖，东西长约为 1000m，南北宽约 150m，湖面积约 115 万 m^2。湖东侧为一个常闭水闸，西侧连接通惠河。高碑店湖作为高碑店污水处理厂二级出水的生态储存水体，也同时承担着附近一座火力发电厂的冷却循环水的水源及用后冷却循环水排放受纳水体的作用。高碑店湖主要的入流包括高碑店污水处理厂二级出水及排放的用后冷却循环水。

2. 再生水水质与处理系统

高碑店污水处理厂处理工艺如图 7.7 所示。该厂的二级处理采用 "A^2/O" 工艺，日处理水量 100 万 m^3。二级处理出水外排到高碑店湖生态储存的水量为 20 万 m^3/d，因此，二级处理后的再生水在高碑店湖的平均储存时间约为 24h。附近火力发电厂每日循环冷却水取水量约为 15 万 m^3。

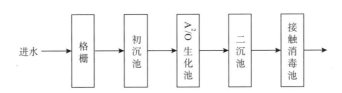

进水 → 格栅 → 初沉池 → A^2/O 生化池 → 二沉池 → 接触消毒池 →

图 7.7　高碑店污水处理厂二级处理工艺流程

3. 再生水利用形式

高碑店湖主要承担两项功能：一是作为高碑店污水处理厂二级出水的生态储存水体，二是为附近火力发电厂提供冷却循环水水源并作为用后冷却循环水的受纳水体。

高碑店湖各排水口、取水口及水流流向如图 7.8 所示。高碑店污水处理厂每天向高碑店湖排放二级出水约 20 万 m^3，出水在湖中水力停留时间约 24h，后流入通惠河。火力发电厂位于通惠河下游，距高碑店湖约 3.8km，每天自湖中取水约 15 万 m^3，用于补充冷却循环水，用后冷却循环水回排入高碑店湖上游。整体来看，高碑店湖接收高碑店污水处理厂二级出水，一部分用于补充湖水蒸发、下渗，另一部分用于火力发电厂冷却循环用水，火力发电厂的用后冷却水再次排入湖中。在两排一取的过程中，湖水不断更新，形成了良性循环，同时发挥了资源效益、生态效益和经济效益。

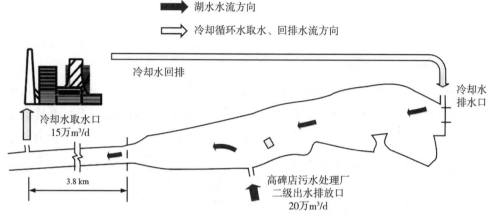

图 7.8 高碑店湖排水口、取水口及水流流向示意图

7.3.4 温榆河公园

1. 再生水利用概况

温榆河公园位于北京市中心城区东北部，朝阳、顺义、昌平三区交界地区，温榆河、清河两河交汇之处，规划范围 30.4km²，其中朝阳段 17.7km²，示范区占地 2.04km²，用地范围西起北苑东路，东至温榆河东岸绿地，北起机场北线高速公路，南至京包线、来广营北路、机场南线高速公路、孙河组团边界、京密路。

北京温榆河公园依托于北运河水系温榆河河道以及清河河道，是北京中心城区北部水系的重要组成部分，在中心城西蓄、东排、南北分洪格局中，具有承上启下作用。温榆河上游向西主要河道为南沙河、北沙河、东沙河，清河上游向西为三山五园地区。两条主要河道延伸至西山，与西部永定河、南部凉水河、东部通惠河、北运河，共同建构环中心城区三环水系绕京城的绿色生态圈，成为市域大山大水生态格局的重要构成。

温榆河公园水源主要来自清河上游四座再生水厂（清河、清河二、肖家河、北苑）排入清河河道的再生水，各水厂出水水质为地表准IV类，每日汇入温榆河公园区域水量约为 43 万 m³，来水通过温榆河公园内人工湿地及修复后的清河自然河道生态净化后，将水质标准维持在IV类或提升至IV类以上。

其中温榆河公园朝阳示范区，通过人工湿地与自然湿地相结合，科学布局营造了表浅湿地、湖泊湿地、河流湿地、滩涂湿地等多样的湿地形态，蓄积来水、立体净化，提升水质。后续再生水典型利用案例以温榆河公园示范区展开论述。

2. 再生水水质及处理系统

温榆河公园朝阳示范区湿地来水通过清河取水口提升泵站或清河第二再生水厂引水管道，其中清河第二再生水厂进出水水质如表 7.10 所示。

表 7.10　清河第二再生水厂进出水水质

项　　　目	进水水质	出水水质
五日生化需氧量（BOD_5）/（mg/L）	300	≤6
化学需氧量（COD_{Cr}）/（mg/L）	500	≤30
总悬浮物（SS）/（mg/L）	400	≤5
总氮（TN）/（mg/L）	69	≤15
氨氮（NH_3-N）/（mg/L）	45	≤1.5（2.5）
总磷（TP）/（mg/L）	8	≤0.3
粪大肠菌群/（个/L）	—	1000
色度/度	—	15

清河第二再生水厂设计规模为 50 万 m^3/d，流量变化系数总计 1.38（含系统自用水量和水量总变化系数），再生水处理系统拟采用"多点进水 A^2/O＋砂滤池+消毒"工艺，工艺流程如图 7.9 所示。

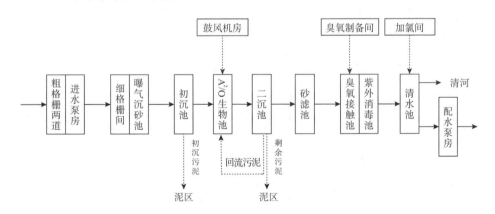

图 7.9　清河第二再生水工艺流程

目前，清河第二再生水厂再生水主要用于景观环境用水和城市杂用水，出水水质应满足景观环境用水水质、城市杂用水水质要求。

3. 温榆河公园朝阳示范区水生态现状

（1）水系现状。温榆河公园朝阳示范区水面面积约 42.8hm²，示范区内人工湿地净水规模为 10 万 m³/d，来水通过清河取水口提升泵站或清河第二再生水厂引水管道进入高位补水池，补水池后按地块分区分别设置补水管将来水引入生态岛屿净化区，水体自上而下净化后，从底部引入生态水面净化区进一步净化，再经集水管道收集通过出水管道向下游湖泊及水系输水（图 7.10）。

（2）生态设计。公园将山、水、林、田、湖、草各生态要素融于公园大地景观，以现状林地、农田、水系等生态本底要素为基础进行低干扰生态修复，形成"两河绵延、水网纵横、林带贯穿、林团密布、林田相织"的景观风貌格局，突出"蓝绿交融、清新明亮、简洁大气、充满生机"的整体景观风貌形象。围绕"两河绵延""水网纵横"，修复"以水为脉"的特色空间；围绕"林带贯穿、林团密布、林田相织"，提升以绿为底的大地景观。

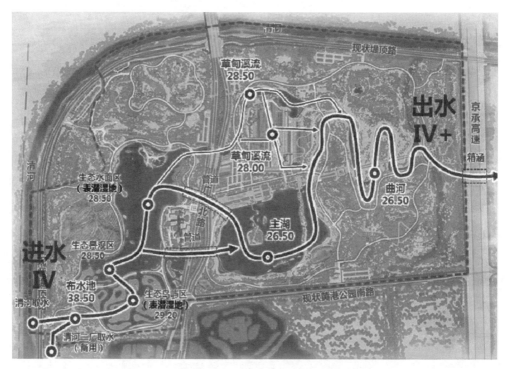

图 7.10 温榆河公园朝阳示范区水系流向示意图

公园因地制宜建设透水铺装、下凹绿地、雨水花园、植草沟等雨洪利用设施，将雨水就近收集、渗滤后再排入景观水系，园区内建设循环泵及循环管线，通过人工湿地将园内水体进行内部循环净化。人工湿地上部为表流湿地，以生态景观水面为主，构建稳定的水生态系统，强化水体自净能力。下部为潜流湿地形态，以 1～1.5m 填料层为主，由碎石、建筑垃圾再生颗粒料、火山岩、沸石等构成，利用填料表面形成的生物膜降解水体污染物，实现水体净化功能。再生水通过人工湿地的净化后可以达到人体非直接接触的娱乐用水目标。

（3）人工湿地运行管理。

1）人工湿地的日常运行与维护管理。及时清理填料表面的植物落叶及败落的茎秆等，植物生长旺季适当收割湿地植物，从湿地系统中移除氮、磷污染物。若湿地表面出现堵塞现象，需及时更换堵塞区域填料。

2）植物管理。每年春季植物发芽阶段对湿地进行淹水，防止旱生杂草在湿地生长；每年冬季对湿地中的植物进行及时的收割；湿地系统中植物除虫少用杀虫剂。

7.3.5 永定河

永定河是海河流域七大水系之一，全长 747km，流域面积 4.7 万 km^2，流经山西、内蒙古、河北、北京、天津五省（直辖市）共 43 个县（市）。永定河作为北京市供水的主要水源，被誉为北京的"母亲河"。20 世纪 60 年代末以后，永定河三家店以上河水几乎全部引入市区，三家店以下河道逐渐断流，河床干涸，生态系统受到严重破坏。

2015 年，《京津冀协同发展规划纲要》提出要加强生态环境保护和治理，扩大区域生态空间，推进永定河等"六河五湖"生态治理与修复。2016 年，国家发展和改革委员会、水利部、国家林业局联合印发《永定河综合治理与生态修复总体方案》，要求完善北京市中心城区再生水厂配套管网，利用再生水补充永定河生态基流，年补充水量 0.75 亿 m^3。

小红门再生水厂位于朝阳区小红门乡，负责北京市西部、西南部和南部大部分地区污水处理，小红门再生水厂采用"A^2/O+两级生物滤池+超滤膜+紫外线消毒处理"工艺，再生水生产能力达 60 万 m^3/d。小红门再生水厂生产的部分再生水（20万 m^3/d），经由再生水管网分别输送至长兴湿地、园博湿地和南大荒湿地三个人工湿地修复工程，通过湿地水质净化工程进一步处理后补充永定河生态基流（林永江，2021）。

永定河园博园水源净化工程采用复合垂直流为主要工艺的复合型人工湿地，总占地面积约 37.5hm²，设计处理水量 8 万 m³/d。将近Ⅳ类再生水净化为Ⅲ类地表水（总氮除外），注入永定河园博湖、晓月湖、宛平湖和园博园，并通过循环管线进入湿地再净化以维护水质。

南大荒湿地位于南大荒休闲森林公园西侧，总占地面积约 30hm²，以铁路桥为界分为东西两大区并联运行，设计处理水量 6 万 m³/d。采用潜流湿地将近Ⅳ类再生水净化为Ⅲ类地表水。

长兴湿地位于永定河左堤滩地，京良路与地铁房山线之间，总占地面积约 40hm²，设计处理水量 6 万 m³/d。采用潜流湿地将近Ⅳ类再生水净化为Ⅲ类地表水。

2021 年，永定河通过生态补水实现 1996 年以来首次全线通水，初步实现了"流动的河"的阶段性目标，永定河周边地下水位平均回升 1.74m（贺勇，2022）。2021年官厅水库以上引黄北干线累计补水 2.02 亿 m³，其中为永定河生态补水 3225 万 m³，占到总补水量的 16.0%（海河水利委员会，2022）。

第8章 再生水绿地灌溉

再生水中含有大量植物生长的营养成分。再生水绿地灌溉会增加土壤的肥力，有效地补给地下水并减少地下水的开采量，较明显的增加草坪草抗性，显著促进草坪草的生长（贾国鹏，2012）。北京市近几年园林绿化发展迅速，截至 2020 年，北京市园林绿化面积达到了 97.14 万 hm²，相较于 2015 年，增加了 21.54 万 hm²。绿化面积的快速增长导致了绿地灌溉用水需求的增加。根据《北京市统计年鉴 2020》，2020 年绿地灌溉年用水量为 0.64 亿 m³，其中新水为 0.5 亿 m³，再生水却仅为 0.14 亿 m³，绿地灌溉的再生水用量远低于新水用量。

为保证再生水安全、稳定、高效地应用于绿地灌溉，北京市编制了《城市绿地再生水灌溉技术规范》（DB11/T 672—2023）。本章对北京市地方标准 DB11/T 672—2023 的主要内容进行解读，并介绍北京市再生水绿地灌溉的典型案例。

8.1 标准编制的主要思路与特点

DB11/T 672—2023 针对园林绿化行业的终端用户，为再生水的水质管理和运行维护提供专业性指导意见和规范，保障再生水绿地灌溉能够安全、稳定、高效地进行。

该标准和已有的《城市污水再生利用 城市杂用水水质》（GB/T 18920—2020）国家标准等水质标准、设计规范和技术指南形成互补，共同构成了再生水灌溉绿地标准体系。

该标准主要特点包括以下几个方面：

（1）针对绿地灌溉的要求，提出了再生水利用的相关技术规范，所关注的水质要求区别于工业利用和景观环境利用。例如，由于氮、磷是植物必需的矿物质元素，该标准对于再生水中的总氮、总磷浓度没有限值要求。

（2）从水质监测、绿地土壤和植物监测等全流程多环节提供了专业性指导意见和规范。

（3）充分考虑了北京市再生水灌溉绿地的管理需求，注重与北京市已有的再生水灌溉绿地利用实践经验相结合。

8.2　标准的主要内容

《城市绿地再生水灌溉技术规范》（DB11/T 672—2023）规定了使用再生水灌溉城市绿地（以下简称"绿地"）的总体要求、水质要求、监测要求和管理要求，适用于北京地区以再生水为水源的绿地灌溉。

标准第 4 章　总体要求

标准条款：

4　总体要求

4.1　绿地再生水灌溉规划应与区域绿地系统规划、节水规划、市政再生水管网、地下水监测等相协调。

4.2　再生水用于绿地灌溉前，应对土壤全盐量、氯化物、pH 值、重金属等项目进行调查和评估。

4.3　绿地再生水灌溉应考虑所需灌水量、水质、输送方式和植物种类，并选择适宜再生水灌溉的植物，推荐使用再生水灌溉的植物见附录 A。

表 A.1　推荐使用再生水灌溉的植物

分类	植物类别
乔木	杨树、柳树、白蜡、栾树、椿树、国槐、榆树、构树、元宝枫、梓树、山桃、山杏、栓皮栎、马褂木、法桐、泡桐、杜仲、侧柏、桧柏等
灌木	柽柳、碧桃、珍珠梅、黄刺玫、迎春、连翘、丁香、女贞、小檗、海棠、锦带、月季、玫瑰、金银木、卫矛、太平花、猬实、紫叶李、黄杨、沙地柏、紫穗槐、荆条、木槿、扶芳藤、海州常山、火炬树、天目琼花、接骨木、红瑞木、糯米条等
草坪地被	冷季型、暖季型草坪草及地被植物
花卉	彩叶草、孔雀草、万寿菊、马齿苋、萱草、鸢尾、景天、蜀葵、桔梗等
藤本	地锦、紫藤、凌霄等

条款释义：

标准条款 4.1～4.3 规定了绿地再生水灌溉规划的相关内容。

　　强调了绿地系统规划、节水规划、市政再生水管网、地下水监测等相关规划应相互协调，并从宏观管理的角度提出再生水规划应该与其他规划相互匹配，服从大局。总的来说，再生水规划要有整体性和前瞻性。

　　标准中明确规定了再生水绿地灌溉前应对土壤进行土壤全盐量、氯化物、pH值、重金属等指标进行调查和评估，将调查指标数据作为本地土壤的背景值，以便再生水灌溉绿地土壤后和土壤中的相关指标进行对比，提供基础数据。标准中提到绿地再生水灌溉应考虑的内容具体包括：所需灌水量、水质、输送方式和植物种类。标准推荐了 60 多种适宜再生水灌溉的植物，包括常见的乔灌木、花卉植物等，并强调选择绿地灌溉植物时，应遵循乡土植物在前、非乡土植物在后的原则。

标准条款：

4.4　市政再生水输配水管线覆盖的绿地应使用再生水灌溉。

4.5　再生水灌溉的绿地应采用高效节水灌溉方式。

条款释义：

　　标准条款 4.4 和 4.5 规定了再生水作为绿地灌溉水源的基本原则。

　　根据《北京市节水行动实施方案》在全面建设节水型社会方面提出的要求，生态环境、市政杂用水优先使用再生水、雨洪水。根据《北京市"十四五"时期污水处理及资源化利用发展规划的通知》（京发改〔2022〕709 号），在园林绿化用水方面，加大再生水的利用，推动园林绿化领域逐步退出自来水及地下水灌溉，因此，在再生水市政管网内的地区应当采用再生水作为绿地灌溉水源。

标准条款：

4.6　再生水灌溉的绿地应进行再生水水质、绿地植物和土壤残留的监测。

条款释义：

　　标准条款 4.6 规定了再生水浇灌绿地后应对再生水水质、绿地植物和土壤残留进行监测。

　　再生水不同于常规水源，其水质组成较为复杂，污染物浓度较高，具有不同于常规水资源的水质特征，因此，要对再生水浇灌绿地后的主要指标进行密切关注、跟踪监测。

　　首先，应对再生水水水质进行跟踪监测，尤其关注盐分和氯化物等指标数值的变化情况。盐分和氯化物的高低直接影响植物的生长状况和导致土壤的次生盐渍化问题，并会间接影响到绿地的生态效应。

其次，还应关注土壤重金属的富集现象，依据住房和城乡建设部发布的《城镇污水再生利用技术指南（试行）》，"城镇污水再生利用必须保证再生水水源水质水量的可靠、稳定与安全，水源宜优先选用生活污水或不包含重污染景观环境废水在内的城市污水"。虽然再生水水源主要为生活污水，或不含重金属、有毒有害景观环境废水的城市污水，但从土壤安全方面考虑，还应对土壤重金属进行监测。所以本条款规定对再生水水质、植物的生长状况、土壤的残留进行跟踪监测，其中水质应符合该标准中"表1"的规定。

标准条款：

4.7　古树名木不得使用再生水灌溉，特种花卉和新引进的植物，谨慎使用再生水灌溉。

条款释义：

标准条款 4.7 规定了古树名木不得使用再生水灌溉。

特种花卉和新引进的植物，谨慎使用再生水灌溉，《城市污水再利用　绿地灌溉水质》（GB/T 25499—2010）中提出"古树名木不得使用再生水灌溉，特种花卉和新引进的植物，谨慎使用再生水灌溉"。因此，古树名木不得使用再生水灌溉，特种花卉和新引进的植物需谨慎使用再生水灌溉。

标准条款：

4.8　再生水灌溉绿地区域内，应在显著位置设置"再生水灌溉，禁止饮用"等警示标识，使用再生水灌溉的绿地管护单位应制定应急预案。

条款释义：

标准条款 4.8 规定了为防止再生水被当饮用水饮用，再生水浇灌绿地内应设置"再生水灌溉，禁止饮用"的醒目标识以示安全警示。

具体来说，再生水不同于自来水，是以生活污水为水源生产的，水质较为复杂，为避免再生水误饮误用，应在显著位置设置"再生水灌溉，禁止饮用"等警示标识，原标准为"醒目标识"，改为"警示标示"。

依据住房和城乡建设部发布的《城镇污水再生利用技术指南（试行）》，用户应分析可能存在的事故及风险，制定针对突发事件的应急预案，建立相应的应急管理体系，并按规定定期开展培训和演练。当再生水用户遇到突发事件时，可有效地应对突发事件可能对再生水水量和水质造成的影响（例如进水水质异常、处理单元失效、设施故障、自然灾害、管道错接等），减小最大损失。

标准第 5 章 水质要求

标准条款：

5 水质要求

5.1 应用于绿地灌溉的再生水的水质控制项目及其限值应符合表 1 规定。

5.2 再生水水质中的嗅、浊度等感官指标和铁、锰等指标应符合 GB/T 18920 中的相应限值。

表 1 再生水灌溉绿地的水质指标及其限值

序号	水质指标	限值
1	色度/度	≤30
2	pH 值（无量纲）	5.5～8.5
3	溶解性总固体（TDS）/（mg/L）	≤1000
4	五日生化需氧量（BOD$_5$）/（mg/L）	≤10
5	阴离子表面活性剂（LAS）/（mg/L）	≤0.5
6	大肠埃希氏菌/（MPN/100mL 或 CFU/100mL）	无
7	氯化物/（mg/L）	≤250

条款释义：

标准条款 5.1 和 5.2 规定了再生水灌溉绿地时的水质要求。

再生水水质应达到《城市污水再利用 城市杂用水水质》（GB/T 18920—2020）标准中城市绿化用水水质的基本要求。根据实地调研，在实际运用中，灌溉绿地用再生水虽然已无味道可辨，无不适感，浑浊度也已不是主要关注指标，但从绿地植物和生态环境的因素考虑，应将嗅、浊度两项作为监测指标。

氯化物的含量是影响植物和绿地土壤安全的关键水质指标，也是标准中重点关注的。根据调研结果，当用含氯化物浓度较高的水灌溉植物时，植物就会出现焦边现象，因此，再生水中的氯化物不宜过高，过高定会引起土壤富集现象的发生，对植物生长产生不利影响，因此，氯化物的限值应严格遵循该标准。

标准第6章 监测要求

标准条款：

6 监测要求

6.1 水质监测要求

6.1.1 水质采样应按照 HJ 494 和 HJ 495 执行。样品保管应按照 HJ 493 执行。

6.1.2 应在灌溉季节进行水质监测，表2规定了监测频率和分析方法。

表2 绿地再生水灌溉水质监测频率、分析方法

序号	项　目	监测频率	分析方法	方法来源
1	色度	每周1次	铂-钴标准比色法	GB/T 5750.4
2	pH 值	每周1次	玻璃电极法	GB/T 6920
3	溶解性总固体	每季度1次	称量法	GB/T 5750.4
4	五日生化需氧量（BOD_5）	每季度1次	稀释与接种法	GB/T 7488
5	阴离子表面活性剂	每季度1次	亚甲蓝分光光度法	GB/T 7494
6	大肠埃希氏菌	每季度1次	多管发酵发、滤膜法	GB/T 5750.12
7	氯化物	每季度1次	硝酸银滴定法	GB/T 11896

条款释义：

标准条款 6.1.1 规定了再生水作为绿地灌溉水源的水质监测要求，项目指标的选定和水质要求一致。

水质采样、样品保管分别参考标准《水质 采样技术指导》（HJ 494—2009）、《水质 采样方案设计技术规定》（HJ 495—2009）、《水质 样品的保存和管理技术规定》（HJ 493—2009）执行，水质采集方法可根据 HJ 494—2009 和 HJ 495—2009 等确定。HJ 494—2009 和 HJ 495—2009 中详细规定了采样方法及采样安全预防措施、质疑事项等。对于不能及时监测的水样，水样从容器的准备到添加保护剂等各环节的保存措施以及样品的标签设计、运输、接收和保证样品保存质量的通用技术应按 HJ 493—2009 执行。

标准条款 6.1.2 对灌溉水质监测时间、监测频率及分析方法做了详细规定（标准中表2）。

标准条款：

6.2 绿地土壤和植物监测要求

6.2.1 绿地土壤监测布点要求包括：

a）面积≤2000m²，随机取样品一个；

b）2000m²＜面积≤10000m²，随机取样品2～3个；

c）10000m²＜面积≤100000m²，随机取样品4～5个；

d）面积＞100000m²，每20000m²取样品一个，以此类推。

条款释义：

标准条款6.2.1规定了土壤监测布点的一般要求。

标准值主要参考了《建设用地土壤污染风险管控和修复检测技术导则》（HJ 25.2—2019）6.2.1.2中提出的"单个工作单元的面积可以根据实际情况确定，原则上不应超过 1600 m²"，以及参考了《园林绿化种植土壤技术要求》（DB11/T 864—2020）中 A.3 的取样密度，同时再结合北京市绿地面积形状的状况，最终标准条款6.2.1规定了采集再生水浇灌绿地的土壤样品时，要根据绿地的实际情况、面积大小进行布点和采集。

标准条款：

6.2.2 采样测试宜每年一次，表3规定了分析方法。

6.3 当表3中的绿地土壤监测项目超出 DB11/T 864 规定的限值时，应暂停使用再生水并查明原因。

表3 再生水灌溉的土壤、植物分析方法

序号	类别	项目	分析方法	方法来源
1	土壤	全盐量	称量法	LY/T 1251
2		氯离子	硝酸银滴定法	LY/T 1251
3		交换性钠	火焰光度计法	LY/T 1248
4		pH 值	玻璃电极法	LY/T 1239
5		总铅	原子吸收分光光度法	GB/T 17141
6		总铬	火焰原子吸收分光光度法	HJ 491
7		总镉	原子吸收分光光度法	GB/T 17141
8		总砷	分光光度法	GB/T 17135
9	植物	全钠	火焰光度法	LY/T 1271
10		全氯	硝酸银滴定法	LY/T 1272
11		全硼	分光光度法	LY/T 1273

条款释义：

标准条款 6.2.2 和 6.3 对使用再生水灌溉的绿地土壤和植物检测有关内容进行了规定。

标准明确了土壤、植物监测的具体项目，以及采样测试的频率和参考标准，将格式变为表格形式，以便用户参考时较为直观；标准条款 6.3 强调了当浇灌再生水的绿地土壤质量超出了《园林绿化种植土壤技术要求》（DB11/T 864—2020）中园林绿化种植土壤的限值时，应暂停使用再生水并查明原因。

标准第 7 章　管理要求

标准条款：

7　管理要求

7.1　灌溉要求

7.1.1　单位面积灌溉用水量应符合 DB11/T 1764.6 的规定。

7.1.2　在人口稠密地区不宜采用喷灌方式。

7.1.3　喷洒边界 10m 范围内不应设食品摊点，应安排在晚间或人员较少的时段进行。

条款释义：

标准条款 7.1 规定了单位面积灌溉用水量。

再生水用于绿地灌溉时，应科学地确定灌水量，主要参照《用水定额　第 6 部分：城市绿地》（DB11/T 1764.6—2023）中的有关内容，结合北京市的气候、土壤条件以及所种的植物种类需水规律等进行确定。

灌溉方式的选择应遵循节约用水原则并降低人体暴露危险。人口稠密地区不宜采用喷灌方式，再生水在喷灌过程中会形成气溶胶，水中的微生物和有毒有害污染物可能会被人体吸入，所以应尽量避免再生水水雾对公众的暴露。如采用再生水进行绿地灌溉，最好在公共暴露少的时间进行，应该安排在晚间或人员较少的时段进行，并且喷洒边界 10m 范围内不应设食品摊点。

标准条款：

7.2　安全防护

7.2.1　灌溉设施应专人管理，取水口设置专用锁具。

7.2.2　再生水管道应采取下列防止误接、误用的措施：

a）绿地内再生水管道及其配件颜色为浅绿色；

b）再生水管道、水箱独立设置，严禁与自来水管道、水箱直接连接；

c）绿地内的再生水输送管道、水箱、阀门和井盖等设施注明"再生水"字样等提示标识。

7.2.3 应对操作人员进行再生水安全使用的技术培训。

条款释义：

标准条款 7.2 规定了再生水灌溉园林绿化用地时的安全防护要求。

首先，灌溉设施需要专人管理，非管理人员不得操作，避免因操作不当引起事故，取水口应设置专用锁具，专人专用。

其次，依据北京市政府在 1987 年提出的《北京市中水设施建设管理试行办法》第 5 条规定："中水管道、水箱等设备外部应涂成浅绿色。中水管道、水箱等严禁与自来水管道、水箱相连接"，标准仅对绿地内再生水管道做出规定，统一使用浅绿色。

此外，标准对再生水输送管道和水箱等设施配置做出了规定，对绿地内的再生水输送管道、水箱、阀门和井盖等设施也做出了规定，应注明"再生水"字样等警示标示，并对再生水灌溉设施管理及相关操作人员进行安全培训。

8.3 再生水绿地灌溉案例

8.3.1 东四环绿化带利用再生水灌溉

1. 东四环绿化带利用再生水概况

东四环再生水管线于 2005 年投入使用。随着酒仙桥污水处理厂二期的建成投产，朝阳区建成了"中水示范工程"，包括东四环绿化带、朝阳北路、四德公园等共 120 万 m^2 绿地均接通了再生水管线。本章案例的绿化带为朝阳区东四环路外环绿化带绿地（霄云桥—慈云寺桥），面积约 40 万 m^2。案例数据涉及的时间为 2005—2022 年。

2. 绿地灌溉再生水对植物生长状况影响

对比 2005 年与 2022 年园林植物生长状况（图 8.1），表明再生水浇灌绿地内园林植物大部分生长良好，乔灌木、草坪草、草本花卉和宿根花卉均生长良好，叶色正常，植物外观形态良好。与灌溉自来水的绿地中的园林植物比较未见明显异常，物候期与自来水灌溉的植物基本一致，外观没有明显异常现象，植物外观未表现出明显的缺素症状。因此，使用酒仙桥再生水厂的再生水较长时期内灌溉对园林植物是安全的。

（a）油松

2005 年　　　　　　　　　　　　　2022 年

（b）玉兰

2005 年　　　　　　　　　　　　　2022 年

（c）银杏

2005 年　　　　　　　　　　　　　2022 年

图 8.1（一）　对比 2005 年与 2022 年东四环绿化带园林植物生长状况

2005 年   2022 年

（d）白皮松

2005 年   2022 年

（e）栾树

2005 年   2022 年

（f）乔灌草组合

图 8.1（二）　对比 2005 年与 2022 年东四环绿化带园林植物生长状况

3. 绿地灌溉再生水对土壤性状的影响

东四环绿化带（朝阳公园桥至霄云桥外环）自 2005 年开始使用再生水灌溉，到 2022 年已使用 17 年，绿地内植物种类丰富，养护管理比较精细。采集再生水灌溉的典型园林植物立地土壤样品进行了分析测试，数据见表 8.1，参考范围参照《园林绿化种植土壤》（DB11/T 864—2020）。

表8.1　东四环土壤性状

种植树种	碱解氮 /（mg/kg）	有效磷 /（mg/kg）	速效钾 /（mg/kg）	有机质 /（g/kg）	全盐量 /（g/kg）	pH 值	氯离子 /（mg/kg）
油松	42.77	26.50	282	11.52	0.30	8.69	49.50
玉兰	94.10	25.60	479	18.95	0.70	8.50	7.07
银杏	68.04	1030	276	15.02	0.40	8.50	9.90
白皮松	57.46	7.60	282	14.8	0.50	8.68	7.07
榆叶梅	64.18	11.10	335	17.74	0.40	8.51	4.24
紫叶李	69.35	8.50	455	17.97	0.60	8.60	28.29
栾树	116.22	26.40	593	30.40	0.60	8.41	8.49
参考范围	60～200	10～60	80～300	12～80	≤2	6.00～8.50	≤100

土壤 pH 值是反映土壤酸碱性的指标，主要与五大土壤成土因素有关。东四环土壤 pH 值为 8.41～8.69，属于强碱性土壤，但没有超过 9.0 碱化土壤水平，与 2005 年土壤 pH 值基本一致（2005 年 pH 值变幅为 8.42～9.07）。

土壤中累积的盐分是影响植物正常生长的主要障碍之一。测定结果表明，土壤全盐量及盐分离子的并没有出现随着再生水灌溉时间增长而大量积累的现象。这可能与南水北调进京有关系。随着南水北调的进行，稀释了本地常规水中的盐分，北京市内再生水的源头主要为生活污水，从而再生水的含盐量也随之降低（数值小于 800mg/L，北排集团提供），当用此种市政管网提供的再生水灌溉绿地时，盐分并没有积累，表 8.1 中的数据表明，土壤含盐量和氯离子含量较低，符合园林绿化种植土标准。

土壤中碱解氮、有效磷和速效钾为土壤速效养分，是植物较易吸收的部分。东四环调查的土壤中碱解氮含量除油松和白皮松点位外，变幅为 64.18～116.22mg/kg；有效磷含量除白皮松和紫叶李点位外，变幅为 10.1～103mg/kg；速效钾含量为 376～593mg/kg，均符合绿化种植物标准，仅个别点位数值低于参考范围，说明再生水灌溉绿地没有对土壤速效养分产生不良影响。

土壤有机质是土壤肥力较为重要的影响因子之一。此次调查中除油松点位略低于 12mg/kg 外，其余点位有机质变幅为 14.88～30.4mg/kg，符合园林绿化种植土标准，属于中等肥力水平，与 2005 年相比（不大于 15mg/kg），略有升高，说明再生水灌溉绿地对土壤有机质没有产生不良影响。

综上所述，东四环绿化带长期浇灌再生水没有对土壤盐分积累产生影响，没有对土壤速效养分和有机质等肥力因子产生影响。

4. 管理

为避免健康影响，东四环绿化带设置了"再生水-非饮用水"等警示标牌（图8.2）。绿地中再生水管网井盖涂成了浅绿色，以区别于自来水管道。因为再生水作为非常规水源，灌溉绿地时，灌溉时间也安排在人员暴露少的时间段进行，在取水时，专人专锁、或者配备取水卡进行取水操作。朝阳区绿化二队针对可能存在的事故和风险制定了应急方案。如绿化带植物出现问题时，先暂停再生水的灌溉，请相关专家实地调研，找出问题所在，排除再生水的原因后继续灌溉；如绿化带灌溉出现紧急问题时，相关管理部门应及时上报业务主管部门启动应急方案（图8.3）。

图 8.2 警示标牌

图 8.3 安全使用再生水的保障措施

8.3.2 陶然亭公园利用再生水灌溉

1. 陶然亭公园利用再生水概况

陶然亭公园自 2000 年引再生水入园，开始在园内部分区域使用再生水灌溉，并使用再生水作为景观湖水补充水源，是北京地区使用再生水灌溉周期较长的绿地之一。陶然亭公园本身建园时间很长，园内植物种类丰富，且水、肥、病虫害等方面管理精细，植物生长茂盛，树龄较长。本案例数据涉及时间为 2000—2021 年。

2. 绿地灌溉再生水对植物生长状况影响

2021 年，陶然亭公园的大部分植物均生长良好（图 8.4），发芽、花期、物候期、叶色、落叶期等与灌溉自来水的植物基本一致，植物外观表现正常，和自来水灌溉的没有明显差异。

但是，陶然亭公园的绿地养护人员反映，园内白皮松、油松等常绿树近年来有生长衰弱的趋势，其是否与再生水有关需要进行进一步观察。

3. 绿地灌溉再生水对土壤性状的影响

陶然亭公园是使用再生水灌溉周期较长的绿地之一，自 2000 年开始使用再生水灌溉，到 2021 年已使用 21 年，绿地内植物种类丰富，养护管理比较精细。采集再生水灌溉的绿地土壤样品进行分析测试，数据见表 8.2，参考范围参照《园林绿化种植土壤》（DB11/T 864—2020）。

图 8.4 陶然亭公园植物生长状况

表8.2　陶然亭土壤性状

样品	碱解氮 / (mg/kg)	有效磷 / (mg/kg)	速效钾 / (mg/kg)	有机质 / (g/kg)	全盐量 / (g/kg)	pH 值	氯离子 / (mg/kg)
土壤样品 1	130.85	43.9	300	25.2	0.7	8.37	26.63
土壤样品 2	58.66	55.4	271	16.0	0.6	8.48	44.38
土壤样品 3	42.06	17.4	158	17.0	0.7	8.77	26.63
土壤样品 4	59.04	16.5	254	25.1	0.6	8.66	26.63
土壤样品 5	70.27	15.9	260	29.2	0.4	8.77	44.38
土壤样品 6	51.4	17.4	254	20.0	0.4	8.82	71.00
土壤样品 7	63.2	22.9	299	19.0	0.6	8.59	44.38
参考范围	60～200	10～60	80～300	12～80	≤2	6.0～8.5	≤100

从表8.2可以看出，陶然亭土样盐分指标没有富集现象出现，全盐量为0.4～0.7g/kg，氯离子含量为 26.63～71.00mg/kg，依据《园林绿化种植土壤》（DB11/T 864—2020），养分均在园林绿化种植土要求范围内，用再生水绿地灌溉21 年并没有引起陶然亭公园土壤次生盐渍化现象出现，说明再生水灌溉绿地是安全的。

调研土壤的 pH 值数值较高，为8.48～8.82，属于强碱性土壤，与2011 土壤 pH 值基本一致（2011 年 pH 值变幅为8.40～9.12）。土壤碱性过高，可能是造成常绿树生长衰弱的主要原因。据调研，再生水水质碱性过高的原因尚不确定，但水质碱性强是导致土壤碱性过高的主要诱导因素。

土壤速效养分中，碱解氮含量范围为42.06～130.85mg/kg，有效磷含量为15.9～55.4mg/kg，速效钾含量为158～300mg/kg，肥力影响因子有机质含量为16.0～29.2g/kg，均符合绿化种植土标准，仅个别点位数值低于参考范围，说明再生水灌溉绿地没有对土壤速效养分和肥力因子产生不良影响。

综上所述，陶然亭长期浇灌再生水没有对土壤盐分积累产生影响，没有对土壤速效养分和有机质等肥力因子产生影响。

8.3.3 供给再生水用于灌溉绿地的再生水厂情况

北京市供给再生水用于灌溉绿地的再生水厂包括清河再生水厂、酒仙桥再生水厂等。

清河再生水厂，日产再生水 55 万 m³，深度处理主要采用"生物滤池+超滤+臭氧消毒"工艺，再生水去向主要为 3 个方向：重力排河约 16 万 m³、泵送清河上游约 24 万 m³，输送至奥森、圆明园、环卫绿化等约 8.3 万 m³。

酒仙桥再生水厂地处北京市朝阳区东风乡将台洼 52 号，占地面积 23hm²，是北京较早的再生水厂，再生水一期于 2003 年 9 月正式建成并投入运行，设计处理能力 6 万 m³/d，主要采用混凝沉淀工艺。再生水二期于 2011 年开始建设，2013 年年底开始试运行，为"生物滤池+滤布滤池"工艺，生物滤池设计处理能力 20 万 m³/d，滤布滤池设计处理能力 14 万 m³/d。

再生水厂也是再生水用户，场内绿地灌溉也是用再生水作为水源。

酒仙桥水厂绿地于 2003 年开始用再生水灌溉，2021 年对水厂内绿地土壤新装进行调研，如表 8.3 所示。

表 8.3 酒仙桥绿地土壤性状

种植树种	碱解氮 /（mg/kg）	有效磷 /（mg/kg）	速效钾 /（mg/kg）	有机质 /（g/kg）	全盐量 /（g/kg）	pH 值	氯离子 /（mg/kg）
紫叶李	24.18	3.7	137	10.4	0.4	8.88	29.29
油松	41.59	7.8	292	13.4	0.9	8.74	35.5
圆柏	53.8	25.3	300	15.1	0.3	8.64	19.53
沙地柏	52.71	13.7	199	17.4	0.3	8.57	8.88
丁香	65.51	31.3	238	28	0.3	8.66	17.75
草地	81.22	9.3	488	25.2	0.8	8.75	44.5
泡桐	58.57	30.4	434	16.8	0.4	8.92	17.75
银杏	93.5	14.7	347	21.1	0.5	8.58	53.25
椿树	50.73	16.1	271	14.1	0.2	8.89	44.38
雪松	126.03	15	249	40.3	0.7	8.55	75.44
柳树	78.7	8.5	358	29	0.6	8.68	17.75
玉兰	81.95	26.8	358	22.3	0.5	8.69	53.25
法桐	117.07	10.9	262	38.5	0.6	8.63	53.25
参考范围	60～200	10～60	80～300	12～80	≤2	6.0～8.5	≤100

从表 8.3 可以看出，酒仙桥水厂绿地土样盐分指标同样没有富集现象，全盐量为 0.2～0.9g/kg，氯离子含量为 8.88～75.44mg/kg，依据《园林绿化种植土壤》（DB11/T 864—2020），养分均在园林绿化种植土要求范围内，再生水灌溉绿地土壤没有次生盐渍化现象出现，说明再生水灌溉绿地比较安全，不会出现盐害。

同样，绿地土壤的 pH 值数值较高，为 8.55～8.88，属于强碱性土壤，灌溉再生水有使土壤的 pH 值碱性更强的趋势。

土壤速效养分中，碱解氮含量范围为 24.18～126.03mg/kg，有效磷含量为 3.7～30.4mg/kg，速效钾含量为 137～488mg/kg，肥力影响因子有机质含量为 10.4～40.3g/kg，均符合绿化种植土标准，仅个别点位数值低于参考范围，说明再生水灌溉绿地没有对土壤速效养分和肥力因子产生不良影响。

第 9 章 再生水农业利用

再生水中含有丰富的氮磷等营养元素，农业利用可以提高作物产量，减少农田化肥使用量，减少清洁水资源的开采量。北京市从 2002 年开始大力发展再生水农业灌溉利用。

北京用于农业灌溉的再生水主要是以污水处理厂的二级出水作为水源，污水处理厂的水源多为城市排水，其处理量主要受污水处理厂设计处理能力的影响，受外界的影响因素较小，与其他形式的水源相比，北京市再生水资源具有来水稳定、不受气候条件和其他自然条件限制的特点（尹世洋等，2011）。

为规范指导北京市辖区内农业再生水灌溉利用，保证再生水安全灌溉，编制了《再生水农业灌溉技术导则》（DB11/T 740—2010）。本章对 DB11/T 740—2010 的主要内容进行解读，并分析了再生水农业灌溉利用的可行性及标准的适用性。

9.1 标准编制的主要思路与特点

《再生水农业灌溉技术导则》（DB11/T 740—2010）于 2010 年 8 月 13 日发布，2010 年 12 月 1 日实施。该标准主要特点如下：

（1）关注再生水安全问题和再生水灌区的运行风险。从技术层面最大限度地降低再生水灌溉对农产品、环境以及人群的影响。

（2）在进行再生水灌区规划、设计、建设、管理等多个环节为再生水农业灌溉提供了专业性指导意见和规范。

（3）注重理论与实践相结合，充分借鉴了北京市再生水灌溉的实践经验。

9.2 标准的主要内容

DB11/T 740—2010 规定了农业利用再生水灌溉规划、设计的基本原则、要求和方法以及再生水灌区监测与管理。

DB11/T 740—2010 适用于北京地区农业利用再生水灌溉新建、改扩建工程的规划、设计与管理。

标准第4章 总则

标准条款：

4 总则

4.1 再生水灌区应建立健全管理组织和规章制度。

4.2 再生水灌区应建立监测系统，定点定时监测再生水水质、农产品质量、土壤质量和地下水水质变化。

4.3 再生水灌溉除执行本标准外，还应符合国家现行有关标准的规定。

条款释义：

标准条款4.1～4.3规定了再生水农业灌溉利用的总则。

再生水灌溉工程规划涉及水、田、林、路、沟、渠等众多方面，受到水源功能区和生态功能区的影响。同时，再生水灌溉工程建设规模和建设水平总体受到当地社会经济发展状况的制约。此外，水资源配置模式和环境承载能力是再生水灌溉工程建设的技术导向。再生水灌溉工程发展区域必须与已有或获得批复的灌溉规划综合统筹考虑，确定工程建设规模，避免重复规划。需确保规划具有前瞻性，能准确预测灌溉区域发展趋势。功能区域划分、供排水工程布置、田间路规划必须与城市发展规划、农业、林业、牧业、园林绿地等规划相协调，与道路、林网、供电等设施相结合。

标准第5章 工程规划

标准条款：

5 工程规划

5.1 规划原则

5.1.1 有条件的地区宜优先选用再生水作为灌溉水源。

5.1.2 应与社会发展总体规划，以及当地农业规划、节水灌溉规划、污水再生利用规划、水源保护规划、水资源利用规划、生态环境建设规划等相协调。

5.1.3 再生水灌溉工程应与现有灌溉系统相结合。

5.2 规划要求

5.2.1 宜选择包气带弱透水层厚度 8 m 以上的区域实施再生水灌溉。

5.2.2 应收集规划区水文、气象、地质、土壤、农业生产、社会经济以及地形地貌、水利工程现状、再生水的水量、水质等资料。

5.2.3 综合分析灌区可利用再生水及其他水源的供水能力、灌区调蓄能力、土地利用结构、作物种植结构、灌溉方式、灌溉制度、灌溉用水量、灌区内其他行业用水量等基本资料，进行方案比选，确定再生水灌溉工程建设或改造的规模。

5.2.4 宜采用地面灌、滴灌等灌溉方式，人员稀少时可采用喷灌或微喷灌。

条款释义：

标准条款 5.1 和 5.2 规定了再生水农业灌溉利用灌溉水源要求。

以优化水资源配置，提高水资源利用效率，实现优水优用；以及提高再生水灌区的灌溉保证率为目标。该标准坚持再生水灌溉区域的灌溉水源要以再生水为主，同时将地表水、地下水、雨洪水、境外来水与再生水的联合调度，从灌溉水源选择的角度为区域水资源的科学、合理和可持续利用提供保障。

标准第 6 章 工程设计

标准条款：

6 工程设计

6.1 一般规定

6.1.1 设计应符合 GB 50288 的规定。

6.1.2 灌溉设计保证率应不低于 85%。

6.2 输配水工程

6.2.1 应设计避免沿途污水直接进入再生水输配水系统的导流设施。

6.2.2 穿越包气带渗透性好的区域时，宜采用管道方式，若采用渠道应采取防渗措施。

6.2.3 不应穿越城镇集中式供水水源一级保护区。

6.2.4 应采用适宜再生水水质的材料与设备。

6.3 调蓄工程

6.3.1 工程所在地区不符合 5.2.1 的条件时，应采取防渗措施。

6.3.2 宜选择"长藤结瓜"式的串联调蓄，并应结合汛期水量进行调蓄分析。

6.4 田间灌溉工程

6.4.1　田间灌溉方式应依据水源、地形、气候、土壤条件以及作物类型等来确定。

6.4.2　采用滴灌系统时，应配备砂石过滤器和不低于 120 目的筛网过滤器或碟片过滤器。

6.5　缓冲区设置

6.5.1　生活用水源井缓冲区半径应不小于150m。

6.5.2　明渠输配水工程宜根据施工条件设置缓冲区。

6.5.3　缓冲区宜采用绿化带、清水灌溉作物带或无灌溉水源作物带等进行隔离的柔性隔离或采用护栏等进行隔离的刚性隔离等形式。

条款释义：

标准条款 6.1～6.5 规定了再生水农业灌溉利用工程设计的要求。

1. 灌区设计规模

确定灌区设计规模是进行再生水灌溉工程规划的一项主要任务，规模的确定主要受到灌区水资源供需平衡、规划区适宜性分区、工程建设投资规模的影响，应坚持水资源优化配置、规划区科学分区和建设资金高效利用的原则，从各个角度进行方案的比较选择，确定再生水灌溉工程设计规模。

2. 防污性能评价

主要通过再生水湿地、室内大型土柱和野外土地渗滤系统等试验手段研究再生水灌溉对地下水的影响。应用 ArcGIS 系统软件，在美国环保局 DRASTIC 模型的基础上，选择适宜的评价因子，按单因子的等级和权重做出单因子分区图，然后通过 GIS 的栅格计算功能，将各项单因子分区图进行叠加分析；最终得出再生水灌溉适宜性区域和包气带弱透水层厚度等关键参数。

3. 过滤技术研究

设置不同过滤级别的过滤效果处理试验，比较不同过滤级别的过滤效果，比选适宜的过滤装置。同时，通过调整滤料不同颗粒级配，对比分析填充不同级配滤料条件下的过滤器过滤效果，指导滤料选择和过滤设备选型。并以不同型号的滴头作为试材，对过滤效果进行验证，得到再生水灌溉过滤设备的技术需求。

4. 缓冲区模式

该标准充分吸收借鉴国内外相关研究成果，结合北京市再生水灌区的特点，本着高效运行、确保安全和因地制宜的原则，确定缓冲区距离和宜采取的措施。

标准第 7 章 检测与评价

标准条款：

7　监测与评价

7.1　一般规定

7.1.1　面积大于 100hm^2 的再生水灌区应建立环境质量监测与评价制度。

7.1.2　应依据 GB 20922、GB 22573 和 GB 22574 对再生水水质进行监测与评价。

7.1.3　依据 GB 3838 和 GB 8978 对灌区排水水质进行监测与评价。

7.1.4　应依据 GB 2715、GB 18406.2、DB11/153 对农产品质量进行监测与评价。

7.1.5　应依据 GB/T 15618 对土壤质量进行监测与评价。

7.1.6　应依据 GB/T 14848 对地下水水质进行监测与评价。

7.2　再生水和灌区排水监测

7.2.1　监测点布置应符合下列要求：

a）干渠、支渠或干管首端设置引水监测点；

b）排水沟、管道末端设置排水监测点。

7.2.2　应每月监测 1 次，灌溉高峰期应每月监测 2 次。大型灌区宜配备再生水水质自动监测设备。

7.3　土壤、农产品与地下水监测

7.3.1　监测点布置应符合下列要求：

a）监测点应设置在土壤或作物类型具有代表性的地块；

b）土壤、农产品与地下水质量监测点应设置在同一地块，监测点的布置密度可依据表 1 确定。

表 1　土壤、农产品和地下水监测点布置标准

灌区面/hm²	监测点密度
≥5000	500～2000hm²布置 1 个监测点
500～5000	250～1000hm²布置 1 个监测点
100～500	100～250hm²布置 1 个监测点

7.3.2　土壤监测深度为 0～30cm。土壤质量监测指标除符合 7.1.5 的规定外，还应同时监测钠吸附比和电导率。钠吸附比的计算方法及控制标准、电导率的控制标准见附录 A。

7.3.3 监测频率每年不少于 1 次。

7.4 评价方法

7.4.1 再生水、土壤、农产品和地下水的单项监测指标的质量状况采用单因子评价法，见附录 B。

7.4.2 再生水、土壤和地下水的总体质量状况采用内梅罗综合指数法，见附录 C。

7.4.3 评价标准中未规定的特征指标宜采用再生水灌区建设前的本底值作为评价标准。

条款释义：

标准条款 7.1～7.4 规定了再生水农业灌溉利用监测与评价的相关要求。

监测与评价严格贯彻执行国家标准，将《城市污水再生利用 农田灌溉用水水质》（GB 20922—2007）作为农田灌溉的监测和评价依据。灌溉区排水水质评价，根据受纳水体功能区的不同，采用《地表水环境质量标准》（GB 3838—2002）和《污水综合排放标准》（GB 8978—1996）。

土壤环境质量的监测与评价以《土壤环境质量标准》（GB/T 15618—2018）为依据。

第 10 章　再生水利用实践与案例

近年来，北京市陆续建成了一系列再生水利用工程，在水资源节约、水环境改善等方面发挥了重要作用。本章介绍了冬奥会延庆赛区、奥林匹克森林公园、北京经济技术开发区、北京城市副中心等典型再生水综合利用案例，包括利用概况、再生水处理系统、管理措施等，以期为我国其他城市和地区开展再生水利用实践提供参考。

10.1　冬奥会延庆赛区

10.1.1　再生水利用概况

龙庆首创水务公司下属城西再生水厂是冬奥会延庆赛区保障级别最高、规模最大的污水处理厂，负责延庆赛区 26 家签约酒店及配套设施污水处理和部分酒店的再生水供水保障工作。城西再生水厂的再生水生产能力约 4 万 m^3/d，所生产再生水全部用于赛区内的市政杂用，包括部分奥运场馆、运动员公寓的冲厕、赛区内的绿化及道路清扫。

10.1.2　再生水水质与处理系统

城西再生水厂采用的处理工艺见图 10.1。出水水质优于北京市排水标准《城镇污水处理厂水污染物排放标准》（DB11/ 890—2012）中的 A 级标准。

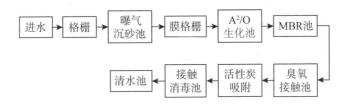

图 10.1　城西再生水厂再生水处理工艺流程

10.1.3　再生水利用管理措施

城西再生水厂在运行过程中克服了两大难题：一是低温导致的生化处理效率低，二是疫情导致的病毒感染风险。

延庆区冬季气温持续在−10～−30℃ 范围，在此温度下，生化系统污泥活性低，硝化、反硝化效果也大幅度下降。针对这一问题，城西再生水厂采取了两种措施：其一是通过提高污泥浓度及增加药剂用量来维持生化池反应效率，处理厂每天使用的药剂量，包括碳源类、消毒类和除磷类三大类药剂可达10t，是市区处理厂用量的1 倍；其二是延长水力停留时间，污水进入城西再生水厂后总停留时间达 14h 以上，是常规污水处理时间的 1.5 倍。

在冬奥保障工作中，因受疫情影响，不仅各冬奥保障闭环区域投加次氯酸钠，同时各酒店在污水排放前，也会加入一定量的消毒剂，因此造成水厂进水 pH 值普遍偏高。由于微生物对污水酸碱度相对敏感，过高的 pH 值将影响生化反应效率。针对这一问题，城西再生水厂提高了水质检测频次，并安排检测人员全天候值守，实时关注各项指标的变化。此外，还增加了应急药剂的储备量，以便第一时间做出应急处置。

10.1.4　应急管理措施

为应对冬奥期间处理厂发生紧急情况，运营公司专门研发了应急可移动水处理设备，自接到应急求助信息后，公司 2h 内即可将该设备运输到指定处理厂，同时迅速进入应急保障工作。

城西再生水厂还成立了应急处置小组，并制定以下规定：

（1）各小组明确工作职责，确保发生紧急情况 5min 内可响应；

（2）维修人员实行倒班值守，24h 待命，发生设备故障 1h 内赶赴现场开展抢修工作；

（3）一般设备故障于 6h 内修复，不易诊断和维修的设备故障于 12h 内完成维修，对不能解除故障的设备，在 24h 内以备机予以替换，待设备修复后再恢复。

10.2　奥林匹克森林公园

10.2.1　再生水利用情况

北京奥林匹克公园是 2008 年第 29 届奥运会和残奥会期间的主要活动场所，由北部的奥林匹克森林公园（图 10.2，以下简称"森林公园"）和南部的奥林匹克体育中心（图 10.3，以下简称"体育中心"）构成，集中体现了"科技、绿色、人文"三大理念，彰显了北京悠久的文化历史和人与自然和谐共存的智慧。

图 10.2　奥林匹克森林公园

图 10.3　奥林匹克体育中心

森林公园占地 680hm²，水面 67.7hm²，绿化面积 478hm²，绿化覆盖率 95.61%。公园的点睛之笔为一条贯穿整个园区的龙形水系（图 10.4）。该景观水体全长 2.7km，深度 0.4～1.5m，宽度 20～125m，主要由主湖、洼里湖、湿地、氧化塘等构成，形成了以"主湖"为主要水面的"龙头"格局（Lazarova 等，2013）。

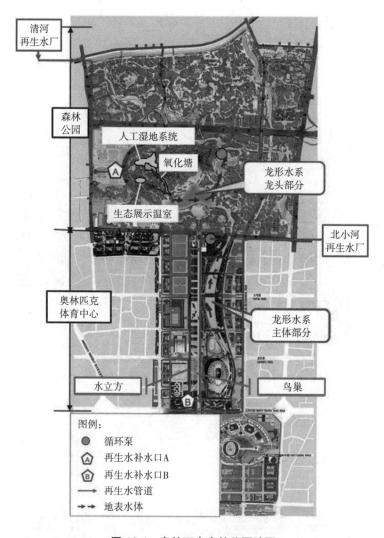

图 10.4　奥林匹克森林公园地图

为体现绿色奥运原则，践行可持续发展理念，公园采用再生水作为水系的补水水源，是国内第一个全面采用再生水作为水系和主要景观用水补水水源的大型城市公园。森林公园承接清河再生水厂每年约 100 万 m^3 的再生水，体育中心附近的"龙尾"部分由北小河再生水厂进行补充，以人工湿地作为主要生态水处理单元，结合地形因素和景观要求，建成了一个集再生水利用、水体循环净化、污水处理和水资源保护等于一身的综合示范工程。

10.2.2　再生水水质水量

奥林匹克森林公园主要以清河再生水厂与北小河再生水厂所生产的再生水作为水

源,清河再生水处理工艺详见本书第 7 章图 7.4,北小河再生水厂处理工艺详见图 10.5。

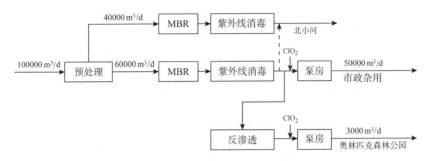

图 10.5　北小河再生水厂处理工艺流程

清河再生水厂和北小河再生水厂出水可达到北京市《城镇污水处理厂水污染物排放标准》(DB11/ 890—2012)中新(改、扩)建城镇污水处理厂的 B 标准要求,可满足再生水的景观环境利用,清河再生水厂出水水质情况见表 7.8,北小河再生水厂出水水质见表 10.1。

表 10.1　北小河再生水厂出水水质情况

项目	再生水水质		水质标准
	MBR 出水	RO 出水	
pH 值	7～8		6～9
SS/（mg/L）	≤1	≤1	—
COD_{Cr}/（mg/L）	15～20	<10	—
BOD_5/（mg/L）	≤2	≤2	6（10）
TP/（mg/L）	<0.3	<0.01	0.5（0.3[①]）
NH_3-N/（mg/L）	<1	<1	3（5）
TN/（mg/L）	<15	<0.5	10（15）

注　1. 标准为《城市污水再生利用 景观环境用水水质》(GB/T 18921—2019)。
　　2. 括号内数值为河道类、景观湿地环境用水水质限值。
　① 括号内数值为娱乐性水景类景观环境用水水质限值。

奥林匹克森林公园再生水主要用于水面蒸发渗漏损失量、维持水质的换水量或循环量、园内大面积的绿化灌溉等,年补水量约为 100 万 m^3,日常根据降雨量、蒸发量等用水需求调节再生水进水流量。再生水为管线进水,再生水自进水口直接进入再生水潜流湿地。

10.2.3　再生水深度处理与循环利用

为保障再生水景观环境的安全利用，奥林匹克森林公园通过新型景观化复合垂直流人工湿地工程技术，进一步提高再生水水质。目前，日均补水量为 3200m³/d。其中一部分再生水（600m³/d）进入"生态展示温室（即可持续性发展教育中心）"，利用多种水处理技术进行处理，之后依次进入表面流湿地和植物氧化塘。另一部分再生水（约 2600m³/d）直接进入潜流（垂直流）湿地处理，湿地系统位于南园西北隅，为再生水和循环水的渗滤工程，根据再生水循环补水水流方向，分设 6 个面积约为 7000m² 的并联单元，总面积 4.15 万 m²，日循环水量 2 万～3 万 m³；潜流湿地出水进入植物氧化塘，在植物氧化塘和叠水花台之间建立内部循环系统，从植物氧化塘中提升部分水进入叠水花台，以达到景观效果，同时起到净化水体的作用（图 10.6）。

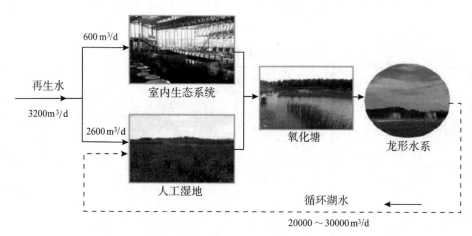

图 10.6　奥林匹克森林公园再生水深度处理及循环系统

湿地系统以复合垂直流人工湿地为核心，整体自北向南呈阶梯状分布，由循环水潜流湿地、再生水潜流湿地、植物氧化塘、混合生态功能区等组成。净水功能最突出的就是再生水潜流湿地和循环水潜流湿地，两个湿地均由多个填料床组成，并采用 U 形槽原理实现连通。再生水和湖内循环水在湿地床内部流动，利用基质-微生物-植物的物理、化学和生物的三重协同作用，通过沉淀、吸附、过滤、离子交换、营养元素摄取、生物转化、细菌分解等过程，实现水质净化。

湿地净化系统中植物配置约 1 万株，根据各单元处理目标的不同，植物的组合配置也不同。以强化脱氮湿地、水生植物净化单元和复合人工湿地单元为例，强化脱氮湿地单元采用多种湿地植物，共约 6600 株，主要有：千屈菜、芦苇、菖蒲、鸢尾、伞草、梭鱼草、水葱和灯心草等；水生植物净化单元种植多种挺水植物、根生浮叶植物和沉水植物，共约 1000 株，主要有：莲、睡莲、荇菜、浮萍、菹草、狐尾藻和萍蓬草等；复合人工湿地单元也种植多种湿地植物，共约 6600 株，主要有：千屈菜、美人蕉、芦苇、菖蒲、鸢尾、伞草、梭鱼草、慈姑、灯心草、芦竹等。各种植物特点见表 10.2。

表 10.2　人工湿地植物种类及特点

湿地植物	植物类型	生活特性
芦苇 *Phragmites communis* Trirn.	多年生水生或湿生的高大禾草	生长期 4 月上旬至 7 月下旬，孕穗期 7 月下旬至 8 月上旬，抽穗期 8 月上旬至下旬，开花期 8 月下旬至 9 月上旬，种子成熟期 10 月上旬，落叶期 10 月底以后
千屈菜 *Lythrum salicaria* Linn.	多年生挺水型草本植物	花果期 6—9 月，10 月下旬植株地上部分逐渐枯萎，任期自然越冬
香蒲 *Typha latifolia* L.	多年生落叶、宿根性挺水型的单子叶植物	花期 6—7 月，果期 7—8 月。一般用分株繁殖。一般 3～5 年要重新种植，防止根系老化
黄花鸢尾 *Iris pseudacorus* L.	多年生湿生或挺水型宿根草本植物	花期 5—6 月，既可有性繁殖（即种子繁殖，可随收随播，成苗率达 80%～90%），也可无性繁殖，即分株繁殖
泽泻 *Alisma orientale*	多年生沼生或水生草本植物	花果期 6—9 月，生育期宜浅水灌溉，经常保持水深 3～7cm，11 月中旬后逐渐排干收挖，在北京冬季根茎潜入泥下越冬
菖蒲 *Acorus calamus* Linn.	多年生挺水型草本植物	花期 6—9 月，果期 9—10 月。清明前后，切下带芽的根茎，埋入盛泥的盆内，再沉入小池或湖塘浅水处。随气温上升，新叶渐渐长出，可进行追肥
红蓼 *Polygonum orientale*	多年生宿根草本	花期 7—9 月，果期 9—10 月。播种法繁殖，3—4 月进行
水葱 *Scirpus validus* Vahl.	多年生宿根挺水型草本植物	花果期 6—9 月。水葱可用播种、分株方法繁殖，在初春将植株挖起切成若干块，每块带 3～5 个茎块芽。栽种初期宜浅水，以利提高水温促进萌发
菰（茭草） *Zizania caduciflora*	多年生挺水型水生草本植物	花果期秋冬。有性繁殖即播种繁殖；无性繁殖，一般在 3—4 月

　　为了维持、保障人工湿地长期稳定地正常运行，需对水生植物开展定期收割、

病虫害防治、杂草清除等管理工作。

强大的湿地循环系统以及丰富的动植物种类，共同构建了奥森湿地的生态系统。目前，湿地处理出水的主要水质指标可达到《地表水环境质量标准》（GB 3838—2002）中地表 Ⅲ～Ⅳ 类水质指标。

10.2.4　再生水景观环境利用管理措施

北京世奥森林公园开发经营有限公司为公园内的运营管理单位，下设再生水景观环境利用的主管部门。为维系园内河湖水体的水质安全，管理部门在水质水量监测、水质维系、风险管控、日常管理等方面采取了相应措施。

在水质水量监测方面，北京世奥森林公园开发经营有限公司委托第三方定期监测公园内浊度、嗅味、色度、pH 值、总氮、总磷、水生植物等指标。再生水进水口设置了再生水流量系统及水量控制阀门，可实时监测进水量，并根据季节、园内水位及时调整再生水进水阀门。

再生水补给奥林匹克森林公园后，除蒸发下渗、园林绿化再利用外基本无外排，园内水系水体流动性较差，而且再生水氮磷含量偏高，易导致水体富营养化。为保证水体水质的长效维系，园内设置了循环设施，增加了水体流动性，水力停留时间缩短至 1～2 天，湖内循环水进入循环水潜流湿地后也可进一步净化水质。此外，园内人工湿地中的水生植物覆盖度较高，动植物种类丰富，生态系统良好，利于水质维系。

在风险防控方面，公园内设置了"请勿饮用""禁止游泳""禁止钓鱼"等标识来避免再生水景观环境利用中的水体健康风险。在易发水华季节，管理部门通过增大循环湖水量等方式，提高水体流动性，预防水华，或利用物理打捞等措施，避免水华风险。

在日常管理方面，公园管理单位定期开展职工培训工作，日常巡检景观环境中的水质水位情况、垃圾杂物、水生植物长势和病害等，并对水体净化维系设施进行定期保养、维护和修理等工作。

10.2.5　应急管理措施

北京世奥森林公园开发经营有限公司针对可能存在的事故和风险，包括水质恶化、极端气候条件、处理单元失效、严重水华等制定了应急方案，如园内水环境出现问题，相关管理部门应及时上报业务主管部门启动应急方案。

10.3　北京经济技术开发区

10.3.1　北京经济技术开发区及其供水排水情况

北京经济技术开发区位于北京市东南部亦庄地区，1992 年开始建设，1994 年 8 月 25 日被国务院批准为国家级经济技术开发区（图 10.7）。2021 年末全区常住人口 16.6 万，比 2020 年末增加 0.1 万人。其中，常住外来人口 11.3 万人，占常住人口总数的 68.1%。2021 年全年实现地区生产总值 2666 亿元，比 2020 年增长 28.8%；完成地方级收入 362.7 亿元，比 2020 年增长 5.2%。

北京经济技术开发区建设 20 年来，区域经济和社会的高速发展，生产和生活的用水量持续增长，水资源问题已经成为开发区发展的主要制约因素之一。因此，开发区高度重视水资源的合理规划和利用。2004 年，经济技术开发区管委会专门编制了《北京经济技术开发区水资源综合规划》，建设亦庄节水示范区于 2006 年被列为北京市政府折子工程。

通过节水、再生水利用、雨水利用、水生态环境建设等多方面工作来解决区内日趋严峻的缺水问题，使北京经济技术开发区成为国内第一个具有一流的生态环境、一流的节水技术的高新技术产业基地，对北京市创建环境保护模范城市和生态城市提供了示范作用。由于节水问题的重要性，按照污水资源化支持产业发展的战略，在原国家经贸委、市水务局、市环保局等多方支持下，由经济技术开发区管委会统一部署，开发区再生水厂的建设应运而生。

伴随着开发区再生水厂的建设，北京亦庄环境科技集团有限公司（简称"亦庄环境"）诞生于 2008 年 5 月，运营开发区内的污水厂和再生水厂（图 10.8）。

图 10.7　北京经济技术开发区

图 10.8　亦庄水环境与再生水厂

10.3.2　再生水水厂建设和运行情况

截至 2023 年，开发区内两座再生水厂产水能力共 7 万 m³/d。高品质工业用再生水输配主要通过市政输配水管网，已建成的再生水管网输配能力为 10 万 m³/d，覆盖区域主要集中在开发区核心区域。再生水用户包括电子企业、热力供暖、清洁绿化等各行业。

北京亦庄环境科技集团有限公司东区高品质再生水厂位于北京市经济技术开发区经惠西路 28 号，一期、二期工程于 2011 年竣工，建设投资金额约 2.2 亿元；设计生产规模共计 4 万 m³/d。经开高品质再生水厂位于北京市经济技术开发区西环南路 5 号，一期工程于 2008 年竣工、二期工程于 2016 年竣工，建设投资金额约 2 亿元；设计生产规模共计 3 万 m³/d。

截至 2023 年，东区高品质再生水厂日均产水量 25000 m³/d，经开高品质再生水厂日均产水量 15000 m³/d。两座高品质再生水厂均采用国际先进的"微滤（MF）+反渗透（RO）"组合膜处理工艺，将经过污水处理厂处理的生活、工业废水进一步深度处理，生产的高品质工业用再生水直接回用于开发区内的康宁二期、京东方八代线、长鑫集电、中芯国际、揖斐电等大型工业企业。作为生产工艺用水，在国内首次实现了区域内工业污水的循环使用，减少了开发区污水排放量，节约了水资源，为开发区社会和经济的可持续发展创造了有利条件，是北京经济技术开发区作为北京市节能减排"节水示范区"的一大标志。

10.3.3　再生水输配设施建设与运营情况

2019 年，北京经济技术开发区获批实施《亦庄新城再生水利用规划》，规划要求，进一步提升再生水处理能力，完善配套输水管网，拓展再生水利用方向，全面提升经济技术开发区再生水利用水平。预计到 2035 年，经济技术开发区将建成 7 座再生水厂，3 座高品质再生水厂，再生水利用总量达到 48.5 万 m^3/d，高品质再生水为 9.9 万 m^3/d。

截至 2023 年，亦庄环境自主运营经济开发核心区和东区再生水管网，具有 10 万 m^3/d 的再生水输配能力。

10.3.4　再生水利用情况与运营管理

近几年来，北京经济技术开发区一直秉承向观念要水、向机制要水、向科技要水的理念，不断开源节流。在开源方面，通过不断摸索、实践，逐步形成了生活用自来水、工业用再生水、绿地用雨水、市政用污水退水的"优水优用、循环利用、分级利用"的用水模式；在节流方面，严把项目入区关口，从源头上剔除高水耗的企业，保障开发区低能耗高产出的经济指标，同时加强用水管控，严格执行计划用水制度，监控企业用水情况。

以前，污水厂生产的再生水一般用于河湖水系补水、园林绿化灌溉、冲厕用水、市政道路冲洗等，但再生水经过进一步处理后，品质大大提升，一些指标甚至优于自来水，变成了可以供生产使用的高品质工业用水，真正实现了"一水多用"。经过处理后，再生水回用率可达 70%，相当于每 $10m^3$ 再生水，便可生产 $7m^3$ 可以再利用的高品质工业用再生水。生产的高品质再生水供应至微电子、集成电路等企业，替换了生产环节的自来水。据测算，北京经济技术开发区每年高品质再生水利用量达到工业用水总量的 40%以上。

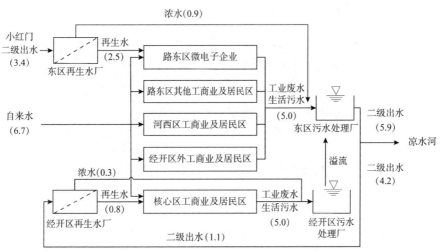

图 10.9　北京市经济技术开发区污水再生利用体系（2012 年，单位：万 m^3/d）

为鼓励北京经济技术开发区企业使用再生水，北京经济技术开发区采用了价格杠杆，推动企业用水转变。开发区生的高品质再生水价格 5～7 元/ m³，低于北京市工商业自来水价格（城六区外，9 元/ m³）。对于一些工业生产的用水户而言，高品质再生水许多指标优于自来水，企业使用再生水，既满足用水水质要求，又可以降低用水成本。

10.3.5　典型再生水厂案例

1. 工艺流程

北京市经济技术开发区东区高品质再生水厂车间及工艺流程如图 10.10 和图 10.11 所示。原水进入"调节池"前添加抑菌剂，调节池配备进水基地式采样站、进水 pH 值计、进水余氯测量仪、进水 TN 测定仪、进水 NH₃-N 测定仪、进水温度计、进水流量计、进水 SS、进水 TP、进水 COD、进水浊度仪，以便实时监测进水各项指标，保证后续工艺设备的稳定运行。

调节池出水经提升水泵进入滤布滤池进行初步过滤。滤布滤池过滤精度为10μm，可以有效降低水中的 SS 值。滤布滤池产水设置 SS 仪及浊度仪，以便监测滤膜出水水质，为后续工艺设备稳定运行提供保障。

滤布滤池出水经由吸水井，通过提升泵进入自清洗过滤器，自清洗过滤器的作用是去除水中大于 200μm 的大颗粒悬浮物，避免微滤膜遭受机械性破坏，保证微滤系统的长期稳定运行。

自清洗过滤器出水通过加压进入微滤系统。微滤膜的精度为 0.1μm，能够进一步阻挡住悬浮物、细菌、部分病毒及大尺度的胶体。

图 10.10　东区高品质再生水厂车间

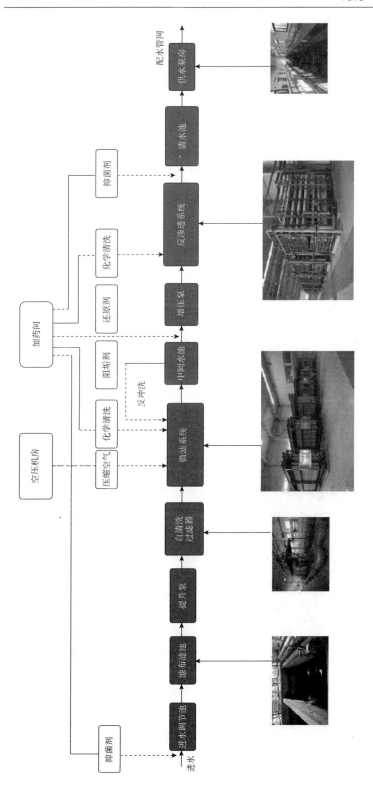

图 10.11 东区高品质再生水厂工艺流程

微滤系统出水进入中间水箱，并添加非氧化性抑菌剂、阻垢剂、还原剂后，经反渗透供水泵加压进入保安过滤器。保安过滤器过滤精度为 5μm，防止中间水箱、管道或因为药剂不纯带入的颗粒性物体进入反渗透膜，造成反渗透膜机械性损伤。

保安过滤器出水再经反渗透高压泵加压后进入反渗透系统，反渗透膜的精度为 0.1nm。反渗透设备将水中的离子、有机物及微细悬浮物（细菌、胶体微粒）进行去除，以达到水脱盐纯化的目的。反渗透膜回收率约为 75%。

反渗透产水采用氯消毒工艺，消毒后进入清水池，通过回用水泵房加压送入厂区外配套再生水管网向用户供水。生产过程中产生的浓水、反冲洗排水及化学清洗废液等排入污水厂进行处理。

2. 水质控制

（1）出水指标。高品质再生水厂的原水水质满足北京市《水污染综合排放标准》（DB11/307—2013）中的 B 排放限值要求，产水控制指标见表 10.3。

表 10.3　东区高品质再生水厂产水水质控制指标

水质项目	水　质	水质项目	水　质
pH 值	6～8	氨氮（以 N 计）/（mg/L）	<2.0, 最大值 2.5
色度/度	<5	总氮（以 N 计）/（mg/L）	<5
浊度/NTU	<1	总磷（以 P 计）/（mg/L）	<0.5
电导率/（μS/cm）	<20	铁/（mg/L）	<0.1
总硬度（以 $CaCO_3$ 计）/（mg/L）	<60	锰/（mg/L）	<0.1
总碱度（以 $CaCO_3$ 计）/（mg/L）	<45	总有机碳（TOC）/（mg/L）	<1
化学需氧量（COD_{Cr}）/（mg/L）	<10, 最大值 15	胶体硅（以 SiO_2 计）/（mg/L）	<1
五日生化需氧量（BOD_5）/（mg/L）	<3	阴离子表面活性剂/（mg/L）	<0.3
游离性余氯/（mg/L）	≥0.2	尿素/（μg/L）	<30
石油类/（mg/L）	<0.3	总大肠菌群/（MPN/100mL）	不可测出
阴离子合成洗涤剂/（mg/L）	<0.3	—	—

3. 加药系统

（1）次氯酸钠。根据进水余氯量，投加 0.5～3mg/L 的有效氯。为防止其中的微生物、部分有机污染物对深度处理系统造成污染，出水投加 0.5～1mg/L 的有效氯，保证再生水管网末端游离性余氯含量。

（2）亚硫酸氢钠。由于反渗透系统对进水余氯的要求为小于 0.1mg/L，因此必须在进膜前，将水中的氯还原掉，以防止其对膜的损坏。因此，在水中投加亚硫酸氢钠，浓度控制在 2～3mg/L。

（3）阻垢剂。反渗透过程是一个脱盐、浓缩的过程。浓水侧由于各种原因易产生结垢现象，为了在较高的水利用率情况下防止反渗透浓水侧特别是反渗透压力容器中的最后一二根膜元件的浓水侧出现无机盐类的结垢，从而影响反渗透膜的性能，在进反渗透膜前加阻垢剂（浓度为 3.3mg/L 左右），以减轻反渗透膜浓水侧的结垢趋势。

（4）盐酸。原水进水含磷偏高且以磷酸根形式存在，为了防止反渗透系统末端膜出现磷酸钙结垢，通过盐酸将进水 pH 值调整至 6.5 左右，可以降低阻垢剂用量并延缓结垢趋势。

（5）非氧化性杀菌剂。由于来水为回用的污水，考虑到微生物的污堵问题，需定期冲击性地向系统投加非氧化性杀菌剂，以保证反渗透系统的正常运行。夏季一般可一周加一次，冬季 2～3 周投加一次，每次投加时间是 2h。为防止微生物产生抗药性，每隔一段时间应该更换一次药剂，加药量为 100～200mg/L。

（6）氢氧化钠。反渗透产水测 pH 值显示偏酸性，为了防止对外输管网的腐蚀，通过投加氢氧化钠调整 pH 值至呈中性。

4. 膜清洗

微滤系统运行一段时间后，可能会在中空纤维膜表面产生各类污垢，致使微滤膜性能下降，产水量下降，这时必须对微滤膜进行气、水反洗来恢复膜的透水量。反洗水为微滤产水，水由微滤产水管路从微滤产水侧进入膜组件，气体由空气管路从进水侧进入膜组件。

微滤系统当跨膜压差大于 0.15MPa 时，需要化学清洗。化学清洗首先进行碱洗，时间为 3～5h。碱洗后，用清水漂洗 20min，开始酸洗，酸洗药液为 2%的柠檬酸，时间为 1～2h。碱洗和酸洗完成后对系统进行水洗，此过程进行 10～15min。然后采用微滤产水对系统进行反洗，微滤进水快冲。最后系统结束化学清洗，进入正常过滤状态。

反渗透运行 12h 左右进行一次例行的大水量冲洗。大水量冲洗进行时间约为 5min。许多情况下，系统冲洗只是简单地通过增加流速以冲下膜表面的沾污物和沉积物。对固体颗粒物质沾在膜上，结合不紧密时，冲洗效果较好。但污染物与膜结合力较强时，会降低产水流量，影响产水质量，沉积物还可能对膜产生永久性化学损伤，缩短膜的使用寿命，当产水流量和脱盐率下降或压差增加时，则系统需要清洗。化学清洗分为碱洗和酸洗。碱清洗剂用于去除有机污物，包括生物物质。酸清洗剂主要用于去除无机沉积物，包括铁。碱洗使用一定浓度的氢氧化钠溶液，并添加一定浓度的 EDTA 和十二烷基苯磺酸钠，作为起泡剂和表面活性剂，并且需要管道加热器将药液加热至 30～35℃。酸洗药剂为柠檬酸。

5. 能耗及药耗

高品质工业用再生水在生产过程中主要用到的能源为电能，单位产品能耗范围 1.00～1.30kW·h/m³。

用于生产的药剂主要包括氢氧化钠、次氯酸钠、亚硫酸氢钠、非氧化杀菌剂、阻垢剂等，用于膜清洗的化学药剂主要包括氢氧化钠、次氯酸钠、盐酸、柠檬酸、十二烷基苯磺酸钠、EDTA、草酸等；单位产品药耗范围 0.15～0.21 元/m³。

6. 运行管理

公司设有完善的运行管理体系。高品质再生水厂严格执行运营管理方案，保质保量完成再生水厂各项工作、确保再生水厂处理能力。

水厂负责建立、健全、规范厂区工艺管理相关制度，并逐步完善，科学合理进行工艺管理，确保再生水厂出水水质达标；根据再生水厂运行实际，进行工艺、运行优化，降低生产运行成本；按照公司下发的工艺指令执行，并根据工艺指令制定水厂各项药剂投加参数；根据生产过程中水质、各项运行数据的分析，合理地安排工艺调整等相关工作；负责编制生产药剂等生产物资年度采购计划，并根据每月生产任务，提出月度采购计划。

水厂负责建立、健全厂内设备台账，包括生产设备、辅助生产设备、电器、仪表等；严格按照每年大中修计划执行维修任务；严格按照日常保养计划实施设备保养工作；做好设备日常维修记录；规范备件采买、出入库及使用流程；制定机修班组工作计划及人员管理制度，保障水厂设备运行正常。

水厂全年 24h 连续运行，班组认真完成交接班任务并如实填写记录，包括运行数据及设备状态、运行记录、巡视记录、配电室交接班记录表、日生产例会记录等；

工具、仪表、钥匙及公共用品和本岗位的其他物品；室内外卫生情况等。

水厂定期对再生水厂进出水进行水质监测，其中每天对再生水出水水样中的COD、浊度、pH 值、电导率等指标分析两次。每周对再生水出水水样中的NH$_3$-N、Fe、Mn、余氯等指标分析三次。每周对再生水出水水样中 BOD$_5$ 分析一次。定期登录排水集团网址检测每日东区再生水厂进水变化。每周对东区再生水厂进水抽检三次。

水厂定期调试校正化验室设备并与在线仪表数据进行核对。对化验室的数据和在线仪表的记录数据随机进行抽样抽查，对共同监测的水质指标进行比对，当数据出现差异时，找出误差原因，尽快予以解决。

为确保正常运行，水质达标，至少每 3h 巡视一次，巡视过程中严格仔细检查，当遇到进水水质波动加大时，加强进水水质监测，增加加药间重点加药泵的巡视。巡视时若发现异常情况，立即采取有效措施予以排除，做好相关记录，事后将工作及时汇报给上级领导，避免发生生产事故。

10.4 北京城市副中心

北京城市副中心规划范围约 155km^2，承接中心城区功能和人口疏解，承担着示范带动非首都功能疏解和推进区域协同发展的历史责任。要构建蓝绿交织、清新明亮、水城共融、多组团集约紧凑发展的生态城市布局，着力打造国际一流和谐宜居之都示范区、新型城镇化示范区、京津冀区域协同发展示范区。

10.4.1 污水处理与再生水生产情况

《北京城市总体规划（2016 年—2035 年）》要求全面提升市政基础设施规划建设水平，提升再生水品质，扩大再生水应用领域。《北京城市副中心控制性详细规划（街区层面）（2016 年—2035 年）》要求完善再生水处理设施及配套管网建设，加大再生水处理量，提高再生水利用率。

依据《北京城市副中心再生水利用规划》，在副中心规划建设 4 座再生水厂，已经建成 3 座，规划待建 1 座（图 10.12 和表 10.4）。依托规划建设再生水厂，副中心划分为 4 个服务分区，逐步将再生水厂升级为资源循环利用中心。

表 10.4　北京城市副中心再生水规划供应能力

再生水厂名称	设计污水处理量		设计再生水供应量		备　注
	万 m³/d	万 m³/a	万 m³/d	万 m³/a	
碧水再生水厂	18	6570	8	2920	已建成，远期待扩建
张家湾再生水厂	4	1460	4	1460	已建成，远期待扩建
河东再生水厂+河东资源循环利用中心一期工程	4.8+6	1752+2190	2+6	730+2190	河东资源循环利用中心一期工程已于 5 月建成投入运营，近期与原河东再生水厂共同承担区域污水处理任务
减河北再生水厂	7	2555	7	2555	规划待建
合计	39.8	14527	27	9855	

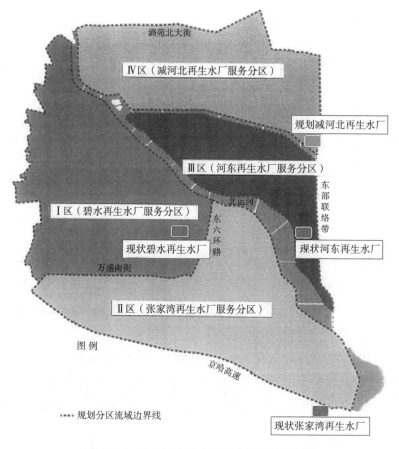

图 10.12　北京城市副中心再生水分区示意图

如表 10.5 所示，2022 年，副中心泵送总水量约 1323.2 万 m^3，其余尾水补充河道形成生态补水，拓展区于家务次中心再生水厂泵送总水量约 14.7 万 m^3，通州区再生水泵送总水量约 1337.9 万 m^3。

表 10.5　北京城市副中心再生水供应情况（2022 年）

再生水厂名称	污水处理量		再生水泵送量		备　注
	万 m^3/d	万 m^3/a	万 m^3/d	万 m^3/a	
碧水再生水厂	17.8	65125	2.0	742.3	泵送外再生水作为生态补水补充河道
张家湾再生水厂	2.4	895	0	0	
河东再生水厂	5.1	1878	1.6	580.9	
合计	25.3	9288	3.6	1323.2	

10.4.2　管网建设与再生水利用情况

依据《北京城市副中心再生水利用规划》，在副中心规划建设再生水管线约 360km（主干线及重点支线路段），已建成及在建管线共计约 182km（主干线及支线），已通水及具备通水条件的管线约 133.5km，已建成未通水管线约 33km，近期待建管线约 15.5km，管径规模 DN100～800mm。

副中心内再生水主要用于工业用水、绿化灌溉、道路环卫、河湖环境及部分公建冲厕（表 10.6）。主要用户包括华电北燃、三河电厂、行政办公区、环球影城、城市绿心公园、文旅区绿化及京环公司等。如表 10.6 所示，工业用水和河湖环境用水是副中心再生水主要用水途径，用水量分别达 567 万 m^3 和 426 万 m^3，分别占再生水总利用量的 42.8% 和 32.2%。

表 10.6　北京城市副中心再生水用水情况（2022 年）

用　途	用水量/m^3	占比/%
工业用水	5669838	42.8
绿化浇灌	255234	18.9
道路环卫	198200	1.5
河湖环境	4255986	32.2
公建冲厕	602681	4.6
合计	13231939	100

注　通过市政管网泵送用水统计。

10.4.3　再生水智能化管控情况

如图 10.13 所示，副中心已建设北京城市副中心再生水智能化管控系统，对碧水泵房、河东泵房及行政办公区综合管廊内再生水管线等实现智能化管控，对水质、水压、水量等实现数据实时传输，对泵房运行情况实现实时监控。

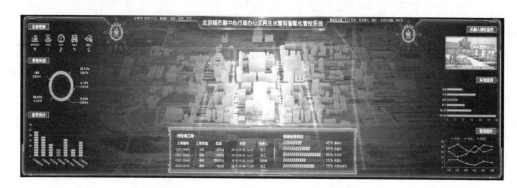

图 10.13　北京城市副中心再生水智能化管控系统

10.4.4　未来发展规划

北京城市副中心未来的再生水利用发展规划主要包括以下几个方面：

（1）完善再生水输配设施。完善再生水厂配水设施及再生水管线建设，扩大再生水利用覆盖范围。

（2）推广应用。充分保障现有用户：保障工业用水、绿化浇灌、道路环卫、河湖环境及部分公建冲厕的再生水使用。

拓展新用户：扩大市政杂用使用再生水的领域和规模；在满足再生水水质要求条件下，扩大再生水生态补水、景观环境用水的规模；通过布设再生水取水点、绿化喷头等取用设施和配备运水车等方式，加大城市绿化、道路清扫、车辆冲洗、建筑施工等市政杂用领域再生水利用力度。拓展相关领域新用户，满足相关用户用水需求。

扩大再生水利用场景：推动副中心及拓展区公园林地全面使用再生水浇灌，减少地下水浇灌的使用，涵养地下水。按照相关水质标准要求，探索推动将再生水用于农业灌溉及地下水回灌。

（3）实现再生水全面智慧化管理。完善北京城市副中心再生水智能化管控系统，近期实现副中心再生水利用全面智慧化管控，实时监测水量、水压、水质及设备运行工况，做到精细化管理，智能化管控，提高管理效能。远期根据乡镇再生水厂建设情况，逐步建设通州区再生水智能化管控系统，实现通州全域再生水全面智慧化管理（图 10.14）。

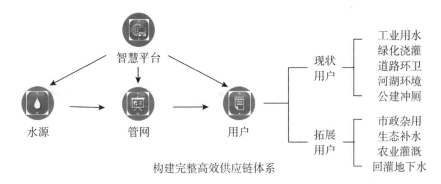

图 10.14 北京城市副中心再生水利用体系规划

10.4.5 典型再生水利用案例

1. 碧水再生水厂再生水生产利用情况

（1）基本情况。北京碧水污水厂建于 2002 年，位于城市副中心通州区内，距副中心核心区仅 2.2km，是区内最大的污水处理厂，服务人口 70 万人，承担着通州区 84%的污水处理任务。原碧水厂采用美国深池曝气污水处理技术，占地面积 345亩，设计处理规模为 10 万 m^3/d，设计出水标准为《城镇污水处理厂污染物排放标准》（GB 18918—2002）一级 B 标准。

随着城市发展，该厂的实际处理水量从 3.8 万 m^3/d 逐渐上升到目前的 10 万~15 万 m^3/d，北京市污水处理厂排放标准要求提升至《城镇污水处理厂水污染物排放标准》（DB11/ 890—2012）B 级标准（表 10.7），因此，碧水污水处理厂处理规模与出水水质已远不能满足城市副中心环境质量提升与城市高品质再生水利用的需求。同时，碧水污水处理厂周边已被城市建成区包围，臭气、噪声等问题严重影响着周边居民正常生活，也限制了周边区域的发展。

表 10.7 北京市污水处理厂排放标准新旧出水指标对比

项　目	《城镇污水处理厂污染物排放标准》（GB 18918—2002）一级 B 标准	《城镇污水处理厂水污染物排放标准》（DB11/ 890—2012）	提高率/%
设计进水 COD/（mg/L）	60	30	50
设计进水 BOD$_5$/（mg/L）	20	6	70
设计进水 SS/（mg/L）	20	5	75
设计进水 NH$_3$-N/（mg/L）	8（15）	1.5（2.5）	81.25（83.33）
设计进水 TN/（mg/L）	20	15	25
设计进水 TP/（mg/L）	1.5	0.3	80

2015 年对碧水污水处理厂进行提标改造与扩建工程，该工程将碧水污水处理厂改造为全地下式再生水厂，于 2017 年 6 月完成改造并正式通水运行，总规模按 18 万 m^3/d 进行设计，日变化系数为 1.3，一次建成，总占地面积约 110 亩。厂区竖向分为三层，其中地下二层人可以通行部分的面积为 5777.07m^2，地下一层面积为 34588.7m^2，上部休闲公园（市民科普教育、休闲、体育功能公园）与地下空间进行有效隔离，面积近 7.0 万 m^2，考虑公园种植需要，地下式构筑物顶层覆土厚 1.2m。

（2）工艺流程。如图 10.15 和表 10.8 所示，碧水再生水厂主体工艺为"多级（三级）A/O+沉淀池+高效沉淀池+超滤（膜滤池）"。具有有效提高污泥浓度、减小生物池容积、提高脱氮效率、运行管理方便、降低投资及运行成本的优点。多级 A/O 工艺是指将原水分多段进入生物池内的缺氧区和好氧区，在第一段的缺氧区反硝化菌利用原水碳源将污泥回流液中的硝态氮还原，好氧区硝化菌进行硝化反应，反应后的混合液和部分进水进入第二段的缺氧区，后续各段反应功能同第一段。碧水厂采用三级 A/O 工艺，设生化池 4 座，并联运行，总占地面积为 4960m^2，有效水深 8m。进水流量分配比为 4∶3∶3，第一、二、三段容积比为 1∶1.3∶1.5，各段缺氧池与好氧池容积比为 1∶1。设计 BOD_5 平均负荷为 0.08kgBOD_5/（kgMLSS·d），总氮平均负荷为 0.03kgTN/（kgMLSS·d），总水力停留时间为 14.8h。该工艺设计污泥龄为 10.4d，污泥回流比为 75%。

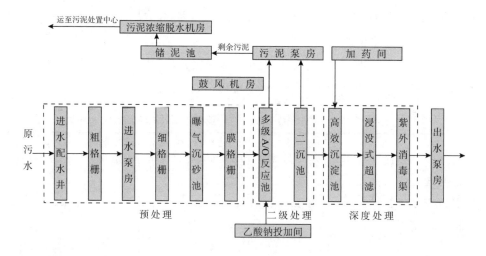

图 10.15　碧水再生水厂工艺流程

表 10.8　碧水厂基本信息

设计规模/（万 m³/d）	18	污水处理工艺	多级（三级）A/O
污泥处理工艺	离心脱水	污泥脱水方式	离心脱水
污泥处置方式	其他	消毒设施方式	紫外+次氯酸钠
设计进水 COD/（mg/L）	400	设计出水 COD/（mg/L）	30
设计进水 BOD₅/（mg/L）	200	设计出水 BOD₅/（mg/L）	6
设计进水 SS/（mg/L）	200	设计出水 SS/（mg/L）	5
设计进水 NH₃-N/（mg/L）	60	设计出水 NH₃-N/（mg/L）	1.5
设计进水 TN/（mg/L）	70	设计出水 TN/（mg/L）	15
设计进水 TP/（mg/L）	6	设计出水 TP/（mg/L）	0.3

再生水厂布置成最大处理水量为 9.0 万 m³/d，规模 2 座，日常的运转管理方便，水头损失小（0.53m），降低了污水处理的能耗。进水提升泵，污泥排放和回流泵采用进口泵；紫外线消毒设备采用低耗能、高性能、可变输出能量的低压高强紫外灯，可以降低能耗。

碧水再生水厂厂内利用水源热泵实现能源回收利用。水源热泵工程采用两用一备一预留（共 4 台）一级能效的海尔热泵磁悬浮离心机组，并配备相对应的热媒循环泵（$Q = 90m^3/h$，$N = 11kW$）、中水水源循环泵（$Q = 120m^3/h$，$N = 11kW$）等设备。热源从厂内紫外线消毒渠中出水取热，冬季出水温度按 10℃ 设计，夏季出水温度按 22℃ 设计，用水量 230m³/h。碧水再生水厂的冷、热源由中水泵机组提供，水源热泵机组单台制冷量 445kW，压缩机功率 57kW，380V，供热系统输出的热量与输入的电能之比为 7.8，夏季空调供水温度 7℃，回水温度 12℃；单台制热量 541kW，压缩机功率 107kW，380V，EER5.05，冬季采暖供水温度 50℃，回水温度 45℃。系统末端设备采用风机盘管。利用水源热泵系统，每年减少二氧化碳排放量 1280 万 kg。

（3）再生水利用。碧水再生水厂的出水一部分由再生水泵房经市政管网为工业用户、园区及公园等供应再生水，另一部分直接补给河道，为玉带河形成生态补水。

图 10.16 为碧水厂改造前后玉带河水质和水生态对比。改造前碧水污水厂出水 COD 和氮磷等指标偏高，加之外源污水输入未完全消除，玉带河成为黑臭水体，水质指标高于碧水污水厂出水水质。改造后碧水再生水厂出水 COD 和磷显著下降，氨氮更加稳定，出水进入玉带河，加上对外源污水输入进行控制，玉带河黑臭现象消除，COD 和氮磷指标优于碧水再生水厂出水水质。改造后碧水再生水厂对玉带河进行生态补水，玉带河水生态得到了修复，浮游植物物种丰富度较高，水生植物盖

度年度平均值达 45%以上，河道生态环境逐渐变好。图 10.16 直观地表现了玉带河水质以及生态状况的好转。

（a）改造前 （b）改造后

图 10.16 碧水厂改造前后玉带河水质及水生态对比

2. 北京环球度假区再生水利用情况

（1）再生水利用概况。北京环球度假区位于北京市区东部，通州文化旅游区内，是我国首座环球主题公园。园区设计秉持生态城市理念，打造了超过 170hm² 的绿地以及贯穿园区的"人字水系"。河道长度约 2.8km，总面积约 21.7hm²，水域面积约 11.9hm²，绿地面积约 9.8hm²，储水量 31 万 m³。园区内配套建有一座再生水深度处理站，承接碧水再生水厂二级处理出水，进一步处理后达到地表准Ⅲ类水质，用于园区内的景观和娱乐用水。园区再生水利用量超 270 万 m³/a，获得"能源环境设计先锋"（LEED）金级认证，成为全球第一个获此荣誉的主题公园度假区。

（2）再生水水质与处理系统。北京环球度假区内设再生水深度处理站，位于水系西端，近期处理规模为 19000m³/d，远期设计处理规模为 28000m³/d。处理站进水为碧水再生水厂二级处理出水，处理后达到《城镇污水处理厂水污染物排放标准》（DB11/890—2012）A 级标准（达到地表水Ⅲ类水质），进出水水质见表 10.9。

处理站所采用的再生水处理工艺见图 10.17。

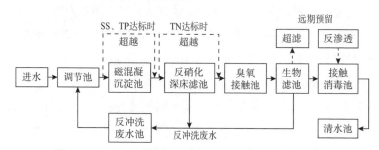

图 10.17 北京环球度假区再生水深度处理站工艺流程

表 10.9 北京环球度假区再生水处理站进出水水质　　　　单位：mg/L

项　目	进　水	出　水	GB/T 18921—2019[①]	
			观赏性水景	娱乐性水景
COD$_{Cr}$	30	<20	—	—
BOD$_5$	6	<4	6	6
SS	5～10	<2.5	—	—
NH$_3$-N	1.5～2.5	<1	3	3
TN	15	<10	10	10
TP	0.1～0.2	<0.1	0.3	0.3

注　"—"表示对此项无要求。

① 该国标为《城市污水再生利用 景观环境用水水质》。

附录1　再生水分级

《水回用导则　再生水分级》（GB/T 41018—2021）从"以质定用"和"按质管控"的角度，在充分考虑再生水处理工艺和再生水水质的基础上，将再生水分为A、B和C级别。根据再生水水质基本要求，将再生水进一步分为10个细分级别（附表1.1）。

附表1.1　再生水分级

级别		水质基本要求①	典型用途	对应处理工艺
C	C2	GB 5084（旱地作物、水田作物）②	农田灌溉③（旱地作物）等	采用二级处理和消毒工艺。常用的二级处理工艺主要有活性污泥法、生物膜法等
	C1	GB 20922（纤维作物、旱地谷物、油料作物、水田谷物）②	农田灌溉③（水田作物）等	
B	B5	GB 5084（蔬菜）② GB 20922（露地蔬菜）②	农田灌溉③（蔬菜）等	在二级处理的基础上，采用三级处理和消毒工艺。三级处理工艺可根据需要，选择以下一个或多个技术：混凝、过滤、生物滤池、人工湿地、微滤、超滤、臭氧等
	B4	GB/T 25499	绿地灌溉等	
	B3	GB/T 19923	工业利用（冷却用水）等	
	B2	GB/T 18921	景观环境利用等	
	B1	GB/T 18920	城市杂用等	
A	A3	GB/T 1576	工业利用（锅炉补给水）等	在三级处理的基础上，采用高级处理和消毒工艺。高级处理和三级处理可以合并建设。高级处理工艺可根据需要选择以下一个或多个技术：纳滤、反渗透、高级氧化、生物活性炭、离子交换等
	A2	GB/T 19772（地表回灌）	地下水回灌（地表回灌）等	
	A1	GB/T 19772（井灌）	地下水回灌（井灌）等	
		GB/T 11446.1	工业利用（电子级水）	
		GB/T 12145	工业利用（火力发电厂锅炉补给水）	

① 当再生水同时用于多种用途时，水质可按最高水质标准要求确定；也可按用水量最大用户的水质标准要求确定。

② 农田灌溉的水质指标限值取 GB 5084 和 GB 20922 中规定的较严值。

③ 农田灌溉应满足水污染防治法的要求，保障用水安全。

10个细分级别的典型用途与《城市污水再生利用 分类》（GB/T 18919—2002）中的用途分类对应，具体用途的水质基本要求引用了《工业锅炉水质》（GB/T 1576—2018）、《农田灌溉水质标准》（GB 5084—2021）、《电子级水》（GB/T 11446.1—2013）、《火力发电机组及蒸汽动力设备水汽质量》（GB/T 12145—2016）、《城市污水再生利用 城市杂用水水质》（GB/T 18920—2020）、《城市污水再生利用 景观环境用水水质》（GB/T 18921—2019）、《城市污水再生利用 地下水回灌水质》（GB/T 19772—2005）、《城市污水再生利用 工业用水水质》（GB/T 19923—2005）、《城市污水再生利用 农田灌溉用水水质》（GB 20922—2007）和《城市污水再生利用 绿地灌溉水质》（GB/T 25499—2010）中的相关内容。

污水来源和再生处理工艺直接决定了再生水的水质。二级处理是再生水处理的基础，三级处理或高级处理是再生水处理的主体单元，消毒工艺是再生水处理的必备单元。二级处理是用生物处理等方法去除污水中胶体、溶解性有机物和氮、磷等污染物的过程。三级处理是在二级处理的基础上，进一步去除污水中污染物的过程。高级处理是在三级处理的基础上，进一步强化无机离子、微量有毒有害污染物和一般溶解性有机污染物去除的水质净化过程。各典型处理工艺出水的主要水质指标浓度水平参见附表1.2（杜兵，2010）。

附表1.2 各典型处理工艺出水的主要水质指标浓度水平

水质指标	C级（强化二级处理）	B级（微滤、超滤）	A级（反渗透、高级处理）
BOD_5/（mg/L）	5.0～10.0	<1.0～5.0	≤1.0
TSS/（mg/L）	5.0～10.0	≤2.0	≤1.0
TP/（mg/L）	≤1.0	≤1.0	≤0.5
NH_3-N/（mg/L）	≤3.0	≤2.0	≤0.1
NO_3-N/（mg/L）	10.0～30.0	10.0～30.0	≤1.0
总大肠菌群数量/（个/100mL）	<1000	<2.2～23.0	≈0
TOC/（mg/L）	8.0～20.0	3.0～5.0	≈0
浊度/NTU	3.0	≤1.0	0.01～1.0
TDS/（mg/L）	750/1500	750/1500	≤5～40
硬度/（mg/L 以 $CaCO_3$ 计）	250/400	100/200	<20

注 表中有两个数值时，代表两种水源处理后的平均值，前者代表一般水源，后者代表含盐量较高水质较差的水源。

水质达到相关要求时，再生水可用于相应用途。A级再生水亦可用于B级和C级再生水对应的用途。B级再生水亦可用于C级再生水对应的用途。

附录 2 再生水利用效益评价程序与方法

《水回用导则 再生水利用效益评价》（GB/T 42247—2022）再生水利用效益评价内容包括评价对象和评价主体确定、评价范围和评价周期确定、项目内容确定、评价指标确定、评价数据和资料收集、定量指标计算、定性指标评价、综合效益评价等，具体评价流程如附图 2.1 所示。

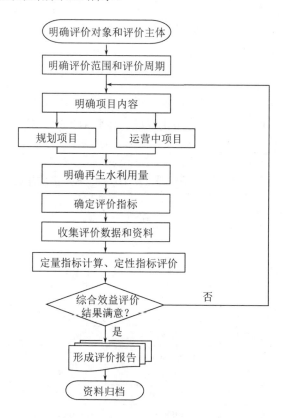

附图 2.1 再生水利用效益评价程序

再生水利用效益评价宜从城镇污水处理厂、工业废水处理厂等达标排放的出水为起点，考虑再生水水源取水、处理、输配、储存、利用等环节。常规水资源利用相关的评价宜包括水源取水、处理、利用等环节。对于不同项目、不同利用情景，可分别进行评价。在此基础上，进行整体评价或综合评价。评价周期宜以年为单位计算，也可根据需要，选取一定时段进行计算。不同再生水用途推荐性评价指标可参考附表 2.1，不同再生水项目类型推荐性评价指标可参考附表 2.2。

附表 2.1　不同再生水用途推荐性评价指标

指标类别	一级指标	城市杂用	景观环境利用	生态补水	工业利用	农林、绿地灌溉	地下水回灌
资源效益	常规水源替代量	√	√	√	√	√	√
	能源利用量				√		
	植物营养盐供给量					√	
	肥料供给价值					√	
生态环境效益	污染物削减量	√	√	√	√	√	√
	耗电量	√	√	√	√	√	√
	碳排放量	√	√	√	√	√	√
社会效益	人居环境改善	√	√	√		√	
	产业拉动效应	√	√	√	√	√	√
经济效益	生产成本	√	√	√	√	√	√
	供水收入	√	√	√	√	√	√
	节省水费	√	√	√	√	√	√
	项目经济内部收益率	√	√	√	√	√	√

注　对于农林、绿地灌溉等用途，可增设植物营养盐供给量、肥料供给价值等二级指标。

附表 2.2　不同再生水项目类型推荐性评价指标

指标类别	一级指标	再生水利用项目	区域再生水利用工程
资源效益	常规水源替代量	√	√
	能源利用量	√	√
生态环境效益	污染物削减量	√	√
	耗电量	√	√
	碳排放量	√	√

指标类别	一级指标	再生水利用项目	区域再生水利用工程
社会效益	人居环境改善	√	√
	产业拉动效应	√	√
经济效益	生产成本	√	√
	供水收入	√	√
	节省水费	√	√
	项目经济内部收益率	√	√

1　资源效益

1.1　常规水源替代量

替代常规水源的量，即再生水利用量，以供水量计算，计算公式见式（1）：

$$A_1 = Q_t \tag{1}$$

式中　A_1 —— 常规水源替代量，m^3；

$\quad\quad Q_t$ —— 再生水利用量，m^3。

注：再生水利用量按评价周期内的总量计算，可依据供水量计算。

1.2　能源利用量

利用再生水中热能或冷能的量，计算公式见式（2）～式（4）：

$$A_2 = Q_w \times \rho \times \Delta t \times C \tag{2}$$

$$A_c = \frac{A_2 \times F}{F+1} \tag{3}$$

$$A_h = \frac{A_2 \times H}{H-1} \tag{4}$$

式中　A_2 —— 利用再生水中热（冷）能的量，kJ；

$\quad\quad Q_w$ —— 用于能源生产所需再生水的量，m^3；

$\quad\quad \rho$ —— 再生水的密度，kg/m^3；

$\quad\quad \Delta t$ —— 提取水温温差，℃；

$\quad\quad C$ —— 再生水的比热容，取 4.19kJ/（kg·℃）；

$\quad\quad A_c$ —— 再生水热泵系统输出冷量，kJ；

$\quad\quad F$ —— 再生水热泵机组的制冷系数，取 4.16；

A_h —— 再生水热泵系统输出热量，kJ；

H —— 再生水热泵机组的制热系数，取 4.24。

2　生态环境效益

2.1　污染物削减量

与达标排放相比，再生水利用减少的污染物排放量，即达标排放与再生水利用进入环境水体的污染物量的差值，计算公式见式（5）：

$$B_{1,j} = （Q_t \times \rho_{j,w} - Q_e \times \rho_{j,r}）/1000 \tag{5}$$

式中　$B_{1,j}$ —— 第 j 种污染物的削减量，kg；

Q_t —— 再生水利用总量，m³；

$\rho_{j,w}$ —— 第 j 种污染物达标排放的浓度（取平均浓度值、月均值或年均值），g/m³；

Q_e —— 再生水直接进入水环境的量，即景观环境和生态补水用量，m³；

$\rho_{j,r}$ —— 第 j 种污染物在再生水中的浓度（取平均浓度值、月均值或年均值），g/m³。

2.2　耗电量

再生水利用的耗电量，计算公式见式（6）：

$$B_2 = Q_t \times （E_{r1} + E_{r2} + \cdots + E_{rn}） \tag{6}$$

式中　B_2 —— 再生水利用的耗电量，kW·h；

Q_t —— 再生水利用量，m³；

E_{r1} —— 再生水处理过程中的耗电量，kW·h/m³；

E_{r2} —— 再生水输配过程中的耗电量，kW·h/m³；

E_{rn} —— 再生水设施运行维护等过程中的耗电量，kW·h/m³。

2.3　碳排放量

再生水利用的碳排放量，计算公式见式（7），也可参照《工业企业温室气体排放核算和报告通则》（GB/T 32150—2015）采用式（8）进行计算：

$$B_3 = （AD_{r1} + AD_{r2} + \cdots + AD_{rn}） \times EF_i \tag{7}$$

式中　B_3 —— 再生水利用的碳排放量，kg CO$_2$e；

AD_{r1} —— 再生水处理过程中的电力消费，kW·h；

AD_{r2} —— 再生水输配过程中的电力消费，kW·h；

AD_{rn} —— 再生水设施运行维护等过程中的电力消费，$kW \cdot h$；

EF_i —— 区域 i 电网供电平均碳排放因子，$kg\ CO_2e/（kW \cdot h）$。

$$B_3 = CE_{r1} + CE_{r2} + AD \times EF_i - CE_{r3} \tag{8}$$

式中 B_3 —— 再生水利用的碳排放量，$kg\ CO_2e$；

CE_{r1} —— 再生水项目自备燃料燃烧产生的碳排放量总和，$kg\ CO_2e$；

CE_{r2} —— 再生水处理过程碳排放量总和，$kg\ CO_2e$；

CE_{r3} —— 再生水处理过程产生的温室气体经回收利用的量，$kg\ CO_2e$；

AD —— 再生水项目购入的电量，$kW \cdot h$；

EF_i —— 区域 i 电网供电平均碳排放因子，$kg\ CO_2e/（kW \cdot h）$。

注：EF_i 根据企业生产地址及目前的东北、华北、华东、华中、西北、南方电网划分，选用国家主管部门最近年份公布的相应区域电网排放因子进行计算（附表2.3）。

附表 2.3　2019 年度我国区域电网供电平均碳排放因子

区　　域	$EF/[kg\ CO_2e/（kW \cdot h）]$
华北区域电网	0.9419
东北区域电网	1.0826
华东区域电网	0.7921
华中区域电网	0.8587
西北区域电网	0.8922
南方区域电网	0.8042

注　1. 表中 EF 为 2015—2017 年电量边际排放因子的加权平均值。
　　2. 数据来自《2019 年度减排项目中国区域电网基准线排放因子》，生态环境部，2020。

3　社会效益

3.1　人居环境改善

再生水利用带来的水生态环境改善对人居条件的提升效果，人居环境改善效果可通过满意度调查确定。满意度调查可包括感官愉悦度提升、景观环境营造、湿地生态系统修复和营造、水体娱乐功能提升、地表水水质改善和地面沉降恢复等内容。再生水利用对人居环境改善效益评价示例参见附表2.4。

附表 2.4　再生水利用对人居环境改善效益评价示例

人居环境改善效益分值 y	$0{\leqslant}y<2$	$2{\leqslant}y<4$	$4{\leqslant}y<6$	$6{\leqslant}y<8$	$8{\leqslant}y<10$
感官愉悦度提升效果	非常不显著	不显著	一般	较显著	显著
景观环境营造效果	非常不显著	不显著	一般	较显著	显著
湿地生态系统修复和营造效果	非常不显著	不显著	一般	较显著	显著
水体娱乐功能提升效果	非常不显著	不显著	一般	较显著	显著
地表水水质改善效果	非常不显著	不显著	一般	较显著	显著
地面沉降恢复效果	非常不显著	不显著	一般	较显著	显著

3.2　产业拉动效应

节省的常规水源开发利用成本、再生水利用和替代的常规水源产生的机会成本、带来的产业发展以及消费、投资、文化、旅游等方面的提升效果。

4　经济效益

4.1　生产成本

生产成本包括再生水利用项目建设投资成本、运营成本等,计算公式见式(9)~式(11):

$$D_1 = \frac{CC}{Q_a} + \frac{OC}{Q_a} \tag{9}$$

$$CC = I \times \beta \tag{10}$$

$$\beta = \frac{1-\gamma}{y} \tag{11}$$

式中　D_1 —— 再生水投入成本,元/m^3;

　　　CC —— 再生水项目建设摊派的投资成本,元;

　　　Q_a —— 再生水生产量,m^3;

　　　OC —— 再生水项目运营成本,包括电耗费用、药耗费用、水耗费用、污泥处理费用、臭气处理费用、人工费用等,元;

　　　I —— 再生水项目的建设投资成本,元;

　　　β —— 再生水项目的基本折旧率,%;

　　　γ —— 固定资产残值率,%;

　　　y —— 再生水项目的折旧年限。

4.2　供水收入

再生水供水收入包括政府财政补贴，计算公式见式（12）～式（14）：

$$D_2 = R_r + R_g \tag{12}$$

$$R_r = S_r Q_t / 10000 \tag{13}$$

$$R_g = S_g Q_t / 10000 \tag{14}$$

式中　D_2 —— 再生水供水总收入，万元；

$\quad\quad R_r$ —— 再生水项目的供水收入，万元；

$\quad\quad S_r$ —— 单位再生水价格，元/m^3；

$\quad\quad R_g$ —— 再生水项目的政府财政补贴总额，万元；

$\quad\quad S_g$ —— 政府财政补贴单价，元/m^3；

$\quad\quad Q_t$ —— 再生水利用量，m^3。

4.3　节省水费

用户由于再生水利用减少的水费开支，即使用常规水源的水费与再生水水费之差，计算公式见式（15）：

$$D_3 = (S_c - S_r) Q_t / 10000 \tag{15}$$

式中　D_3 —— 再生水利用节省的水费，万元；

$\quad\quad S_c$ —— 单位常规水源用水价格，元/m^3；

$\quad\quad S_r$ —— 单位再生水价格，元/m^3；

$\quad\quad Q_t$ —— 再生水利用量，m^3。

4.4　项目经济内部收益率

再生水利用项目带来的长远经济效益。可参照《节电技术经济效益计算与评价方法》（GB/T 13471—2008），对经济内部收益率（$EIRR$）等指标进行评价。

经济内部收益率（$EIRR$）计算公式见式（16），当 $EIRR$ 不小于社会折现率（i_s）时，认为该项目具有经济效益。

$$\sum_{t=0}^{n} (C_I - C_O)_t (1 + EIRR)^{-t} = 0 \tag{16}$$

式中　$EIRR$ —— 经济内部收益率；

$\quad\quad C_I$ —— 再生水项目现金流入量，万元/a；

$\quad\quad C_O$ —— 再生水项目现金流出量，万元/a；

$(C_I - C_O)_t$ —— 第 t 年的再生水项目净现金流量，万元；

$\quad\quad n$ —— 评价期。

参考文献

[1] Cartagena P，El Kaddouri M，Cases V，Trapote A，Prats D. Reduction of emerging micropollutants，organic matter，nutrients and salinity from real wastewater by combined MBR–NF/RO treatment [J]. Separation and Purification Technology，2013，110：132-143.

[2] Lazarova V. et al. Milestones in Water Reuse：The best success stories[M] IWA Publishing，London，2013.

[3] Song K.，Zhu S.F.，Lu Y.，et al. Modelling the thresholds of nitrogen/phosphorus concentration and hydraulic retention time for bloom control in reclaimed water landscape[J]. Frontiers of Environmental Science & Engineering，2022，16（10）.

[4] 北京市环境保护局，北京市质量技术监督局. 城镇污水处理厂水污染物排放标准 DB11/890—2012 [S]. 北京：北京市环境保护局.

[5] 北京市人民政府. 北京市节约用水办法[EB/OL]. 2012-05-31 [2023-05-18].

[6] 北京市人民政府. 北京市排水和再生水管理办法[EB/OL]. 2009-12-27 [2023-05-18].

[7] 北京市人民政府. 北京市中水设施建设管理试行办法[EB/OL]. 1987-05-10 [2023-05-18].

[8] 北京市水利局. 21 世纪初期 （2001—2005） 首都水资源可持续利用规划资料汇编[M]. 北京市水利局，2005.

[9] 北京市水务局. 2008 年北京市水资源公报[EB/OL]. 2009-08-25 [2023-06-30].

[10] 北京市水务局. 2020 年北京市水资源公报[A]. 北京：北京市水务局，2021.

[11] 北京市水务局. 北京市节水行动实施方案[EB/OL]. 2020-10-13 [2023-05- 18].

[12] 北京市水务局. 2009 年北京市水资源公报[EB/OL]. 2009[2023-02-08].

[13] 北京市水务局. 2022 年北京市水资源公报[EB/OL]. 2023[2023-10-30].

[14] 北京市统计局，国家统计局北京调查总队. 北京统计年鉴[EB/OL]. 2022[2023-02-08].

[15] 曹斌，黄霞，ATSUSHI Kitanaka，等. MBR-RO 组合工艺污水回收中试研究[J]. 环境科学，2008，29（4）：915-919.

[16] 曹言湖. 槐房再生水厂走出绿色发展新思路[N]. 丰台时报，2022-08-19（1）.

[17] 陈卓，崔琦，曹可凡，等. 污水再生利用微生物控制标准及其制定方法探讨[J]. 环境科学，2021，42（5）：1-7.

[18] 陈卓，郝姝然，高强，等.《再生水利用效益评价指南》标准解读[J]. 中国给水排水，2021，37（18）：1-7.

[19] 杜兵. 北京市城市污水处理厂水质升级技术需求及筛选[J]. 水工业市场，2010（9）：12-16.

[20] 方先金，张韵. 高碑店污水处理厂回用方案研究[C]//中国土木工程学会水工业分会排水委员会年会. 中国土木工程学会，2001：17-22.

[21] 国家发展改革委，科技部，工业和信息化部，财政部，自然资源部，生态环境部，住房城乡建设部，水利部，农业农村部，市场监管总局. 关于推进污水资源化利用的指导意见[EB/OL]. 2021-01-11 [2023-05-18].

[22] 海河水利委员会. 海委圆满完成 2021 年永定河生态水量调度水量监测复核工作[EB/OL]. 2022.

[23] 杭世珺，方先金，冯运玲. 北京市城市污水处理与再生回用[C]// 21 世纪国际城市污水处理及资源化发展战略研讨会. 建设部，2001.

[24] 贺勇.北京地下水位回升至20年来最高（倾听）[N]. 人民日报，2022-04-08（7）.

[25] 胡洪营，巫寅虎，陈卓，等. 中国城镇污水处理与再生利用发展报告（1978—2020）[M]. 北京：中国建筑工业出版社，2021.

[26] 胡洪营，黄晶晶，孙艳，等. 水质研究方法[M]. 北京：科学出版社，2015.

[27] 霍健. 北京市中心城再生水发展历程及"十二五"发展规划[J]. 水利发展研究，2011（7）：75-78，110.

[28] 贾国鹏. 浅析再生水灌溉城市绿地[J]. 现代园艺，2012（16）：157.

[29] 贾绍凤.中国水价政策与价格水平的演变[C]//人水和谐理论与实践（中国第四届水论坛论文集）. 北京：中国水利水电出版社，2006：278-234.

[30] 姜瑞雪，韩冬梅，宋献方，等. 潮白河再生水补给河道对周边浅层地下水影响的数值模拟研究[J]. 水文地质工程地质，2022，49（6）：43-54.

[31] 姜文来.水资源价值初论[J]. 中国水利，1999（7）：10-11.

[32] 李锦超. 济南市玉符河人工补给地下水模型实验研究[D]. 济南：济南大学，2017.

[33] 李旭，李彩凤，巫寅虎，等. 再生水高标准处理与工业利用工程案例研究[J]. 工业水处理，2022，42（2）：183-186.

[34] 林永江. 永定河平原段小红门再生水生态利用工程实践[J]. 给水排水，2021，57（S2）.

[35] 刘璐. 北京市再生水利用现状、问题及建议[J]. 水利发展研究，2022，22（5）：83-88.

[36] 刘偶.8 道净化工序 冬奥再生水达最优标准[EB/OL]. 2022.

[37] 陆耀庆. 实用供热空调设计手册[M]. 2 版. 北京：中国建筑工业出版社，2008.

[38] 绿茵陈. 从高碑店看污水处理厂进化之路[EB/OL]. 2021.

[39] 马东春，唐摇影，于宗绪. 北京市再生水利用发展对策研究[J]. 西北大学学报（自然科学版），2020，50（5）：779-786.

[40] 生态环境部. 关于公布《全国污水集中处理设施清单》（第二批）的公告[EB/OL]. 2020-11-17 [2023-06-30].

[41] 生态环境部. 全国投运城镇污水处理设施清单[EB/OL]. 2015-06-09 [2023-06-30].

[42] 唐毅，吴晓瑜，曹敏，等. 空调系统冷却塔补水量的估算[J]. 制冷，2014，33（1）：54-58.

[43] 王洪臣，黄昀. 北京污水处理事业的发展和现状[C]//北京水资源可持续利用国际研讨会. 北京市水务局，2007.

[44] 王强，刘京，王军.北京市中心城再生水利用规划探讨[J]. 给水排水，2012，38（10）：5.

[45] 吴迪，赵勇，裴源生，等. 我国再生水利用管理的建议[J].水利水电技术，2010（10）：22-26.

[46] 吴乾元，李永艳，胡洪营，等. 再生水在洗车利用中的暴露剂量研究[J]. 环境科学学报，2013，33（3）：844-849.

[47] 尹世洋，吴文勇，刘洪禄，等. 北京市农业再生水利用现状与监测[J]. 北京水务，2011（A01）：54-58.

[48] 於凡. 北京市城市水价发展及居民用水承受能力分析[J]. 海河水利，2006（3）：67-70.

[49] 张瑞. 再生水补给型城市景观水体生态健康与修复工程效果评价体系构建与应用[D]. 北京：北京林业大学，2020.

[50] 张炜铃，陈卫平，焦文涛. 北京市再生水相关政策的评估与研究[J]. 环境科学学报，2013，33（10）：2862-2870.

[51] 赵继成. 北京市再生水利用研究[D]. 北京：北京工业大学，2007.

[52] 周军，杜炜，张静慧，等. 北京市再生水行业的现状与发展[J]. 水工业市场，2009（9）：12-14.

[53] 周军，杜炜，张静慧，甘一萍.北京市再生水行业的现状与发展[J]. 中国建设信息（水工业市场），2009（9）：12-14.

[54] 住房和城乡建设部. 2022 年城乡建设统计年鉴[EB/OL]. 2023[2023-10-30].

[55] 住房和城乡建设部. 城镇排水与污水处理条例[EB/OL]. 2013-12-03 [2023-05-18].

[56] 住房和城乡建设部. 城镇污水再生利用技术指南（试行）[EB/OL]. 2012- 12-28 [2023-05-18].